Apollinaire Lebas

L'OBELISQUE
DE
LUXOR

Histoire de sa
Translation à Paris

For general information on our products and services, please contact us on prodinnova@mail.com

Printed in the United States of America.

ISBN : 978-1496050984

10 9 8 7 6 5 4 3 2 1

Apollinaire Lebas

L'OBELISQUE
de
LUXOR

Histoire de sa Translation à Paris

L'OBELISQUE DE LUXOR. HISTOIRE DE SA TRANSLATION A PARIS.

DESCRIPTION
Des travaux auxquels il donne lieu,

AVEC UN APPENDICE
Sur les calculs des appareils d'abattage, d'embarquement, de halage et d'érection;

DETAILS
Pris sur les lieux, et relatifs au sol, aux sciences, aux mœurs et aux usages de l'Egypte ancienne et moderne.

SUIVI
d'un extrait de l'ouvrage de Fontana, sur la translation de l'Obélisque du Vatican.

PAR M. A. LEBAS,
Ingénieur de la marine, conservateur du musée naval, officier de la Légion d'Honneur.

Chaque peuple à son tour a brillé sur la terre, Par les lois, par les arts...

(Mahomet, act. II, se. V.)

Contents

INTRODUCTION

La brillante et rapide conquête de l'Egypte par l'armée française est inscrite dans les annales de l'histoire, au nombre de ces faits d'armes audacieux qui ébranlent les empires et donnent naissance à une foule d'intérêts nouveaux; si cette expédition n'avait produit d'autre résultat que le stérile avantage de prouver notre bravoure militaire, elle ne serait plus aujourd'hui qu'un épisode intéressant de la révolution de 89; là ne se sont pas bornées les conséquences de la campagne d'Egypte: elle a fourni les moyens d'explorer avec un égal succès, au profit de l'Europe savante, les débris du plus ancien peuple civilisé dont le souvenir soit parvenu jusqu'à nous] empreinte d'un cachet particulier d'utilité scientifique, elle porte, au milieu des faits qu'a produits la grande lutte révolutionnaire, un caractère exceptionnel et spécial, et constitue l'un des plus beaux titres que la France se soit acquis à la reconnaissance des nations.

Un événement dont l'influence a rejailli avec tant d'éclat sur les sciences et les arts, qui en a agrandi la carrière et étendu le domaine, méritait d'être symbolisé en quelque sorte dans un monument élevé au sein de la capitale, en témoignage de reconnaissance pour les héros et surtout pour les savants qui y ont participé. Ce monument devait avoir une physionomie locale, un caractère original, qui rappelât à tous les yeux le fait qu'il était destiné à célébrer: il n'en était aucun qui pût mieux atteindre ce but que l'obélisque de Luxor, aussi le public a-t-il saisi avec empressement la pensée de voir transporter à Paris un de ces superbes monolithes resté debout au milieu des ruines de la Thébaïde.

Il était réservé à la génération actuelle de réaliser par une entreprise audacieuse, dont l'Europe moderne n'offre point d'exemple, le vœu qu'exprimait il y a deux siècles le plus grand de nos orateurs sacrés.[1] Il appartenait à la Nation Française d'égaler la puissance

[1] Bossuet: « Maintenant que le nom du roi pénètre aux parties du monde les plus inconnues, et que ce prince étend au loin les recherches qu'il fait faire des plus beaux ouvrages de la nature et de l'art, ne serait-ce pas un digne objet de cette noble curiosité de découvrir les beautés que la Thébaïde renferme dans ses déserts, et d'enrichir notre architecture des inventions de l'Egypte? »

romaine, qui, pour nous servir des expressions du même orateur, crut faire assez pour sa grandeur en empruntant au sol de l'Egypte les obélisques des Pharaons.

Elle n'existe plus cette Egypte, source de toute philosophie, antique berceau des sciences et des arts. Comment a pu disparaître de la face du monde cette nation jadis si florissante, si célèbre par ses institutions sociales, par ses profondes conceptions religieuses, emblèmes symboliques de la nature divinisée! Vingt fois envahie par les Perses, par les Grecs, par les Romains, l'Egypte, après avoir donné des lois au monde, fut réduite à la condition de province romaine; et, plus tard, inondée de flots de barbares que sans cesse poussaient sur elle le flux et le reflux de la civilisation, elle a vu peu à peu s'éteindre et se perdre son antique nationalité . Si quelques-uns de ses enfants échappèrent en petit nombre au désastre général,[2] inconnus aujourd'hui à eux-mêmes, errants aux lieux où s'élevaient les illustres cités dont ils ne soupçonnent pas même la splendeur passée, confondus sans distinction de race et d'origine avec leurs oppresseurs, ils supportent en commun avec eux le joug que leur imposent de nouveaux maîtres. L'invasion et le despotisme leur ont tout enlevé, tout, jusqu'à l'espoir d'un meilleur avenir.

C'est surtout des invasions successives des Perses que l'Egypte eut le plus à souffrir comme nation indépendante: selon Diodore de Sicile, Cambyse, à la tète d'une armée formidable, couvrit de sang et de ruines les deux rives du Nil. Excités au meurtre et au pillage par ce prince violent et vindicatif, les Perses ravagèrent, incendièrent les palais et les temples. L'or, l'ivoire, les pierres précieuses, les vases sacrés, et tous les ornements qui les décoraient, devinrent la proie de ses avides soldats. Des colosses, des obélisques furent mutilés, renversés de leur base, coupés ou brisés en morceaux. Cambyse poussa la vengeance et l'impiété jusqu'à violer l'asile des morts. La momie du Pharaon Amasis, fouettée par ses ordres sur la place publique, fut brûlée dans son cercueil; celle de la reine, dépouillée de tous ses joyaux, subit le

---

-2- Ce sont les Coptes, descendants des anciens Egyptiens, qu'il est facile de reconnaître à leur physionomie, assez semblable au type que présentent les anciennes statues égyptiennes. Leur langue s'est, dit-on, éteinte vers la fin du XVIe siècle.

même sort.

Vingt-trois siècles après ces horribles ravages, suivis de nouvelles conquêtes et de nouvelles spoliations, on retrouve sur le sol de l'Egypte, qui semble dévolu à la destruction et à la barbarie, les traces de la frénésie des premiers vainqueurs; et cependant, telle a été la fécondité de l'art chez les Egyptiens, que l'on voit encore debout des colosses, des obélisques, des temples, des palais qu'habitaient autrefois les prêtres habiles et instruits, auprès desquels Hérodote, Solon, Platon, et tous les plus grands philosophes de l'antiquité, allèrent puiser des leçons de science, de morale et de sagesse. On dirait que ces chefs-d'œuvre d'architecture, qui par leur nombre et la difficulté de leur exécution, semblent nous accuser de faiblesse et d'impuissance, ont lassé le génie destructeur des conquérants: leur masse gigantesque les a préservés même du vandalisme de la civilisation moderne.

Malgré les nombreuses relations qui ont été publiées sur l'Egypte, il est impossible, même à l'imagination la plus féconde, de se former une idée exacte du Saïd et de la Nubie. Comment, en effet, se représenter un pays où rien ne ressemble à ce que nous avons vu dans notre enfance, où tout est soumis à un phénomène unique et annuel,[3] dont la suspension momentanée anéantirait toute espèce d'existence. Là tout est nouveau pour nous, le sol, l'intensité de la lumière, les mœurs, les actions, le caractère, le costume des habitants; là le ciel est toujours pur et serein, l'atmosphère toujours brûlante. Des torrents de sables Coupent, Croisent, entourent des terres fertiles, avec lesquelles ils semblent être constamment en lutte. Ici c'est un empiétement du désert sur la plus riche végétation, plus loin des eaux limoneuses viennent féconder une plage aride et solitaire; on se croirait transporté dans une autre nature. Au milieu de tant de phénomènes, en présence de tant de monuments où se montre la puissance de la nature et du génie de l'homme, l'esprit est invinciblement entraîné à observer, à étudier, à chercher la solution de ces grands problèmes physiques, et surtout du problème plus important

-3- Le débordement périodique du Nil, dont les eaux charient un limon qui fertilise l'Egypte.

encore de l'origine sociale.

Qu'étaient donc les Egyptiens? D'où viennent-ils? Où ont-ils puisé les éléments de leur science, eux qui possédaient un ensemble complet d'institutions sociales lorsque l'Europe était encore plongée dans les ténèbres de la barbarie? En vain les historiens les plus célèbres ont-ils consacré leurs veilles à la recherche de quelques témoignages authentiques sur ces longs siècles de formation et d'enfance; le nom du premier peuple civilisé, la partie du globe qu'il a occupée, sont encore un mystère en archéologie. Les nombreux documents recueillis par ces savants n'ont donné lieu qu'à une foule de systèmes contradictoires, que l'on chercherait en vain à concilier, à coordonner entre eux.

Les uns, comme le savant Bailly, font descendre les sciences des plateaux de la Tartarie; ils supposent que quelques familles se sauvèrent sur ce point culminant, et échappèrent ainsi au dernier bouleversement du globe (le déluge). Sans adopter ni combattre cette assertion, on peut admettre que des habitants de l'Afrique trouvèrent aussi un refuge contre l'inondation, sur le mont *Taranta*.[4] Le voyageur Bruce regarde ce roc séculaire comme une des plus hautes montagnes du monde. Ses flancs sont percés d'une multitude de cavernes qui ont probablement servi de demeure aux premiers habitants de la terre. Une plaine fertile, couverte aujourd'hui de riches moissons, limite son sommet couronné par des forêts de cèdres de toute espèce. De vastes excavations y forment dans plusieurs endroits des citernes naturelles, où les eaux pluviales viennent s'amasser. Quelques hommes ont donc pu s'y retirer, échapper ainsi, survivre à un déluge qui avait submergé un grand nombre de points culminants du globe moins élevés que la cime du Taranta.

Plusieurs historiens, plaçant le berceau des sciences et des arts en Egypte, regardent la Chine et l'Inde comme des pays conquis et civilisés par les Pharaons.

Huet, évêque d'Avranches, et Mairan, soutiennent que Sésostris, à la tête de cent mille hommes, pénétra dans la Chine et y fonda

-4- Montagne située en Abyssinie, près de Dixan.

la dynastie de Tchéou.

Les Brahmes, il est vrai, prétendent de leur côté que des Indous, s'étant retirés en Chine, abandonnèrent insensiblement la vie sauvage, se soumirent à un chef unique, qui les rassembla en corps de société, dont l'antiquité et la civilisation sont constatées dans des livres écrits depuis plus de trente-trois siècles; mais leur témoignage est infirmé par un passage de Confucius,[5] que nous a transmis sir William Jones, instruit par les Brahmes, comme le fut jadis Hérodote par les prêtres de Memphis.

L'envahissement de cette partie de l'Asie par les Egyptiens, ou du moins par des hommes venant des bords de la mer Rouge, nous est encore confirmé par le célèbre de Guignes et par le jésuite Premare, qui connaissait parfaitement le sanscrit.

Quoi qu'il en soit de ces diverses opinions, aucun commentateur ne nous montre la race égyptienne dans toutes les phases de son existence jusqu'à sa complète soumission à la puissance romaine. Ce serait cependant un spectacle profondément intéressant que de voir Thèbes naître, s'élever, s'agrandir, s'étendre, sur les deux rives du fleuve, et devenir la plus belle, la plus grande et la plus étonnante ville de l'univers; et de suivre enfin dans leurs progrès successifs les hautes combinaisons du génie qui a pu produire tant de merveilles ! Mais, quelque contradictoires que soient ces traditions du passé, elles s'accordent en ce point, que les premiers éléments de la société viennent de la Chine ou de l'Egypte; et si l'on pose la question de primogéniture, les probabilités seront en faveur de la patrie de Sésostris. Aucun écrivain, que je sache, n'a émis l'idée que les Pharaons aient eu pour aïeux les empereurs chinois, tandis que des hommes consciencieux et versés dans les langues orientales admettent le fait contraire. Cette observation fait pencher la balance du côté du peuple égyptien, qui a toujours été considéré avec raison comme un type, comme une race aborigène; il a tout tiré de son propre fonds, sans rien emprunter aux autres contrées. En est-il un sur la terre qui,

-5- « Je pourrais, ainsi que d'autres écrivains, rapporter, comme de simples leçons de morale, les faits de la première et de la seconde race de nos empereurs; mais je n'en parlerai point, parce qu'ils ne me semblent pas prouvés. »

plus que lui, porte le cachet d'une haute antiquité? La sienne est prouvée incontestablement par les zodiaques sculptés dans les tombeaux et sur les plafonds des édifices sacrés. L'état du ciel que nous représente le zodiaque de Denderah n'est déjà plus celui que la sculpture traçait plus tard à la Nécropolis de Thèbes; et par suite de la précession des équinoxes, ce dernier n'est plus le ciel qui frappe aujourd'hui nos regards. A ce témoignage éclatant d'une immense antiquité et de connaissances profondes dans l'astronomie, s'en ajoutent mille autres: ce sont les Juifs, peuple sorti de son sein, aujourd'hui répandu sur toute la surface de la terre; c'est l'art de graver sur toute espèce de pierre fine, art qui ne tient à aucun des premiers besoins de la vie des peuples, et dans lequel cependant les Egyptiens excellaient deux mille ans avant notre ère; ce sont les édifices gigantesques dont le sol est en quelque sorte hérissé, et qui nous présentent le plus riche musée de l'univers: ces constructions dont les moins anciennes existaient dix mille ans avant Platon,[6] qu'on viendra peut-être admirer encore lorsqu'il ne restera plus de vestiges de nos villes somptueuses, sont bâties en partie avec les débris d'autres constructions tombée des vétusté, ce qui indique deux ères de monuments, deux âges d'architecture.

Le temps de l'existence, ainsi mesuré, se déroule à l'imagination dans une immensité indéfinie. L'impossibilité de remonter plus haut, d'énumérer les âges antérieurs qui sont bien constatés par des faits matériels, de leur assigner une origine dont les bornes sont reculées tous les jours par de nouvelles découvertes, n'aurait-elle pas suggéré à quelques philosophes l'idée de l'éternité physique comme le sentiment qui est si profondément gravé en nous de l'existence de Dieu, a fait naître celle de l'éternité morale?

Les Grecs, qui tenaient directement des Egyptiens leurs arts, leurs sciences, leur philosophie, leur législation et jusqu'à leurs dieux, ne nous apprennent rien de bien positif sur le véritable état de l'Egypte avant l'époque où ils ont commencé à y pénétrer. Quant

-6- Platon, au 2° livre des Lois: « Si l'on veut y faire attention, on trouvera en Egypte des ouvrages de peinture et de sculpture, qui ne sont pas moins beaux que ceux de nos jours, et qui ont été exécutés précisément d'après les mêmes règles, dix mille ans avant nous. Quand je dis dix mille ans, ce n'est pas une façon de parler, c'est dans l'exacte vérité. »

aux Romains, ils explorent l'Egypte plutôt en conquérants qu'en observateurs; ils se bornèrent à la soumettre militairement à leur puissance, à en tirer les blés qu'ils distribuaient au peuple, et la laissèrent livrée aux exactions de leurs préfets. Les amateurs de l'antiquité ont à regretter que ces deux peuples aient négligé de nous conserver l'alphabet hiéroglyphique qu'ils connaissaient sans doute, puisque plusieurs édifices, élevés pendant leur domination, sont couverts d'hiéroglyphes tout à fait semblables aux anciens, représentant les cartouches de Ptolémée, de Cléopâtre, etc.

Moïse, que l'Ecriture sainte loue pour avoir été instruit dans la sagesse égyptienne, garde de même un silence absolu sur les mœurs, les lois, la religion des antiques habitants de ce pays. Uniquement occupé de sa mission divine, il ne rapporte guère que les faits qui y sont relatifs, et de ces faits résulte que, plus de vingt siècles avant l'ère chrétienne, l'Egypte était soumise à un gouvernement sage, régulier, basé sur le respect des lois et des mœurs, qui subsistait depuis un temps immémorial; que longtemps avant que Cécrops n'eût paru dans l'Attique, la religion, la morale, la politique, les connaissances astronomiques, les arts les plus utiles à la société et même les arts d'agrément, s'élevaient à un point de perfection qui exige plusieurs milliers d'années de culture. Nous voyons le prophète politique et législateur mettre en œuvre dans le désert les connaissances puisées dans les sacrés collèges; il dissout le veau d'or; secondé par les ouvriers israélites des manufactures de Thèbes et de Memphis, il fait exécuter tous les objets nécessaires h son culte, lesquels, d'après les détails qu'il en donne lui-même, exigeaient le concours d'un grand nombre d'artistes, sculpteurs, fondeurs, doreurs, graveurs, etc. Ce n'est pas tout, quelques auteurs ont prétendu que Moïse, initié dans les mystères les plus secrets du sacerdoce, se servit probablement de la poudre à feu pour nous montrer le buisson ardent, pour fendre un rocher, pour faire engloutir dans la terre, Coré, Dathan et Abiron.

Hérodote, qui avait voyagé dans le Saïd postérieurement à Moïse, est sans doute digne de foi quand il rend compte de ses propres observations, et rapporte ce qui existait de son temps; mais on voit qu'il n'a recueilli sur les siècles antérieurs que de vagues notions, souvent même des contes puérils. Ce philosophe ne vit pour ainsi dire qu'en passant les prêtres de Memphis et de Thèbes, et ne les consulta que par l'intermédiaire d'un interprète. Comment, avec de pareils éléments, eût-il pu composer la véritable histoire du peuple égyptien, celle de la langue, des faits et des hommes: aussi est-il contredit et réfuté par Manethon, qui l'accuse de mensonge et de fiction.

Manethon, Egyptien et de la race sacerdotale, écrivit en grec l'histoire universelle de son pays, qu'il prétendait avoir tirée des archives sacrées du temple d'Héliopolis, où il remplissait les fonctions de sacrificateur. Malheureusement nous ne possédons de cet ouvrage, connu sous le nom de Chronique de Manethon, que des fragments incomplets et contradictoires, qui nous ont été conservés par Josèphe, Jules l'Africain et Eusèbe.

Les récits des autres historiens ne méritent pas plus de confiance que ceux d'Hérodote lorsqu'il s'agit de l'origine des Egyptiens, de leur écriture, des principes de leur constitution primitive, de leur histoire, du développement et des progrès des arts. Faits et dates, tout y est incertain, vague et mêlé de fables évidentes. Il y a contradiction dans la longueur des mesures, dans le nom et la position géographique des villes et des points remarquables de cette étonnante contrée. Quant aux écrivains modernes, ils n'ont fait que reproduire ou commenter les auteurs classiques, sans avoir pu jusqu'ici porter la lumière dans les profondeurs de ce chaos. Au point de vue historique, l'Egypte telle que nous l'ont livrée les siècles et d'obscures traditions, ressemble à une machine colossale dont les principaux organes auraient été détruits, anéantis pour toujours. Dispersés sur le sol et recouverts en partie par les sables, les débris de cet appareil, quoique mal étudiés, mal compris, annoncent néanmoins une grandeur de conception, une hardiesse, une originalité d'exécution qui ne peuvent être que le résultat d'une immense supériorité de science et d'habileté. Nous voyons bien tout ce qu'a pu produire de grand ce puissant mécanisme; mais jusqu'à présent, personne n'est parvenu à nous faire connaître le génie qui a présidé à sa construction, à expliquer le jeu des leviers et des ressorts cachés qui en faisaient mouvoir l'ensemble avec une harmonie si parfaite, à calculer sa puissance, ses effets, à retracer sa forme primitive et ses perfectionnements successifs jusqu'au moment de sa destruction. Pour quitter ce langage mathématique, nous dirons qu'il n'existe ni traductions ni extraits des livres égyptiens traitant de philosophie, d'industrie et de morale. Ce n'est pas que cette nation, à la fois morale et glorieuse de son passé, ait négligé de transmettre son histoire à la postérité. L'antique tradition est là, sous nos yeux, gravée sur les pierres les plus dures que recèle la terre. La vie publique et privée des Egyptiens, dans toutes les situations où l'homme peut se trouver depuis son enfance jusqu'à sa mort, leurs découvertes successives, leurs procédés, sont sculptés sur les faces des obélisques, sur les parois des édifices, dans les sépultures des rois et des particuliers avec des signes caractéristiques pris dans la nature, dont l'ensemble forme des tableaux variés et d'une perfection que n'ont pu surpasser les artistes modernes. Le génie de l'Egypte a tout prévu, tout calculé pour un immense avenir; les hiéroglyphes existent encore dans toute leur pureté, brillants des plus vives couleurs; mais il entrait dans les décrets de la Providence, qui se joue des prévisions humaines, que le premier peuple de la terre serait un jour ramené au dernier degré de l'échelle sociale, que l'on demanderait, sur l'emplacement même de la Thébaïde, dans quelle langue s'exprimait Sésostris; que l'on chercherait et que l'on cherchera peut-être toujours en vain, l'art de déchiffrer des caractères qui seuls pourraient révéler l'historique de ces temps reculés. Cette question, qui intéresse au plus haut degré la philosophie, les sciences et les arts, qui occupe les savants depuis tant d'années, est restée jusqu'à présent sans solution complète.

Il était réservé cependant à un homme doué d'un vaste savoir, à Champollion jeune, de porter le flambeau dans cette profonde obscurité et de résoudre ce grand problème; déjà il avait levé un coin du voile qui couvre l'histoire sacrée et profane de l'Egypte, un nouveau passé allait se dérouler à nos yeux, lorsque la mort est venue surprendre cet illustre orientaliste au milieu de ses travaux. Puissent les honneurs rendus à sa cendre susciter un génie égal au sien, qui, plus heureux, pénètre jusqu'au fond de la carrière mystérieuse qu'a ouverte notre savant compatriote!

Le lecteur ne doit pas considérer ces observations préliminaires comme le sommaire d'un ouvrage destiné à les développer. Là n'est point la mission de l'auteur. La relation qu'il publie, a principalement pour objet de présenter exposés dans toute leur simplicité, la série des faits relatifs à Y abattage, à Y embarquement et à Y érection de l'obélisque de Luxor. Si parfois il lui est arrivé de s'écarter de son sujet, si, par exemple, plusieurs semaines de loisir lui ont permis d'explorer la vallée d'Egypte et une partie de la Nubie; ce qu'il a vu, il l'a raconté fidèlement, sans autre prétention que de remplir le laps de temps qui s'est écoulé depuis l'achèvement des travaux jusqu'à la mise à Ilot du Luxor, par quelques détails sur les monuments, les produits et la culture du sol, les mœurs et coutumes des habitants de ces deux pays. Afin que le récit en soit plus clair et plus précis, ce livre se divise en plusieurs parties bien distinctes:

La *première* concerne le départ et la traversée de l'allège le Luxor et l'abattage du monument.

La *deuxième* est consacrée à une excursion rapide faite en Nubie, à quelques observations de mœurs, et au retour en France.

La *troisième* traite du travail de Paris, c'est-à-dire du débarquement, du transport et de l'érection du monolithe sur la place de la Concorde.

La *quatrième* donne la traduction d'un compte-rendu de l'ancien ingénieur italien Fontana, qui, en 1586, érigea à Rome l'obélisque de Galigula. Cette citation, de laquelle on n'a élagué que ce qui était étranger à la question d'art, permet ainsi de rapprocher, par la comparaison, les moyens employés à deux siècles et demi d'intervalle pour déplacer de grandes masses.

A ces quatre parties se joint un *Appendice*, où, indépendamment de quelques considérations sur les connaissances mécaniques des anciens, sont exposés les calculs qui ont limité les forces et les résistances du système, et déterminé le choix de leur point d'application dans les diverses manœuvres dont l'obélisque de Luxor a été l'objet.

PREMIERE PARTIE

DEPART. — TRAVERSEE DE E'AEUEGE LE LUIOH. —
ABATTAGE DU MONUMENT.

CHAPITRE PREMIER

*Premières négociations au sujet de l'un des obélisques égyptiens.
— Opinion de M. Champollion jeune sur les obélisques de Luxor.
— Mission de M. Taylor en Egypte. — Cession à la France par le
vice-roi de l'un des obélisques de Luxor. — Construction de l'allège le
Luxor. — Préparatifs de départ.*

On attribue à Napoléon la première idée de faire transporter en France un des obélisques d'Alexandrie. Si le grand homme n'a pas mis ce projet à exécution, il a dû le concevoir.

Après avoir porté dans la patrie des Pharaons nos armes victorieuses, le vainqueur de l'Egypte, rappelé en France par des événements que sa présence et son génie auraient su prévenir, devait en effet tenir à honneur de doter le pays d'un semblable trophée, et de laisser après lui un irrécusable témoin de notre étonnante campagne de 1799.

Ce même sentiment avait déjà valu à Rome la possession des obélisques qui décorent cette ancienne capitale du monde; monuments immortels de ses victoires, et seuls restes de ses conquêtes.

A toute époque de magnificence monumentale on songea aux obélisques. Les Pharaons, les Lagides, les Césars, les Papes ont tour à tour érigé à grands frais ces signaux imposants de la civilisation égyptienne. Thèbes, Alexandrie, Bysance, Rome, ont eu les leurs: Paris devait avoir le sien, c'est Thèbes qui le lui a donné.

Transporté à dix-huit cents lieues du sol où il fut érigé pour la première fois, il y a trente-trois siècles, l'obélisque de Luxor, désormais à l'abri de tous les événements qui pouvaient menacer sa conservation, s'élève maintenant sur la plus grande, la plus belle de nos places, où il rappelle de glorieux souvenirs; la population parisienne a suivi avec un vif intérêt les opérations les plus minutieuses du débarquement et de la mise en place de ce monolithe; elle a visité avec une curieuse sollicitude le bâtiment qui l'a transporté; elle s'est émue à la pensée des travaux, des fatigues et des dangers réels, qu'il a fallu surmonter pour arracher cet admirable monument des sables de la Thébaïde, et pour l'amener jusque sur les rives de la Seine. Il est juste que la part prise par chacun à cette œuvre soit aujourd'hui connue, il importe de dire par quels moyens a été obtenu ce résultat.

Nous avons parlé de l'idée attribuée à Napoléon. Ce que vingt ans de guerre et le blocus continental ne lui permirent pas d'entreprendre, Louis XVIII le commença.

C'est par ses ordres que le consul général de France, à Alexandrie, fut chargé de négocier auprès du vice-roi d'Egypte la cession d'un de ses monuments. Les démarches faites à ce sujet eurent un plein succès. Le vice-roi accorda l'une des deux aiguilles dites de Cléopâtre, la seconde fut donnée à l'Angleterre.

Il serait difficile d'indiquer bien précisément quelles furent les causes qui s'opposèrent à ce que l'obélisque donné à la France y fût amené. Le fait est qu'il demeura sur sa base à Alexandrie, où il est encore.[1]

Quelque temps après, l'amour des sciences conduisit en Egypte M. de La Borde, et plus tard, M. Champollion jeune. Ce furent ces deux savants qui, frappés de la beauté des monuments de l'ancienne Egypte, réveillèrent le souvenir du don fait à Louis XVIII.

M. d'Haussez était alors ministre de la marine; M. le baron Taylor, que son rang, et plus encore ses goûts et ses études mettaient en position d'éclairer ce ministre, lui rappela qu'il existait à Alexandrie un obélisque appartenant à la France, mais qui pourrait lui échapper si, en négligeant de le faire enlever, on donnait à nos rivaux le prétexte et le temps de se l'approprier.

Le musée égyptien, auquel le roi Charles X avait donné son nom, venait de se former; on recherchait pour l'enrichir tous les fragments d'antiquités égyptiennes que l'on pouvait se procurer; n'était-ce pas le moment de s'assurer la possession d'un monolithe qui, à lui seul, pouvait donner tant de prix à cette intéressante collection?

Ainsi posée, la question fut bientôt résolue. M. le baron d'Haussez

---

-1- Il faut dire aussi que l'Angleterre, après avoir obtenu la seconde aiguille, et bien que ce monument fût déjà renversé, n'a pas jusqu'à ce jour pu jouir de cette acquisition, et qu'il n'a été fait pour son transport que des projets restés jusqu'ici sans exécution.

adopta avec empressement les idées de M. Taylor, et n'eut plus à cœur, dès ce moment, que de signaler son passage au ministère par une expédition qu'il considérait comme pouvant être un titre de gloire, et pour le règne sous lequel il vivait, et pour lui-même, qui devait présider à son exécution.

Le 18 novembre 1829 ce ministre écrivit à M. de Cerisi, ingénieur de la marine française, alors chargé de diriger les constructions navales du vice-roi d'Egypte, pour lui demander des renseignements sur les dimensions et le poids de l'obélisque, ainsi que son avis sur les moyens à employer pour l'abattre et le transporter. Un officier de la marine, employé dans l'escadre française du Levant, était en même temps chargé de se concerter à ce sujet avec M. de Cerisi.

Cependant M. Champollion jeune, en parcourant l'Egypte, avait vu les obélisques de Thèbes; frappé de la beauté de ces monuments, il s'exprimait ainsi dans une lettre, qui plus tard fut communiquée au ministre de la marine:

« Je suis bien aise que le savant ingénieur anglais ait eu la belle idée d'une chaussée de 300,000 francs pour dégoûter son gouvernement, et même tout autre, de ces pauvres obélisques d'Alexandrie, ils sont si peu de chose à côté de ceux de Thèbes! Si l'on doit voir un obélisque égyptien à Paris, que ce soit un de ceux de Luxor: il y restera celui de Karnac, le plus beau de tous; mais je ne donnerai jamais mon adhésion (dont on n'a pas besoin) au projet de scie en deux ou trois morceaux un de ces magnifiques monolithes, ce serait un sacrilège. »

Une semblable observation, venant de la part d'un homme aussi compétent que Champollion jeune, devait faire impression sur M. le baron d'Haussez. Aussi ce ministre n'hésita-t-il pas à donner toute préférence aux obélisques de Luxor. Il s'agissait bien moins dès lors, dans sa pensée, de faire transporter à Paris l'obélisque d'Alexandrie, que d'obtenir ceux de Thèbes, dût-on même, pour les avoir, renoncer à l'*Aiguille de Cléopâtre*.

C'est d'après ces nouvelles idées que furent conçus les plans d'opération présentés par plusieurs personnes, et notamment un projet rédigé par M. Besson, officier de la marine française au service du pacha d'Egypte, projet sur lequel fut engagée la première délibération qui eut lieu à Paris, relativement aux mesures à prendre pour l'enlèvement et le transport des obélisques.

M. le baron Tupinier, directeur des ports au ministère de la marine, avait, dès le principe, émis l'opinion qu'on pouvait charger ces pesantes masses dans la cale d'un des transports de neuf cents tonneaux appartenant à l'état, en enlevant provisoirement, pour les y faire entrer, soit le pont, soit une partie de l'avant du navire.

M. Cesson, au contraire, se rappelant les moyens anciennement employés par les Romains pour de semblables opérations, proposait de construire en Caramanie un radeau de 33 met. de longueur sur 13m,35 de largeur, de le faire ensuite remorquer par un bâtiment marchand jusqu'à Damiette ou Rosette, et de là jusqu'à Luxor ou Karnac par des *Canges*.

L'obélisque à transporter devait, d'après son projet, être enfermé dans un cylindre en bois de sapin fortement cerclé en fer, et placé ensuite au milieu du radeau, dans le sens de la longueur, de manière à saillir au-dessus de la surface supérieure de la moitié de son diamètre.

Ce moyen de transport ne pouvait être employé que pour conduire l'obélisque avec le secours d'un bateau à vapeur remorqueur jusqu'à la Seyne, au fond de la rade de Toulon. Là un navire aurait été construit tout exprès pour l'amener au Havre, d'où il serait venu à Paris au moyen des bateaux employés à la navigation de la Seine.

Ce projet, dont nous ne donnons qu'un aperçu sommaire, était, comme on le voit du premier coup d'œil, fort compliqué.

Les inconvénients qu'aurait présentés son exécution, les erreurs dans lesquelles l'auteur était tombé relativement aux dimensions à donner à son radeau, les difficultés qui rendaient à peu près impraticable l'opération tentée par ce moyen, n'échappèrent pas à l'examen attentif de M. le baron Tupinier, qui, dans un rapport soumis au ministre le 12 novembre 1829, démontra de la manière la plus évidente la nécessité de recourir à d'autres conceptions.

M. le baron d'Haussez approuva les conclusions de ce rapport, et décida qu'il serait communiqué à une commission composée de MM. de La Borde, Tupinier, Drovetti, Taylor, Briet, de Mackau, et de Livron, dont il se réservait la présidence.

Cette commission s'assembla en effet le 19 novembre dans le cabinet du ministre.

Après de longues discussions sur les meilleurs moyens à employer pour transporter en France les obélisques de Thèbes, la commission conclut, suivant la proposition de M. le baron Tupinier, qu'il fallait envoyer à Alexandrie, M. le baron Taylor, pour se concerter avec MM. de Cerisi et Besson, sur le meilleur plan d'opérations à adopter, et qu'en même temps on tiendrait les transports le Rhinocéros et le Dromadaire prêts à être envoyés en Egypte pour y recevoir les obélisques, s'il était reconnu possible de les embarquer sur ces bâtiments.

Toutefois, il fallait d'abord obtenir du vice-roi d'Egypte la cession des obélisques. C'est par-là que devait commencer la mission de M. le baron Taylor. Les dispositions connues de Mehemet-Ali à l'égard de la France ne laissaient pas de doute sur le succès des démarches à faire dans ce but; aussi le baron d'Haussez n'hésita-t-il pas à soumettre au Roi les propositions relatives à cette affaire. Nous croyons devoir transcrire textuellement le rapport présenté à ce sujet à Charles X, qui en approuva les conclusions le 25 novembre 1829.

Paris, le 25 novembre 1829.

Sire,

« La France doit à ses Rois les plus beaux monuments qui la décorent, et Paris, qui ne le cède qu'à une seule des capitales de l'Europe moderne, le disputera bientôt aux villes les plus célèbres des temps anciens; mais ses palais et ses places publiques n'ont pas encore, il faut l'avouer, atteint le degré de splendeur auquel est parvenue Rome, dont la capitale de votre royaume se montre d'ailleurs la rivale en magnificence. On n'y voit aucun de ces obélisques transportés d'Egypte en Europe. Votre auguste frère, qui, comme votre majesté, accordait aux arts une protection si éclairée, avait ordonné de traiter avec le Pacha d'Egypte pour obtenir les obélisques d'Alexandrie, ou quelques autres qui se trouvaient sur cette vieille terre, riche des débris de l'ancienne civilisation du monde. Mehe-met-Ali s'empressa de répondre aux désirs du Roi de France, en offrant l'un des obélisques d'Alexandrie, nommé Aiguille de Cléopâtre. Malheureusement cet obélisque, sur lequel le temps a exercé ses ravages, présente moins d'intérêt, pour les arts que ceux qui sont encore debout à Luxor, dans la Haute-Egypte. Admirables par le fini du travail précieux sous les rapports archéologiques, si Paris les possédait, il n'aurait plus rien à envier à Rome, et leur élévation dans les places publiques, outre qu'elle les rendrait plus belles encore, deviendrait un motif de profonde reconnaissance de la part de ces hommes laborieux et instruits, qui ont voué leur existence à l étude de l'antiquité.

Les bonnes dispositions connues du vice-roi d'Egypte pour la France, la possibilité de transporter ces monuments sur un des bâtiments de votre marine, sans beaucoup de frais, le puissant motif de compléter en quelque sorte la collection des monuments égyptiens, pour laquelle il a déjà été fait de si honorables sacrifices, l'empressement que l'on doit mettre à recueillir enfin le fruit d'anciennes négociations et à ne pas être privé du monument déjà obtenu, m'engagent à proposer à votre majesté de charger d'une mission particulière pour cet objet, près le Pacha d'Egypte, M. le baron Taylor, connu dans les arts par ses travaux, par plusieurs voyages en Afrique et en Asie, et par son dévouement au service du Roi. Le but de cette mission serait de négocier l'échange de l'obélisque d'Alexandrie pour les obélisques de Luxor, ou d'obtenir les obélisques de Thèbes sans céder celui d'Alexandrie.

C'est avec la conviction que le résultat de cette opération ne fera qu'ajouter à l'éclat du règne de votre majesté, que je la prie d'approuver les dispositions que je viens d'avoir l'honneur de lui

Apollinaire Lebas

soumettre.

Si votre majesté daignait agréer ce projet, je réunirais auprès de moi une commission spéciale composée de MM. Alexandre de La Borde, de Livron, Drovetti, de Mackau, Tupinier et Taylor, qui, avant le départ de ce dernier, arrêterait le plan de la négociation, et en combinerait les moyens d'exécution de manière à en assurer le succès. »

Signé baron d'Haussez.

Dès que ce rapport eut reçu l'approbation du Roi, on ne s'occupa plus que de préparer les moyens d'exécution. Ce fut alors que, peu satisfait des réponses qui lui étaient parvenues d'Alexandrie sur le projet d'employer au transport des obélisques un des bâtiments qui se trouvaient à Toulon, le ministre de la marine chargea M. le baron Rolland, inspecteur général du génie maritime, de s'occuper de cette question, afin d'arrêter un plan d'opération définitif.

M. le baron Rolland proposa de construire à Toulon un navire dont le plan serait calculé de manière à remonter le Nil et à recevoir dans sa cale un des obélisques de Thèbes, pour l'apporter ensuite jusqu'à Paris.

M. le baron d'Haussez, convaincu de la préférence que ce plan méritait sur tous les projets antérieurs, n'attendit pas même le départ de M. le baron Taylor, ni par conséquent le don officiel des obélisques, pour ordonner la construction de ce bâtiment, qui, dès la mise en chantier, reçut le nom de Luxor.

L'allège le Luxor était destiné, par la nature de sa mission, à naviguer sur la mer et sur deux fleuves; ainsi le problème à résoudre consistait d'abord à lui donner des dimensions et des formes telles, qu'il pût passer sous les arches des ponts de la Seine, et que, chargé de l'obélisque, il n'enfonçât pas au de là de deux mètres, tirant d'eau de rigueur pour la navigation fluviale. Afin d'atteindre ce but, M. Rolland fut forcé de s'écarter des règles suivies dans l'architecture navale; la longueur du Luxor n'est pas en rapport avec sa largeur, et la surface de sa carène se rapproche

28

beaucoup de celle d'un parallélipipède dont on aurait émoussé les angles et les arêtes. Sa membrure fut composée en partie avec du bois de sapin, au doublage en cuivre on substitua un placage en planches pour diminuer autant que possible les dépenses et le poids de la masse.

Ce n'était pas tout que de coordonner ces données contra ires à la marche et à la sûreté du bâtiment, de nouvelles conditions à remplir exigeaient d'autres modifications non moins importantes.

Le Luxor devait s'échouer sur une plage de sable, dans une position parfaitement droite, sans le secours d'épontilles ou étais, et porter un monolithe dont la masse était hors de proportion avec l'espace qu'il occuperait dans la cale. C'est dans ces prévisions que cet ingénieur eut à combiner tous les détails de la charpente. Ainsi il lui fallut armer le navire de cinq quilles, pour se créer des soutiens de chaque côté de la quille principale, et, par ce moyen, répartir la pression exercée par le fardeau sur un plus grand nombre de points. Ainsi il lui fallut consolider les murailles par des porques obliques, et multiplier les liaisons longitudinales afin de rendre le système solidaire. Ces difficultés, ajoutées à toutes les autres, méritaient d'être signalées. En résumé, M. Rolland fit ce qu'il y avait de mieux à faire, et l'expérience a justifié ses combinaisons.[2]

Cependant M. Taylor s'occupait des préparatifs de son départ. Nommé, par ordonnance royale du 6 janvier 1830, commissaire du roi auprès du Pacha d'Egypte pour négocier la cession des obélisques de Thèbes, et faire transporter en France l'aiguille de Cléopâtre, il fut en outre chargé de recueillir en Egypte des objets d'art et d'antiquités, destinés à enrichir le Musée Royal du Louvre.

On lui confia divers présents destinés à être offerts à Mehemet-Ali et à son fils. Un crédit de 100,000 fr. fut ouvert pour faire face aux frais de sa mission, et le brick le Lancier reçut l'ordre de le transporter à Alexandrie. M. Mimaut, consul général de France en cette résidence, et lui-même animé d'un amour éclairé des arts, avait été prévenu de l'objet de la mission de M. Taylor,

-2- La mort récente de M. Rolland est un sujet de regrets aussi profonds que mérités.

Apollinaire Lebas

et invité à le seconder de son crédit et de son influence. M. de Cerisy avait aussi reçu le même avis, et l'on ne devait pas douter de leur utile concours. Le Lancier, retardé dans sa marche par de gros temps et des vents contraires, n'arriva à Alexandrie que le 25 avril 1830.

M. Mimaut ne s'y trouvait point alors; il était au Caire, auprès du vice-roi; mais il avait laissé en partant ses instructions à M. Bottu, qui le remplaçait en sa qualité de vice-consul. Ce fut ce dernier qui reçut M. le baron Taylor, et le présenta au fils de Mehemet-Ali, Ibrahim Pacha, qui commandait alors à Alexandrie en l'absence de son père; après un excellent accueil de la part de ce prince, M. Taylor se mit en route pour le Caire, où il ne trouva plus le Pacha, et ce ne fut qu'en revenant à Alexandrie à la fin de mai qu'il put enfin le rencontrer.

Cependant M. Mimaut s'était, dès les premiers avis qu'il avait reçus de la mission de M. Taylor, empressé d'en entretenir le Pacha, et l'avait déjà disposé à accueillir favorablement la demande que le commissaire du roi était chargé de lui présenter. M. Taylor. qui du reste n'a cessé de se louer de la coopération de M. Mimaut, dut s'en apercevoir, lorsque le 31 mai de la même année eut lieu l'audience dans laquelle ils demandèrent de concert, et obtinrent la cession des trois obélisques qui aujourd'hui appartiennent à la France.

Cette intéressante négociation n'était cependant pas sans difficultés, et il ne fallait rien moins que l'habileté, le talent et la persévérance de M. Taylor pour surmonter les premiers obstacles qu'il eut à vaincre. La France ayant négligé de faire enlever l'obélisque d'Alexandrie, il semblait en quelque sorte qu'elle en eût perdu la propriété, et, d'un autre côté, le pacha avait donné les obélisques de Luxor à M. Barker, consul d'Angleterre, qui les lui avait demandés avec instance.

Mais le désir d'être agréable au roi de France, à qui, disait-il, il n'avait rien à refuser, sans doute aussi l'habile intervention de M. Taylor, suggérèrent au vice-roi le moyen de tout concilier. Il donna à la France les deux obélisques de Luxor, confirma le don qu'il lui avait fait précédemment de l'obélisque d'Alexandrie, et offrit en échange à M. Barker l'obélisque de Karnac. Ce dernier accepta l'échange proposé, et dès lors fut entièrement conclue cette affaire. On convint, pour éviter toute difficulté ultérieure, que M. Taylor recevrait, avant de retourner en France, une pièce officielle attestant le don des trois obélisques.

Pendant ce temps l'on hâtait à Toulon la construction du Luxor; déjà tout était disposé en France pour l'expédition; M. Mimerel, ingénieur de la marine, avait d'abord été désigné pour diriger les travaux d'abattage et d'embarquement des obélisques, et ceux que nécessitait leur érection à Paris; d'un autre côté, M. Verninac de Saint-Maur avait été chargé du commandement du bâtiment.

Le Luxor fut mis à l'eau le 26 juillet 1830; le 27, l'ordre d'en presser l'armement par tous les moyens possibles fut adressé au préfet maritime de Toulon. Déjà le Dromadaire avait été expédié pour Alexandrie, où il se trouvait dès le 25 juin.

M. Taylor, qui dans ce moment parcourait l'Egypte afin de recueillir divers objets d'art pour les musées de France, apprit, par les lettres que lui portait le bâtiment, les progrès de la Construction du Luxor, et le projet de l'expédier vers le mois de septembre. Il crut devoir, non-seulement faire embarquer sur le Dromadaire l'obélisque d'Alexandrie, mais aussi faire exécuter immédiatement, par les moyens mis à sa disposition, et d'après les indications que fournirait M. de Cerisy, le transport du deuxième obélisque de Luxor, de telle sorte que ces trois monolithes fussent rendus en France vers la fin de l'automne. Un pareil résultat, nous devons le dire, était impossible: en se flattant de l'atteindre, M. Taylor n'avait consulté que son zèle, sans entrevoir les difficultés qui l'arrêteraient dès le début. Tel était l'état des choses lorsque le vice-roi d'Egypte apprit à Alexandrie les événements de juillet 1830. Les détails lui en étaient parvenus par des lettres de commerce, qui ne donnaient des nouvelles que jusqu'au 4 août.

Les intrigues recommencèrent alors pour arracher à la France, à la faveur de l'incertitude née de cette première nouvelle, les admirables monuments qui étaient devenus sa propriété. Le consul anglais avait conçu le dessein de les faire enlever, et plusieurs agents du Pacha étaient dans ses intérêts. Le bruit se répandit même que le vice-roi ne voulait plus laisser embarquer sur le Dromadaire l'aiguille de Cléopâtre, en échange de laquelle il avait donné, disait-on, les deux obélisques de Luxor. Mais ce bruit, passé des antichambres du sérail, où il avait pris naissance, dans les cafés d'Alexandrie,[3] et répandu delà jusqu'à Paris, ne reposait sur rien de vrai. Ce n'était qu'un propos d'oisifs ou de jaloux, toujours prêts à contrarier ou à déprécier les plus nobles entreprises.

D'ailleurs MM. le baron Taylor et Mimaut n'avaient pas donné aux rivaux de la France le temps de faire valoir auprès de Mehemet-Ali leurs nouvelles prétentions. Bien qu'ils ne fussent pas fixés sur la détermination qui serait prise relativement au transport des trois monolithes, ils avaient parfaitement compris que, dans tous les cas, il fallait en conserver à la France l'incontestable acquisition.

Ils n'eurent pas de peine à persuader au Pacha que la révolution survenue en juillet ne devait pas être un motif de ravir à leur pays le don qu'il lui avait fait, que de semblables monuments ne pouvaient, même dans sa pensée, avoir été donnés à la personne du roi, mais bien à la nation elle-même, dont ils étaient devenus la propriété irrévocable. Ils parvinrent enfin à obtenir du Pacha la confirmation pleine et entière de sa première disposition. Le don des obélisques au gouvernement de Louis-Philippe fut sanctionné dans une lettre que ce souverain fit écrire officiellement par son ministre, le 29 novembre 1830, à M. le comte Sébastiani, alors ministre de la marine.

Cette pièce importante doit trouver ici sa place; nous la citons textuellement:

Alexandrie, le 29 novembre 1830.

Excellence,

« Son altesse le vice-roi d'Egypte a reçu par M. le baron Taylor

-3- Quelques Européens ont établi dans ce pays des cafés, à l'imitation des nôtres.

la dépêche dont il était porteur, du ministre secrétaire d'état de la marine et des colonies, pour négocier au nom de S. M. le roi de France, et obtenir une des aiguilles de Cléopâtre à Alexandrie, et particulièrement les deux obélisques de Luxor, qui font partie des ruines de Thèbes. Son altesse le vice-roi m'a chargé d'exprimer à votre excellence la satisfaction qu'il éprouve à montrer sa reconnaissance à la France pour les nombreuses marques de bienveillance et d'amitié qui lui ont été à différentes époques manifestées, et qui lui ont été récemment renouvelées de la part de sa majesté le roi des Français, par l'organe de M. le consul général Mimaut. Je suis ordonné par son altesse de mettre les trois monuments cités à la disposition de S. M. le roi des Français dès ce moment, et votre excellence est priée de vouloir bien en faire hommage à S. M. au nom de S. A. le vice-roi Mehmet Aly Pacha. Il est très-flatteur pour moi d'être l'interprète des volontés de mon prince dans cette occasion, et je prie votre excellence d'agréer l'assurance de ma considération très-distinguée.»

Signé Boghoz JOUSSOUF.

Nous avons vu précédemment que le Dromadaire était arrivé à Alexandrie le 25 juin, en l'absence de M. Taylor, pourvu des apparaux supposés nécessaires pour l'embarquement de l'obélisque. Ce navire n'avait cependant pas apporté de Toulon tous les bois indispensables à l'accomplissement de cette œuvre; il y avait nécessité de les acheter en Caramanie, l'arsenal d'Alexandrie ne possédant pas une seule pièce de bois dont le Pacha pût disposer en faveur de l'opération. Les délais nés de cette circonstance furent la cause qui, plus tard, dut faire renoncer à enlever ce monument.

Cependant le changement survenu dans le gouvernement de la France n'avait pas fait perdre de vue au ministre de la marine la grande affaire des obélisques; le chef que la France venait de se donner était lui-même trop ami des arts et pardessus tout trop jaloux de nos gloires nationales pour qu'une entreprise destinée à en rehausser l'éclat pût être abandonnée sous son règne. On avait donc continué à s'occuper de l'armement de l'allège le Luxor. Les instructions préparées pour MM. Mimerelet Verninac de

Saint-Maur avaient été expédiées le 22 septembre, et un ordre télégraphique du 6 octobre suivant avait prescrit de presser par tous les moyens le départ du bâtiment. De son côté M. Champollion, qui était alors à Paris, n'avait eu garde de laisser tomber en oubli un projet dont l'exécution était une de ses pensées dominantes; il en fit lui-même une question d'à propos. Il disait, dans une note du 29 septembre: « Le précédent gouvernement n'avait eu d'autre intention que d'orner la capitale d'une décoration nouvelle, le gouvernement national doit se proposer un but plus élevé et plus grand; à lui seul il appartient de marquer ses premiers pas en éternisant la mémoire des glorieux triomphes de nos armées pendant les guerres de la république. Ces souvenirs, noble patrimoine de la génération qui la première a combattu pour la liberté française, attendent encore leur consécration. Ce n'est pas sans étonnement que l'étranger parcourt notre capitale sans y rencontrer quelque part un seul monument qui rappelle, même indirectement, notre étonnante campagne de 1799. Aucun monument ne peut mieux atteindre ce but qu'un des obélisques d'Egypte. »

Sa conclusion était qu'il fallait se hâter de mener à fin l'entreprise commencée; niais il insistait pour qu'on s'attachât surtout aux obélisques de Luxor, beaucoup plus précieux, ajoutait-il, que ceux d'Alexandrie, et pour qu'entre les deux on donnât la préférence à l'obélisque de droite ou occidental, dont les inscriptions rappellent le nom du grand Sésosiris.

M. le comte Sébastiani avait parfaitement apprécié ce qu'il y avait de juste dans ces observations. Le Luxor allait partir, lorsque M. Taylor, arrivé à Toulon par le brick le Lancier, demanda qu'on différât l'expédition au moins de quelques jours. Il avait, disait-il, adonner à M. Mimerel des explications indispensables sur les ressources dont cet ingénieur devait se pourvoir; la saison étant d'ailleurs passée pour la navigation du Nil, il fallait attendre le commencement de l'inondation de 1831 qui n'arrive qu'en juillet. Suivant M. Taylor, tout ce qu'on pouvait faire, pour ne perdre ni temps ni argent, était de transporter en France l'obélisque d'Alexandrie, et de retourner ensuite en Egypte dans la saison favorable à la remonte du fleuve. Un autre motif venait en outre à l'appui de cette opinion: comme, d'après Champollion, l'aiguille de Cléopâtre était très inférieure aux autres obélisques, qu'on ne savait pas s'il serait possible de les transporter tous les trois, et qu'il convenait ainsi de songer d'abord au plus beau de ceux de Thèbes, on dut retarder le départ du Luxor jusqu'au printemps prochain.

Tous les frais relatifs à l'expédition avaient été, par une ordonnance du 6 janvier 1830, mis au compte de la marine, et les chambres avaient accordé pour cet objet un crédit de 300,000 fr.

Les dépenses déjà faites tant pour la construction et l'armement de l'allège, que pour la mission de M. Taylor, ne laissaient plus sur cette somme qu'environ 37,000 fr. disponibles. Aucun crédit nouveau n'était d'ailleurs ouvert au ministère de la marine sur l'exercice de 1831. Cette observation soulevait naturellement la question de savoir s'il convenait de persister dans une entreprise dont on n'avait pu jusque-là apprécier exactement la dépense totale, ou si, ajournant toute opération ultérieure, il ne fallait pas envoyer d'abord à Thèbes un ingénieur qui dresserait en connaissance de cause le devis estimatif des travaux à exécuter.

Cette question n'était pas sans gravité dans un moment où la France avait à subvenir aux besoins impérieux du commerce et de l'industrie, et de plus à soutenir son indépendance qu'elle pouvait croire menacée par l'Europe continentale.

M. le comte Sébastiani ne se dissimula pas cette difficulté; mais, envisageant la chose de plus haut, il sentit combien il importait de ne pas laisser inachevée une œuvre grande et utile. Il pensa aussi, et avec juste raison, que l'envoi d'un ingénieur, pour dresser un devis, ne serait qu'un moyen de perdre du temps et de dépenser de l'argent sans objet et sans utilité; il se représenta d'ailleurs le mauvais effet que produirait en Egypte le brusque abandon de ces monolithes si ardemment recherchés jusque-là. De toutes ces considérations, il conclut que, s'il fallait encore employer 200,000 fr. pour effectuer le transport des obélisques, il valait mieux s'imposer ce nouveau sacrifice que de perdre le fruit des dépenses déjà consommées. Dans tous les cas, il aurait cru mériter un juste blâme si, avant de renoncer à ce projet, il n'avait du moins soumis la question à un vote législatif. Les chambres allouèrent le crédit demandé, et ainsi fut levé le dernier des obstacles, qui successivement avaient été sur le point d'entraver cette intéressante entreprise. Le ministre de la marine, d'après les intentions du roi, prescrivit dès le 19 janvier 1831, au préfet maritime de Toulon, de faire tout disposer pour que le Luxor put du moins être expédié au commencement du printemps. M. Mimerel avait fait pressentir que l'état de sa santé s'opposerait probablement à l'accomplissement de sa mission; cette prévision se confirma, et il devint nécessaire de lui donner un successeur. Consulté sur le nouveau choix à faire, M. le préfet maritime de Toulon me proposa, ainsi que M. Moissard, ingénieur de la marine.

Désigné par M. le ministre pour diriger une opération aussi importante, j'acceptai avec orgueil cette marque de confiance: mon premier soin fut de choisir, selon l'autorisation que j'en avais reçue, les hommes qui devaient me seconder et les objets du matériel que je jugeai nécessaires. Tout étant ainsi disposé, je m'embarquai sur l'allège le Luxor, dont M. Verninac de Saint-Maur avait le commandement. Voici les instructions qui me furent adressées par M. le comte Sébastiani.

«Monsieur,
Vous avez reçu l'ordre de vous rendre en Egypte pour y diriger une opération importante qui a pour but d'amener à Paris les deux obélisques de Thèbes que le vice-roi Mehemet a donnés à la France.
Vous savez que l'allège le Luxor a été construit à Toulon pour servir au transport de ces monuments, et que le tirant d'eau de ce bâtiment a été calculé » de manière à ce qu'il puisse remonter le Nil jusqu'à près du lieu où ils se trouvent.
J'ai donné des ordres pour que le Luxor soit prêt à partir à la fin de ce mois. Vous vous embarquerez sur ce bâtiment comme passager, il vous portera d'abord à Alexandrie, et là vous verrez s'il vous convient de rester à bord pour vous rendre devant Thèbes, où s'il sera préférable que vous précédiez son arrivée dans cet endroit.

Vous examinerez avec la plus grande attention la situation des deux obélisques et l'état des lieux environnants, afin d'établir le plan des travaux que vous aurez à faire exécuter pour les mettre à terre, les transporter jusqu'au bord du Nil, et les faire entrer dans le bâtiment destiné à les apporter en France.

Si, comme je le présume, un seul des obélisques peut trouver place dans le Luxor, l'opération devra se faire en deux fois, et il faudra commencer par celui de droite, qui est désigné comme le plus précieux, ainsi que vous pourrez le voir dans la copie ci-jointe d'une lettre de M. Champollion jeune, qui en a récemment relevé et traduit les inscriptions.

Vous serez spécialement et exclusivement chargé de diriger tous les travaux relatifs à l'abattage, au transport par terre et à l'embarquement de chacun des obélisques, ainsi que tous ceux qui auront pour objet de disposer le terrain pour faire arriver le monument au bord du Nil.

Vous aurez à vous concerter avec l'officier qui commandera le Luxor sur le choix du lieu où il vous conviendra de le fixer, et sur tous les moyens à employer pour l'embarquement de l'obélisque; vous déciderez s'il faut échouer le bâtiment, enlever son pont ou l'ouvrir à l'une des extrémités, et cet officier aura l'ordre de vous seconder de tous ses moyens dans l'exécution de ces divers travaux. Vous devrez aussi vous entendre avec lui pour le meilleur emploi à faire de son équipage dans les manœuvres que vous aurez à exécuter, et pour que les ressources matérielles du bord y soient appliquées au besoin.

Aussitôt que l'obélisque sera embarqué et que vous aurez fait rétablir les parties du bâtiment que vous aurez été forcé de démolir ou de démonter, le Luxor ne dépendra plus que de son capitaine, qui dès ce moment restera seul chargé de le conduire jusqu'à Paris; votre tâche sera alors terminée, jusqu'à l'époque où il faudra recommencer les mêmes opérations pour l'embarquement du second monument.

Peut-être serait-il possible d'employer d'autres moyens pour le transport de l'un des deux obélisques. M. Mimaut. consul général de France en Egypte, mettra pour cet objet à votre disposition M. Linant, Français établi depuis longtemps dans le pays, et qui paraît fort intelligent.

Je joins d'ailleurs ici la copie d'une lettre dans laquelle M. le baron

Taylor fournit à ce sujet quelques renseignements qui, sans avoir rien de bien positif, peuvent du moins être bons à consulter, surtout pour le choix des objets à emporter de Toulon.

Je donne au préfet maritime de Toulon l'ordre de faire mettre à votre disposition, par les diverses directions de ce port, tous les moyens en matériel qui vous paraîtront nécessaires pour l'exécution des opérations dont il vient d'être question.

Si lorsque vous serez sur les lieux d'autres ressources vous devenaient indispensables, vous les trouverez probablement à Alexandrie par l'intervention de M. le consul général de France, et dans le cas où il serait impossible de les tirer d'Alexandrie, vous en adresseriez la demande à Toulon.

Vous choisirez dans l'arsenal de ce port un maître charpentier entretenu, un contre-maître de la même profession et dix ouvriers, qui soient à la fois charpentiers, perceurs, calfats, et, s'il se peut, menuisiers; vous y joindrez un forgeron chef de feu, deux bons frappeurs et deux tailleurs de pierres. Tous ces maître, contre-maître et ouvriers, seront traités pendant leur absence de France, comme l'ont été ceux qu'on a précédemment envoyés en Morée.

De bons maîtres de manœuvres seront aussi embarqués sur le Luxor, et ils pourront vous être fort utiles dans le cours de vos opérations.

Vous êtes au surplus autorisé à prendre sur les lieux mêmes le nombre d'hommes que vous jugerez nécessaire d'employer comme manœuvres; toutes les informations portent à croire que vous en trouverez toujours autant que vous pourrez le désirer et à très-bas prix.

M. le consul général de France à Alexandrie mettra à votre disposition les fonds qui vous seront nécessaires; vous voudrez donc bien vous adresser à lui pour cet objet, et tenir un compte exact de toutes vos dépenses, afin d'en justifier au retour.

L'intervention du même consul général vous procurera de très-grandes facilités près des autorités égyptiennes pour en obtenir les moyens d'exécution que vous pourriez désirer, et même, au besoin, des secours contre toute espèce de contradiction. Vous avez au surplus à Alexandrie un appui naturel dans le crédit dont y jouit M. de Cerisy, officier du génie maritime français, chargé en chef de la direction des constructions navales du vice-roi d'Egypte; je ne doute pas que vous ne trouviez en lui le plus grand empressement à vous donner de bons renseignements, et à vous aider des moyens d'exécution dont il peut disposer.

Je joins ici les copies de plusieurs documents, dont la connaissance peut vous être utile, ce sont: i° un mémoire de M. Besson, ancien officier de la marine française, maintenant au service de Mehemet-Ali, sur les moyens de transporter les obélisques de Luxor; 2o une lettre de M. de Cerisy sur le même sujet; 3° l'extrait dont j'ai déjà parlé de celle de M. Taylor, et enfin la lettre de M. Champollion, dont il a été question au commencement de cette dépêche.

Je crois, monsieur, n'avoir rien omis de ce qui peut être propre à assurer le succès de la mission dont vous êtes chargé; vos talents et votre zèle me sont garantis par vos services antérieurs, et je suis convaincu que vous réussirez complètement dans l'opération qu'il s'agit d'exécuter.

Vous voudrez bien m'adresser le plus souvent possible des rapports sur les progrès de vos opérations.

Je joins ici une lettre pour M. Mimaut, consul général de France en Egypte, et une autre pour M. de Cerisy; elles ont pour objet de leur annoncer la mission dont vous êtes chargé, et de les prier de vous aider de tout leur pouvoir à la mettre à exécution. Vous voudrez bien les leur remettre à votre arrivée à Alexandrie.

Signé comte Sébastiani. »

CHAPITRE II

Le Luxor, chargé de tous les apparaux dont on se sert habituellement dans les manœuvres de force, appareilla de la rade de Toulon le 15 avril 1831, par une brise favorable de N.-O., et atteignit en cinq jours les côtes de la Sicile.

Depuis notre départ nous naviguions vent largue ou vent arrière; sous ces deux allures, le bâtiment se comporta très-bien et fila jusqu'à huit nœuds. Il n'en fut pas de même lorsque, dans la journée du 21, les vents ayant passé à l'est, on fut obligé de louvoyer. Le Luxor manquait des qualités nécessaires à ce genre de navigation; il dérivait beaucoup, inconvénient prévu, mais inévitable résultat de sa conformation forcée. Nous passâmes la nuit du 24 au 25 en calme au milieu d'une mer houleuse qui fatiguait beaucoup la mâture: le lendemain, la brise ayant repris de la partie N.-O., nous continuâmes notre route sans autres contrariétés ni accidents, et le 3 mai le Luxor mouilla dans le port d'Alexandrie en face du palais du vice-roi.

Quelques minutes après, M. Cardin, chancelier de France, était à bord; il nous apprit que M. Mimaut, consul général, se trouvait au Caire auprès du vice-roi, qui habite cette ville pendant la mauvaise saison. La présence et le concours de M. Mimaut m'étaient indispensables pour mettre à exécution le projet que j'avais formé pendant la traversée: je m'étais proposé de partir immédiatement pour la Haute-Egypte, de devancer le Luxor à Thèbes, afin d'explorer avant l'inondation le terrain sur lequel je devais opérer, de préparer un lit d'échouage pour recevoir le navire, et de commencer en même temps les travaux préparatoires. Tout fut forcément suspendu jusqu'à l'arrivée du consul à Alexandrie; elle n'eut lieu que vingt jours après. Cette contrariété au début de la campagne me parut d'un mauvais augure.

Toutefois je consacrai ce laps de temps à parcourir la ville aux grands souvenirs, dont les monuments servent de signaux de reconnaissance aux marins, et guident l'Arabe dans le désert.

Tout a été dit sur Alexandrie, sur ses ruines confuses, sur son sol remué et bouleversé dans tous les sens; c'est un sujet épuisé pour l'érudition, il -ne reste plus au voyageur qu'à voir, admirer et se taire.

Parmi les débris de l'ancienne ville, les aiguilles dites de Cléopâtre attiraient naturellement mon attention; souvent j'allais les visiter pour prendre des inspirations sur les lieux, étudier, méditer les données du problème dont j'avais entrepris la solution, et préparer par la pensée les procédés que je me proposais d'employer plus tard.

A la vue de ces monolithes, je ne me dissimulai pas les difficultés que devait offrir le déplacement d'une masse aussi considérable; mais je puisais dans la nouveauté même de cette opération la confiance, l'énergie et la persévérance nécessaires pour les surmonter.

Le 8 juin, le pacha nous reçut dans son palais, situé sur le Pharos.[1] Prévenu d'avance par le consul général de ma petite stature, il eut l'air de ne pas s'apercevoir de ma présence, et demanda en riant: Où donc est l'ingénieur? Sur ma présentation par M. Mimaut, il ajouta: 77 était donc caché derrière vous, dites-lui de s'asseoir à côté de moi pour que je le voie. Cette circonstance fournit du reste au vice-roi l'occasion de faire quelques plaisanteries qui décelaient en lui une imagination vive, un esprit prompt à saisir des rapports.

Son œil, toujours vif et scrutateur, ne laisse rien échapper, sa finesse, sa perspicacité, la profondeur de ses idées, ses réparties heureuses, lui donnent sur tous ceux qui l'approchent un empire auquel il serait assez difficile de se soustraire.[2] Mehemet-Ali, passionné pour les grandes entreprises et généralement pour tout

-1- Du temps des Pharaons, on appelait Pharos une petite île qui surgissait au-dessus des eaux à deux milles de la côte. Cet écueil fut joint à la ville fondée par Alexandre, par une jetée qui divise une vaste rade en deux parties; à l'un des bouts de la jetée, sur le Pharos, s'élevait le fameux phare construit par l'architecte Sostrate, sous Ptolomée-Philadelphe. C'est sur cette digue, qui s'est considérablement élargie, que l'on a bâti la ville moderne.
-2- Il est à regretter que ce prince, doué de si rares qualités, ait sacrifié les intérêts de son peuple à des projets ambitieux qu'il n'a pu réaliser. L'humanité lui demandera compte de tout le bien qu'il pouvait faire et de tout le mal qu'il a fait; de sa conduite à l'égard des tristes débris de la race égyptienne, qu'il eût été beau de civiliser, au lieu de les détruire par des violences dont le récit exciterait la pitié.

ce qui sort de la ligne ordinaire, nous témoigna à plusieurs reprises le vif intérêt qu'il prenait au succès de notre hardi projet. « Je m'y intéresse, nous dit-il, comme s'il était exécuté en mon nom et pour ma gloire. Les ordres les plus formels sont déjà donnés pour que rien de ce qui peut contribuer à l'accomplissement de cette œuvre gigantesque ne vous soit refusé. »

Le vice-roi m'adressa ensuite, ainsi qu'au capitaine, diverses questions fort judicieuses, relatives à la flotte que construisait M. de Cerisy, ingénieur de la marine ; enfin la généreuse et noble conduite de Mehemet-Ali, son empressement à m'assurer toutes les facilités désirables et le concours des autorités locales m'inspirèrent la plus grande confiance dans la mission qui m'était confiée.

Dès ce moment rien ne me retenait plus à Alexandrie, le matériel avait été transbordé du Luxor sur des barques du pays, appelées djermes,[3] tout était prêt pour mon départ que des circonstances indépendantes de ma volonté avaient retardé jusque-là.

Le 11 juin, au lever du soleil, les bateaux de transport firent voile pour Rosette; je m'étais embarqué avec tous les ouvriers sur la plus grande des djermes qui composaient cette petite flottille. Vers les quatre heures du soir, la couleur jaunâtre des eaux et la figure rembrunie du patron nous annoncèrent l'approche de l'une des bouches du Nil. Cette embouchure est obstruée par des monticules de sable qui se déplacent journellement. Le courant du fleuve, combiné avec la violence de la mer, se crée à travers ces obstacles une ou plusieurs ouvertures souvent sinueuses et de profondeur inégale; la passe qui est reconnue navigable se

---

-3- On remarque sur le Nil trois sortes de bâtiments, les agabas, les djermes et les maschs. Les premiers sont des bateaux lourds à fond plat, qui tirent peu d'eau, on les emploie au transport des marchandises pendant la saison des basses eaux; les djermes, dont la construction est plus favorable à la rapidité du sillage, remontent le fleuve avec beaucoup de vitesse à l'aide de leurs immenses voiles latines; enfin les maschs peuvent être appelées les gabarres du Nil. Ce sont des navires du port de 400 à 500 tonneaux, qui ne naviguent qu'à l'époque de l'inondation.
Indépendamment de ces bateaux de transport, le Nil est sillonné par deux autres espèces d'embarcations. La dahabie, qui prend des marchandises légères et des passagers; la cange, canot étroit, dont les lignes sont très-fines, ressemble aux yachts par son élégance et sa légèreté.

nomme Boghas.[4] Elle est toujours bordée d'écueils sur lesquels les lames viennent déferler, en se déployant avec plus ou moins d'écumes, suivant la force du vent qui les agite. Malheur au navire qui se trouve enveloppé dans ces brisants! il court le risque d'être jeté à la côte et d'y périr. Bientôt nous aperçûmes deux djermes renversées et couvertes en partie d'alluvions, indices certains de naufrages antérieurs; nos barques, toutefois, traversèrent ce passage dangereux en sillonnant le fond sans accident; nous entrâmes ainsi dans ce superbe fleuve, après avoir contourné une île qui n'existait pas il y a quarante ans; c'était au contraire le point de la barre le plus profond où mouillèrent en 1799 les canonnières de l'armée française. Trois heures après nous étions à Rosette, au milieu du plus frais et du plus verdoyant de tous les pays.

Cette ville, autrefois si riche, si florissante, naguère l'un des principaux entrepôts du commerce de l'Orient, languit dans une triste décadence depuis l'ouverture du canal du Mahmoudie;[5] ce canal dont l'entrée est située à trois lieues en amont joint le Nil au vieux port d'Alexandrie. Toutes les productions de l'Egypte s'écoulent par cette voie, qui exige moins de dépenses et offre plus de sécurité que le transport par mer; aussi la population de Rosette a-t-elle considérablement diminué, à en juger par le grand nombre de maisons qui ne sont pas habitées.

Là il fallut encore transborder le matériel sur des agabas, bateaux à fond plat, destinés spécialement à la navigation du Nil; pendant ce temps le Luxor franchit le Boghas et vint mouiller à Rosette, où il dut séjourner en attendant que la crue du fleuve lui permît de continuer sa route jusqu'à Thèbes. Quelques marins furent répartis sur les agabas; M. Jaurès, élève de première classe, et M. Pons, médecin en second, s'embarquèrent avec moi sur une cange, canot léger, étroit, qui marche avec la plus grande vitesse, soit à la voile, soit à l'aviron. Une maisonnette en bois s'élève à l'arrière de cette embarcation; elle est divisée en deux chambres: la première sert de salon et de salle à manger, la seconde de <u>chambre à coucher</u>. Tous ces préparatifs étant ainsi disposés, nous

-4- En Orient, ce terme s'applique à tout passage maritime étroit et difficile.
-5- C'est l'ancien canal de Cleopâtre. Mehemet a employé à sa construction 150,000 Arabes pendant plusieurs mois, 20,000 y sont morts à la peine. On lui a donné le nom de Mahmoudie, en l'honneur du sultan régnant.

dîmes adieu à nos compagnons de voyage restés à bord du Zuxor, et le 19 juin la flottille, appareillant de Rosette, commença à remonter le Nil.

C'est alors surtout que notre attention fut vivement excitée par les objets qui nous environnaient. Tout était nouveau pour nous, l'aspect des lieux, les arbres, les plantes, les costumes et le langage des Arabes, qui accouraient en foule sur le rivage, et pour lesquels nous étions nous-mêmes un objet de curiosité; notre vue se reposait agréablement sur le Delta, sur cette terre de nouvelle création, dont les productions nombreuses et variées sont pour la plupart inconnues en Europe.

Non loin de Rosette, et sur la rive gauche, se trouve la fameuse mosquée Rabou-Mandour, lieu cle pèlerinage, où les femmes viennent chercher une fécondité quelles attribuent aux eaux de la fontaine renfermée dans ce monument religieux; au delà, les deux rives bordées de roseaux déroulent à l'œil étonné du voyageur des forêts de palmiers, de mimosa, de riches moissons; mais auprès de ces fertiles campagnes sont de vastes déserts sans aucune apparence de végétation. Cà et là l'on aperçoit encore les vestiges d'un beau pays tombé dans la plus affreuse misère, de grands villages en ruines, des terrains fertiles perdus pour la culture, de mauvaises cahuttes construites en briques cuites au soleil, et plus souvent en terre. La partie supérieure, de ces maisons, si toutefois on peut leur donner ce nom, est réservée aux colombiers, d'où s'échappent parfois des myriades de pigeons. Jamais le fusil meurtrier n'y effraie ces paisibles habitants. Les Arabes ne les mangent pas, ils ne les soignent que pour la fiente, dont ils font un excellent engrais.

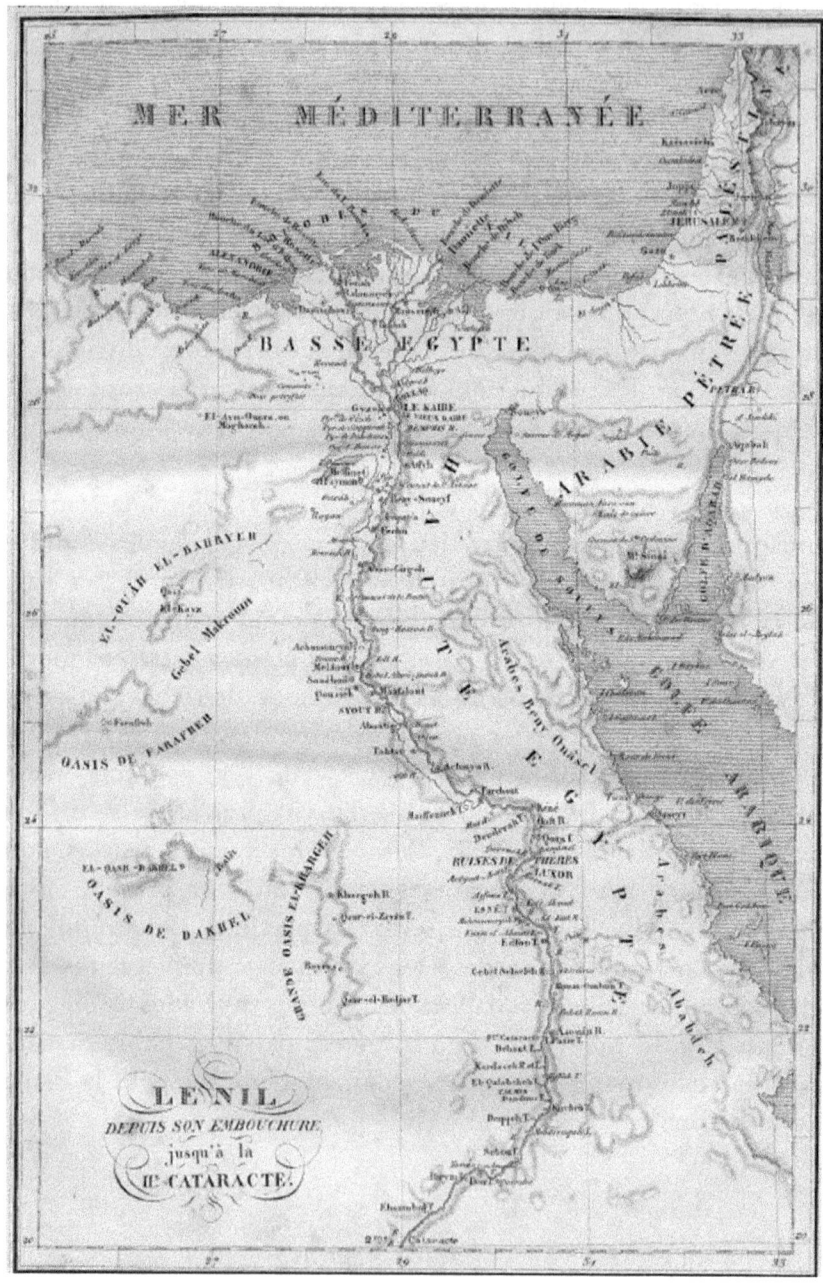

Paris, Carilian-Gœury et V^r Dalmont éditeurs. Quai des Augustins 39 8041

Sous ces cabanes de boue, couvertes par des feuilles de palmier, végète une population malheureuse, qui n'a pour loi, pour institutions sociales, que le caprice et le bâton de quelques Turcs, souvent plus brutes que la brute même. Vous ne voyez partout que des hommes couverts de haillons, exténués par la faim, vieillis par les mauvais traitements et par les privations; des enfants des deux sexes entièrement nus, venant implorer l'assistance du voyageur. Au moindre signal fait par un Turc, tout Arabe est sujet à passer par les courbaches.[6] Sous ce rapport il y a égalité parfaite dans les domaines du vice-roi: tout y est soumis à un despotisme affreux et, je le répète, stupide.

Notre navigation jusqu'au Caire présenta des difficultés auxquelles j'étais loin de m'attendre. Les reïs, ou patrons des agabas, exploitaient une des conditions de leur marché, comme à Paris le cocher de fiacre exploite le voyageur qui le prend à l'heure. Intéressés à rester en route le plus longtemps possible, ils échouaient à dessein leur bateau sur des bancs de sable. Cette manœuvre, qui retardait considérablement notre marche, me causait les plus vives inquiétudes. Déjà la couleur verdâtre des eaux indiquait une crue sensible; il fallait de toute nécessité arriver à Thèbes dans le plus bref délai, pour préparer avant l'inondation une cale d'échouage, d'où dépendait en partie le succès de l'opération. Pressés par cette considération, craignant surtout qu'il ne se perdît quelque partie du matériel dont la moindre parcelle m'était indispensable, nous profitions de la vitesse de la cange pour aller en avant, en arrière, à droite, à gauche, sur tous les points enfin où un agaba était échoué. Nous forcions les équipages à se haler dans les hauts-fonds, tantôt les aidant du mieux que nous pouvions, tantôt ayant recours à l'aide des habitants des villages les plus rapprochés.

Un de ces bateaux, celui qui portait les matériaux les plus importants, le filin-blanc,[7] vint talonner sur un banc de sable et perdit son gouvernail. L'ébranlement causé par le choc détermina une voie d'eau considérable. Le cordage allait être mouillé, avarie

-6- Cravache en peau d'hippopotame. Voir 2me partie, chap. II (Voyage en Nubie), la manière dont les Turcs infligent le supplice de la courbache.
-7- Cordages qui devaient composer les cordons des mouffles.

qui pouvait avoir les conséquences les plus graves; il n'existait à bord ni pompes ni instruments dont on pût se servir pour épuiser l'eau, et ce ne fut qu'à l'aide de leurs chapeaux de cuir et des débris de quelques vases en poterie, que les marins et les ouvriers parvinrent à l'extraire de la cale. Cette opération terminée, les charpentiers et les calfats mirent le bateau en état de naviguer jusqu'au Caire. Nous arrivâmes dans cette ville le 27 juin 1831.

Je me rendis immédiatement à la citadelle, où réside le gouverneur, tant pour lui faire une visite que pour réclamer l'intervention de son autorité. La première chose qu'il fit, sur le rapport de l'interprète, fut de donner l'ordre de bâtonner les reïs, conformément à la charte du pays. Je m'opposai à cette cruelle punition; toutefois, pour prévenir la fourberie de ces derniers, je priai le gouverneur de faire embarquer sur la flottille quatre cawas,[8] qui seraient chargés de les surveiller pendant la traversée. S. E. me répondit gracieusement qu'il n'avait rien à me refuser, et me remit en même temps une dépêche à l'adresse de Krali-Effencii, directeur de la navigation, par laquelle il autorisait ce fonctionnaire à mettre à ma disposition un nouvel agaba.

En sortant du palais nous descendîmes dans le puits dit de Joseph, qui n'offre rien de bien remarquable; il est creusé dans le rocher et à une assez grande profondeur. On en élève l'eau au moyen de plusieurs roues garnies de godets en terre.

Je me reprochais déjà d'avoir accordé quelques minutes à ma curiosité, lorsque notre interprète, Joussouf, ancien mamelouck français, me fit observer, avec son flegme imperturbable, que l'heure avait déjà sonné où tout bon musulman se renferme dans son harem, que le directeur de la navigation ne serait visible que le lendemain dans l'après-midi. Bon gré malgré il fallut se soumettre à ce retard forcé. L'audience était pour quatre heures; Krali-Effendi, assis sur une espèce de tribune élevée sur la plage, et abritée par des tentes contre l'ardeur du soleil, donnait des ordres aux marins du Nil. Aussitôt qu'il m'aperçut, il me fit signe de m'asseoir à côté de lui. C'était un homme de haute taille, dune force herculéenne, d'une figure commune, et dont le regard dur et

-8- Espèce de janissaires

Apollinaire Lebas

impérieux faisait trembler tous les Arabes.

Après le cérémonial d'usage, je lui exposai le motif qui m'amenait auprès de lui. Au lieu de me répondre, il nous raconta qu'il avait été chargé par le Pacha de transporter à Alexandrie les pierres du roi de France (c'est ainsi qu'il appelait les obélisques de Luxor). « Arrivé sur les lieux, me dit-il, je fus effrayé de la grandeur et de la masse de ces monuments. Ce n'est pas au premier coup d'œil, mais après avoir fait des calculs très exacts, que je reculai devant les difficultés d'une entreprise dont l'exécution me paraît impossible. »

A l'appui de son assertion, il me présenta une règle divisée en parties égales, portant des numéros d'ordre qui indiquaient le cube et le poids de la tranche horizontale du monolithe correspondant à une hauteur proportionnelle à chaque division de l'échelle, ce qui donnait pour poids total environ 500 milliers; immense fardeau, ajouta-t-il, que tu tenteras vainement de déplacer et de descendre de sa base sans accident. »

Etonné de l'instruction et de la justesse des calculs de Krali-Effendi, je lui adressai quelques questions sur la position des obélisques par rapport au fleuve et aux ruines, et sur leur état de conservation. Il me répondit que l'obélisque de droite, en entrant dans le temple, était sillonné par une fissure qui, partant de la base, s'élevait jusqu'au tiers environ de la hauteur. Cela n'est pas possible, m'écriai-je, en me tournant vers le drogman, vous avez mal compris ou mal interprété, le pyramidion seul est ébréché. Mon exclamation, mon étonnement, firent sourire le directeur; il se leva pour me montrer sur un des poteaux de l'estrade une gerçure à peu près semblable à la fente de l'obélisque; en me faisant observer, toutefois, qu'il n'avait pas pu s'assurer si cette fente traversait le granit, parce que la face opposée est cachée par des maisons où sont renfermées des femmes, asile toujours respecté par un Turc.[9] Prenant ensuite le calepin que je tenais à la main, il se mit à dessiner sur un des feuillets le croquis d'un

-9- Il y avait dans cette expression une certaine exagération orientale, car si elle était exacte, alors qu'il s'agissait des pierres du roi de France, il n'en est pas moins certain, qu'en d'autres circonstances et pour d'autres motifs, des villages entiers sont détruits en quelques heures par les soldats du Pacha, sans égard aucun pour les femmes.

chameau monté par un Arabe du désert. Si les observations du directeur m'avaient étonné, je le fus bien davantage en voyant le dessin qu'il venait de tracer sous mes yeux.[10] Le chameau était bien représenté; la physionomie de l'Arabe parfaitement caractérisée.

Krali-Effendi avait appris les éléments du dessin et de la géométrie sous la direction de M. Coste, architecte français, et il avait conservé, non sans raison, une haute idée des talents de son maître. Après cet entretien, qui se prolongea plus de deux heures, il donna l'ordre au maître de port de mettre à ma disposition un des meilleurs bateaux du Nil.

Pour revenir à la fissure dont m'avait parlé Krali-Effendi, il est remarquable qu'elle n'a été signalée ni dans le grand ouvrage sur l'Egypte, ni dans la relation plus récente de Champollion jeune. On y trouve, au contraire, que le fût de l'obélisque de droite est dans un état parfait de conservation. Je me fis donc un cas de conscience de croire qu'elle existait réellement; et, me complaisant dans le doute à cet égard, je tâchai de me persuader que Krali-Effendi s'était trompé, qu'il avait peut-être confondu le monolithe de droite avec celui de gauche, dont la partie inférieure est en effet fracturée, ou qu'il avait imaginé ce prétexte pour s'excuser auprès du pacha de l'insuccès de sa mission.

Je croyais bien n'avoir plus d'obstacle à rencontrer: mais il n'en était pas ainsi; le lendemain de mon entrevue avec le directeur de la navigation, le maître du port prétendit que tous les agabas étant chargés, celui qui m'était destiné ne serait disponible que dans trois jours. Informé, par expérience, de l'esprit de rapine qui anime les agents subalternes du pacha, je lui glissai dans la main quelques kiriès (petites pièces d'or); le contact de ce métal, éveillant tout à coup son empressement et sa sollicitude, eut bientôt mis fin à cette difficulté. Une heure après, j'étais en possession de l'agaba tant désiré, et, grâce à un nouvel emploi

-10- On sait que la religion mahométane réprouve en principe toute représentation peinte ou dessinée d'objets ou de personnes; cette réprobation a aujourd'hui, il est vrai, peu de valeur en Egypte, puisqu'il y a une école de dessin à Abou-Zabel; mais toujours est-il que c'est chose fort rare, que de rencontrer un turc qui sache manier quelque peu habilement le pinceau.

Apollinaire Lebas

du même argument, j'obtins les hommes nécessaires pour opérer le transbordement. Le 30 juillet au soir, la flottille appareilla de Boulac pour la Haute-Egypte. Nous allions enfin atteindre le but désiré; c'est alors que, rassuré par la présence des cawas qui montaient quatre de nos bateaux, je me décidai à faire une rapide excursion jusqu'aux pyramides de Giseh.

Ces monuments, dont l'aspect est si grandiose, si imposant lorsqu'on les aperçoit des bords du fleuve, perdent de leur grandeur et de leur proportion à mesure qu'on gravit le plateau sur lequel ils sont posés. La raison en est, que leurs formes rentrantes et anguleuses les dissimulent à l'œil, et qu'après avoir traversé la zone cultivable, on ne trouve plus aucun objet qui puisse servir de termes de comparaison. Quoi qu'il en soit, le jugement s'égare en présence de ces masses régulières qui s'élèvent au milieu d'un vaste désert. Mais si l'on énumère le nombre (203) d'assises en grosses pierres qui constituent chacun de ces immenses escaliers pyramidaux, si l'on compare la hauteur de la marche moyenne à la taille d'un homme ordinaire, si l'on réfléchit que vu à une petite distance, le sommet paraît se terminer en pointe, tandis qu'il offre en réalité une surface équivalant à quarante mètres carrés, alors toute l'attention se porte sur des dimensions insolites que l'imagination seule peut embrasser, et qui, appréciées à leur valeur positive, et réduites en chiffre, donneront pour le côté de la base 233 mètres, pour hauteur totale 146 mètres, et pour le volume 2,662,628 mètres cubes.

Nous pénétrâmes dans l'intérieur de la plus grande pyramide par une ouverture pratiquée au tiers environ de la face ouest, et formant un canal incliné. Guidés à la lueur des flambeaux à travers ces antiques retraites, nous parcourûmes, avec une admiration qui commandait parmi nous le silence et une sorte de stupéfaction, de longues galeries et deux salles, dont la plus vaste renferme un beau sarcophage. Jamais rien de si grandiose n'avait frappé mes regards, c'est un travail gigantesque qui semble dépasser les efforts humains. La quantité de matériaux employés à la construction des Pyramides; les difficultés que durent offrir la superposition de ces blocs, tant à l'extérieur qu'à l'intérieur; la durée, la solidité de ces masses inébranlables, aussi peu susceptibles de dégradation que les chaînes de montagnes qui limitent l'Egypte; les cent mille ouvriers qui y travaillèrent pendant plus d'un siècle, les placent au rang des plus grandes entreprises de l'homme.[11]

Quelle patience, quelle pratique suivie n'a-t-il pas fallu pour diriger, coordonner tant d'immenses détails ! Les Pyramides, quoi qu'on en ait dit, n'en attestent pas moins aux générations présentes, comme elles le témoigneront aux siècles à venir, l'antique civilisation d'une société sans rivale, qui a pu trouver en elle des ressources suffisantes pour faire élever ces vastes nécropoles et des hommes capables de concevoir et de réaliser un semblable projet.

En sortant des Pyramides, nous nous dirigeâmes vers la plaine où l'on suppose que florissait Memphis. Selon la tradition, cet emplacement était traversé par le fleuve dont Mènes, premier Pharaon, détourna le cours, comme s'il était possible au premier roi d'un pays d'entreprendre et d'exécuter une pareille opération; nous aurons l'occasion de revenir sur ce sujet dans le cours de l'ouvrage. Il ne reste plus de cette antique cité qu'une grande chaîne de décombres, couverte de palmiers, des amas de pierres brisées et accumulées en tout sens.

Toutefois on peut juger, par l'inspection des lieux, que cette ville a été parfaitement décrite par Hérodote et Strabon. Memphis était bornée au nord parles pyramides de Gizeh, et au sud par une file d'autres pyramides moins grandes, qui occupent plus de deux lieues de longueur.

Qui pourrait parcourir ce sol arrosé de sang français, et témoin naguère de nos triomphes, sans se rappeler avec admiration le courage et l'énergie de nos soldats? C'est là, disait notre conducteur arabe, que l'armée française s'ébranlant en masse, pulvérisa la meilleure cavalerie de l'univers (les mameloucks), malgré le nar kétir (le feu ardent) qui leur brûlait les pieds; et

-11- Champollion, d'après Manéthon, attribue la fondation des Pyramides, à des Pharaons de la cinquième dynastie. Si l'on adopte la chronologie de cet historien, ces monuments remonteraient à plus de 4,000 ans avant J. G.

plus loin, ce nuage de poussière rougeâtre n'est-il pas habité par les âmes errantes des braves d'Héliopolis!

La journée du 30 juin fut consacrée à cette excursion. Douze heures de marche à l'ardeur du soleil nous avaient harassés de fatigue; la chaleur avait été si intense, que notre pauvre chien sautait sur le sable en poussant des cris douloureux, comme s'il eût posé ses pattes sur des charbons ardents; il aurait infailliblement succombé à ses souffrances, si quelqu'un de nous ne l'eût placé en travers sur son âne. A six heures du soir, nous arrivâmes à Sakkara, bourg situé sur les bords du Nil, où nous attendait lacange.

Pressés de rejoindre la flottille qui devait nous devancer de quinze lieues environ, nous continuâmes à remonter le fleuve, dont les flots fécondants baignent une vallée sinueuse et limitée de droite et de gauche par une chaîne de montagnes blanches, ondulées et dépourvues de toute espèce de terre.

Pendant le jour, la chaleur est excessive, insupportable pour un Européen; mais le soir la navigation du Nil devient très-agréable; la brise de N.-O. rafraîchit l'atmosphère; des étoiles, à peine visibles en Europe, brillent de tout leur éclat sous un ciel toujours pur et serein; rangés en cercle autour du grand mât, les matelots chantent des chansons arabes, et la cange, ses antennes[12] apiquées, fait bouillonner par la rapidité de son filage les eaux du fleuve, où viennent se projeter par longues ombres des forêts de palmiers et de sycomores. Tout cet ensemble concourt à exciter dans lame un sentiment d'admiration calme et délicieux.

Devant nous passent successivement plusieurs grands bourgs ou villes, tels que Atfyh, Beni-Soueyf, Abou-Girgeh, et parfois des villages tapissés de verdure, mais tristes, pauvres, et dont le silence n'est troublé que par des cris sauvages et des plaintes amères. Ici, comme dans la Basse-Egypte, le despotisme étend sur toute la population un réseau d'airain dont chaque maille est le centre d'action d'une tyrannie subalterne, et, comme dit Montaigne: « Avoir plusieurs maîtres, c'est autant que d'avoir

-12- Vergue où la voile est attachée.

autant de fois à être extrêmement malheureux »; la civilisation, n'en doutons pas, pénétrera un jour dans ces contrées; elle y naîtra infailliblement du contact de l'Orient et de l'Occident; mais gardons-nous de donner ce nom à l'organisation violente et brutale qui pèse encore sur ce malheureux pays.

Jusque là le Nil n'offre en général aucun des inconvénients de nos grandes rivières, on ne trouve dans son lit ni rochers ni pierres, un caillou même y est une rareté; la remonte y est toujours possible; le vent de N.-O. ou de N.-E., qui règne pendant toute l'inondation, donne le moyen de vaincre son rapide courant par le simple secours des voiles; seulement, dans les coudes, la brise, qui était favorable dans la direction primitive, devient contraire. Alors les matelots sautent à terre et liaient la barque à la cordelle, en réglant leurs pas au son d'un air cadencé; pendant cette manœuvre, la marche de la cange était si lente, que nous aurions pu, sans perdre beaucoup de temps, faire une excursion vers la montagne où une foule d'objets attiraient nos regards. C'étaient des excavations, des ouvertures en forme de portes creusées dans les flancs de la chaîne arabique qui borde le Nil, des pilastres, des colonnes supportant des portiques brillants encore des plus vives couleurs; mais je savais par expérience que les heures s'écoulent rapidement pour le voyageur qu'arrêtent ces vestiges gigantesques jetés avec tant de profusion et de grandeur sur le sol de l'Egypte. Je m'étais donc imposé l'obligation de ne prendre terre qu'à Siouth, pour remettre à Schérif-bey, gouverneur de la Haute-Egypte, les dépêches dont jetais porteur. Cette relâche forcée eut lieu plus tôt que je ne m'y attendais, mais ce fut à Mellaouï.

Quelques bateaux étaient mouillés en face de cette ville, située à deux milles environ des bords du fleuve. Nous les prîmes de loin pour nos barques de transport; à une distance plus rapprochée, l'interprète reconnut, aux insignes qui flottaient au sommet des mâts, les canges de Schérif-bey. Son excellence était en tournée dans son gouvernement, et devait séjourner pendant quelques jours à Mellaouï. Arrivé sur les lieux après le coucher du soleil, je me fis annoncer au gouverneur pour le lendemain de très-bonne heure.

A six heures je m'acheminai avec l'interprète vers Mellaouï. Nous parcourûmes une partie de cette ville, qui est plus grande et mieux bâtie que les précédentes. Du N. au S. elle est traversée par un vaste bazar qui semblerait annoncer un peuple commerçant et industriel; mais ce point .de réunion, ce foyer de la vie orientale, était presque désert. La plupart des boutiques fermées, les maisons abandonnées, tout enfin accusait une diminution sensible de population et de fortune.

L'interprète de S. E., Ibrahim, dont nous aurons l'occasion de parler plusieurs fois, m'introduisit clans les appartements du gouverneur. On avait dissimulé l'état assez misérable de la salle où il se tenait, au moyen des ornements qui décorent les canges. Le parquet était couvert de nattes et de tapis; une chaise grossièrement travaillée était placée en face de Schérif-bey; l'interprète m'engagea à m'y reposer immédiatement, car tel est l'usage du pays; il est de bon goût de s'asseoir, de respirer pendant quelques minutes avant même de saluer. S. E., assise à l'orientale, et les bras mollement étendus sur d'élégants coussins de velours, était entourée de quelques officiers, de son médecin, de deux secrétaires et de plusieurs domestiques arabes. Après un grand nombre de salams (salutations), de compliments, qui ne durèrent pas moins de cinq minutes, on servit la pipe et le café. Le moment était venu de remettre à Schérif-bey les ordres du Pacha; il les lut avec beaucoup d'attention; se tournant ensuite vers ses officiers et le médecin, il leur fit remarquer, avec un air de satisfaction et de contentement, la dernière phrase de la dépêche: c'était un compliment de Mehemet-Ali, qui honorait son fidèle serviteur du nom de son fils.

La figure de Schérif-bey annonçait de l'esprit naturel, delà finesse et des dispositions à la gaieté. Le son de sa voix était remarquable par sa douceur; loin d'avoir l'arrogance et la brutalité de son compatriote Krali-Effendi, il se distinguait par un accueil gracieux, par ces manières polies et aisées, qui sont le partage de la bonne compagnie. Nommé, quoique fort jeune, au gouvernement de la Haute-Egypte, par la seule faveur du pacha, il s'y était maintenu par son intelligence, par son zèle et un dévouement sans bornes. Attentif à seconder les vues de son souverain, Schérif-bey ne négligeait aucune occasion de s'informer de ce qui pouvait contribuer à l'accomplissement des vastes projets de Mehemet-Ali; aussi, persuadé que les Français, naturellement très-communicatifs, ne doivent plus avoir de secrets à 1,100 lieues de leur pays, me fit-il subir un long interrogatoire sur la diplomatie européenne et particulièrement sur les projets de la Russie, puissance qu'il paraissait cordialement détester. Apprenant ensuite que j'avais fait partie de l'expédition d'Alger, il voulut connaître jusqu'aux moindres détails de cette mémorable campagne. Après avoir répondu à toutes ses questions et d'une manière qui parut le satisfaire, nous en vînmes à parler de l'obélisque.

Schérif-bey me témoigna à plusieurs reprises le désir de se trouver à Luxor le jour où le monolithe serait descendu de sa base. Il me remit ensuite pour les nazhers[13] de Kéné, de Qous et d'Esné, des dépêches qui, en informant ces fonctionnaires de l'objet de ma mission, leur enjoignaient de m'aider de tout leur pouvoir. L'entrevue se termina du reste comme elle avait commencé, avec une cordialité et une satisfaction réciproques.

Partis de Mellaouï à midi, nous atteignîmes vers les neuf heures du soir le passage périlleux d'Abou-Fedda. Ce mont, qui fait partie de la chaîne arabique, s'élève à pic sur la rive droite, à cent mètres de hauteur; ses flancs offrent des découpures de formes bizarres, dont il serait difficile de se faire une image exacte.

Le Nil, forcé de dévier de son cours par ce rempart naturel, roule avec la plus grande rapidité ses eaux bourbeuses le long de cet écueil gigantesque. Réfléchis par cet obstacle dont la crête est couronnée de pitons aigus, les vents réagissent suivant toutes sortes de directions et tourbillonnent avec violence.

La flottille avait doublé le mont Abou-Fedda avant la chute du jour, et se dirigeait en bon ordre vers le prochain mouillage. Le patron de la cange, moins courageux et peut-être plus superstitieux que ses camarades, effrayé d'ailleurs de l'obscurité produite par l'ombre portée de la montagne, refusa de s'engager pendant la

-13- Nom donné à l'un des agents secondaires du gouvernement d'Egypte.

Apollinaire Lebas

nuit dans une passe aussi difficile. Malgré ses observations sur les dangers qui nous menaçaient, nous le forçâmes d'aller en avant; prenant alors son couteau, il le plante dans une gerçure du grand mât, lance une poignée de sel dans le feu, se recommande au prophète, et, rassuré par cette cérémonie bizarre, il oriente ses voiles.[14]

Lacange, luttant avec peine, à l'aide de toute sa voilure, contre un courant de quatre à cinq nœuds, avait à peine doublé le tiers d'Abou-Fedda, qu'une raffole, tombée à bord comme un coup de foudre, fit craquer son grand mât. C'était l'avant-coureur d'un véritable ouragan; nous passions instantanément d'un calme plat à une brise violente, qui faisait le tour du compas dans l'espace de cinq minutes. Lancée dans ces mouvements tumultueux, notre frêle embarcation marchait tantôt en avant, tantôt en arrière, à droite, à gauche, courant sous ses deux voiles, plus souvent sous la trinquette, et quelquefois à sec de voiles. Plus nous avancions, plus la tourmente redoublait d'intensité: emportés par la violence du vent jusqu'au pied de la montagne, nous n'étions avertis de notre position critique que par le choc des lames contre les écueils, quand tout à coup nous aperçûmes à Heur d'eau une lumière qui se dérobait par intervalles à nos regards. La scène, pour être éclairée, n'en était que plus effrayante. A la lueur vacillante de ce feu réfléchi par les parois d'une vaste excavation, on distinguait une partie du mont, qui semble menacer de sa chute le navigateur; puis des rocs ardus avançant leur tête luisante dans le lit du fleuve, et contre lesquels le vent et le courant nous poussaient avec la plus grande impétuosité. Le danger était imminent; la cange, enveloppée dans des tourbillons, roulait comme une paille le long de ces rochers,

---

-14- Cette cérémonie rappelle le sacrifice solennel que font les marins chinois avant de traverser le fleuve Jaune. Le patron du yacht, entouré de son équipage, arrache la tête à un coq et arrose, avec le sang de la victime, le pont, les mâts, les ancres et les portes des chambres auxquels il attache quelques plumes du même animal; puis, invoquant la Divinité du fleuve, il verse sur la surface de l'eau de l'huile, du thé, une liqueur spiritueuse et du sel.

Il paraît que, dans tous les temps et dans tous les lieux, le sel a toujours été considéré comme un élément nécessaire aux sacrifices. La loi du lévitique ordonne de saler toute offrande. Suivant Ovide, dans les oblations des premiers Italiens, figure:

..........Pari mica sali,

et Horace, en parlant des offrandes faites aux dieux pénates irrités, mentionne le

..........Saliente mica.

et faillit plusieurs fois à se briser.

Ce ne fut qu'après avoir manœuvré pendant deux heures avec beaucoup de prudence et d'habileté que les marins arabes parvinrent à franchir le point le plus dangereux. Alors les vents se calmèrent un peu, les raffales devinrent plus rares, et bientôt nous atteignîmes l'extrémité d'Abou-Fedda. Trois heures après nous étions à Manfalout, où nous attendait la flottille. Notre séjour dans cette ville ne fut pas de longue durée: une brise fraîche de N.-O. nous en fit partir de bon matin, au grand désespoir du reis, qui, depuis notre passage sous Abou-Fedda, avait pris la navigation en horreur.

Notre marche, toujours favorisée par un vent régulier, fut si rapide, qu'après cinq jours de navigation nous étions en vue de ces superbes forêts de palmiers et de Doums qui précèdent les ruines de Denderah. Ce dernier arbre, dont on m'avait parlé dans la Basse-Egypte, pouvant m être de quelque utilité dans les travaux de charpentage, j'avais demandé à Schérif-bey l'autorisation découper ceux dont je présumais avoir besoin. S. E. me remit à cet effet un ordre pour le nazher de Kéné, auprès duquel je me rendis à 7 heures du soir.

Quand la tourmente des premiers compliments et des salutations fut apaisée, je lui communiquai la dépêche du gouverneur. Afin d'éviter toute difficulté, je m'empressai de le prévenir que les bois de Doums seraient payés immédiatement au propriétaire sur l'estimation faite par l'autorité locale. « Avec de l'argent, me dit-il, on t'enverra à Luxor une forêt toute entière. » Après avoir, selon les us et coutumes, bu trois tasses de café et fumé autant de pipes, je pris congé de ce bon vieillard. Ma surprise fut extrême lorsqu'en sortant de sa maison, je fus saisi par des sais,[15] qui me juchèrent sur un cheval dont l'énorme grosseur contrastait d'une manière singulière avec ma petite taille; mes jambes se trouvaient dans une position presque horizontale. Comme ma situation paraissait fort gênée, le chef des coureurs chercha à me rassurer en me vantant la docilité du cheval que son maître, âgé et infirme, ne craignait pas de monter tout en fumant

-15- Sais, domestique, faisant le service de coureur et souvent de valet de chambre.

sa pipe. Cependant par mesure de précaution, il fit placer à mes côtés deux saïs qui serraient de la main l'extrémité de mes bottes, deux autres tenaient la queue et la bride du cheval, et quatre domestiques armés de flambeaux précédaient notre marche. Ils me conduisirent ainsi processionnelle ment jusqu'à la Cange. On me donnait là, je le sus depuis, un témoignage de grande distinction que l'on paye fort cher, attendu qu'il faut largement rétribuer tous ceux qui y concourent. Bien mal venu serait en Egypte (et il n'en est pas ainsi en Egypte seulement) celui qui s'y présenterait les mains vides.

Nous voilà parvenus à Kéné. Cette ville de 15,000 âmes environ est le rendez-vous de toutes les caravanes de pèlerins qui vont à la Mecque ou en reviennent.

Quoique fort ancienne, elle n'offre aucun vestige d'antiquité. Mais Kéné est renommé par ses excellentes poteries. On y trouve cette terre poreuse qu'on emploie à la confection des alcarazas (vases en terre, destinés à rafraîchir l'eau), dont on fait un si grand usage en Egypte; c'est delà que partent tous les ans ces radeaux de Jarres, goulets, etc., qu'on dirige sur les villes principales où ces mêmes poteries sont vendues à vil prix. En face de Kéné se trouvent les ruines de Denderah, et le premier temple bien conservé que l'on rencontre sur la route que nous venions de parcourir.

Malgré notre extrême impatience, il fallut payer un juste tribut d'admiration à cette œuvre colossale du génie égyptien. Pendant la nuit la flottille traversa le fleuve. Au lever du soleil, officiers, marins et ouvriers agités d'une curiosité électrique, couraient vers Denderah comme s'ils eussent craint que les ruines pussent leur échapper.

Je ne tenterai pas de décrire le spectacle sublime qui s'offrit à nos regards: quelle langue fournirait des termes suffisants pour peindre les effets de ce monument merveilleux ! Une pareille tâche est d'ailleurs au-dessus de mes forces. Le temple de Denderah en dit plus à lui seul que des milliers de volumes et de dessins; tout y est grand, inouï, prodigieux.

Je tressaillis en remarquant sur un des murs de refend, des traces de la sauvage ignorance des Turcs. Aux yeux de ces barbares, les antiquités ne sont que des amas de pierres, une carrière propre à fournir des matériaux en partie façonnés pour leurs grossières constructions. Déjà le marteau de la démolition avait retenti sur les dalles antiques, l'édifice allait être mutilé, détruit, anéanti pour toujours, sans l'intervention des consuls européens qui protestèrent contre cet acte de barbarie. Le temple fut conservé, respecté par les Turcs; mais la civilisation garda moins de ménagements. C'est des plafonds de Denderah qu'on a détaché le *zodiaque* qui, aujourd'hui, se trouve déposé dans les salles du Louvre. La diversion de cette station curieuse et instructive imprima à toutes nos facultés une nouvelle énergie pour supporter de nouveaux labeurs. Chacun de nous se trouvait amplement dédommagé des fatigues de la traversée, par la vue de ces imposantes ruines.

Le lendemain, dès la pointe du jour, la flottille sous voile avançait lentement vers sa destination; une brise légère, des détours nombreux retardaient notre marche. Enfin le coude Gamouleh est franchi à la cordelle vers les quatre heures du soir; c'est alors que de tous côtés apparurent les vestiges gigantesques de l'antique cité; éclairées par les derniers rayons du soleil, ces masses séculaires offraient un spectacle admirable, témoignage de la puissance créatrice d'un peuple que nul autre n'a jusqu'ici égalé par le grandiose des conceptions.

A droite, les ruines de Gournah, du Memnonium; derrière, la vallée des tombeaux, et plus loin, au pied de la chaîne lybique, les temples de Medinet-Abou; à gauche, ceux de Kamac, ses immenses pylônes, son obélisque géant de trente mètres de haut; un peu plus vers le sud, la colonnade du palais de Luxor, son vaste pylône précédé de deux obélisques en granit. A l'aspect de ces deux monuments, tout s'effaça, tout disparut à mes yeux; pour la première fois, la vue des ruines de Thèbes éveilla dans lame d'un voyageur d'autres idées que des souvenirs d'histoire, de grandeur et de décadence. Thèbes! ce n'est plus la ville aux cent portes où il y a des palais, des sphinx, des colosses. Ce n'est plus qu'un point qui renferme un seul objet, l'obélisque de droite, en entrant dans le Rhamséium.

Le bateau de tête se dirige vers la rive de Luxor et vient mouiller en face des obélisques, les autres imitent sa manœuvre. Au même instant, marins et ouvriers s'élancent à terre, traversent la plage en courant, et disparaissent au milieu des ruines. La Cange formant l'arrière-garde pour veiller les traînards arrive la dernière et se place au centre de la flottille.

CHAPITRE III

Arrivée à Thèbes. — Premier examen de l'obélisque. — La pierre est fêlée. — Démolition des maisons qui entourent le monolithe de droite. — Aspect général de Luxor et description de l'ensemble des monuments. —Reconnaissance des localités. — Quelques détails historiques.

Le premier devoir d'un ingénieur étant de rendre compte de tout ce qui est relatif à ses travaux, mon objet sera de reproduire les faits qui s'y rattachent et la série d'impressions sous lesquelles je me suis trouvé placé, dans l'ordre où ils se sont présentés. Le lecteur ne doit donc pas s'attendre à une description complète et méthodique des localités et des monuments, à un exposé historique de leur origine... Plus tard, sans doute, j'entrerai dans quelques détails à ce sujet; mais telles n'étaient pas les préoccupations qui m'avaient saisi à mon arrivée à Thèbes. Pour moi, je le répète, tout était dans cette masse de granit, du poids d'environ 230,000 k., qu'il s'agissait de déraciner du sol et d'embarquer à bord d'un navire destiné à la transporter en France; A mes yeux, il y avait, dans cette opération, quelque chose de grand qui m'exaltait lame; mais c'était principalement la question d'art mécanique, la difficulté de la tâche, la solution d'un problème cherché et pardessus tout, la responsabilité que faisait peser sur moi une mission donnée au nom de la France.

Ce ne fut donc pas sans émotions que nous mîmes le pied sur le sol qui allait être le théâtre de nos travaux. Depuis plus d'une heure, on nous y attendait avec impatience.

La vue de nos bateaux portant en tête de mât les couleurs françaises, l'espoir d'être gratifiés par les Européens de quelques paras,[1] avaient attiré sur la plage une partie des habitants de Karnac et de Luxor. Là, comme dans toute l'Egypte, nous fûmes assaillis par une foule de malheureux qui demandaient le *bacchis* (l'aumône); après ces cris de misère, qui répondaient parfaitement aux haillons dont se couvrait à peine leur nudité, les Arabes, encouragés par le don de quelques pièces de monnaie, vinrent s'informer auprès de notre interprète, du but de notre voyage.

L'idée d'abattre un obélisque et de l'embarquer sur un navire venant de France leur parut si bizarre, si déraisonnable que, malgré les assertions de l'interprète, ils persistèrent à nous supposer d'autres intentions. Selon eux, nous venions dans le Saïd pour explorer les lieux, sonder l'esprit du peuple, afin de revenir plus

-1- Monnaie du pays.

tard en force nous emparer du pays. « L'obélisque, lui disaient-ils, n'est évidemment qu'un faux prétexte; tu sais aussi bien que nous que ces birbe (ces antiquités) furent bâties sur place avec un mastic particulier que le soleil a durci; qu'il est impossible de les déplacer sans les démolir, les couper par morceaux; existe-t-il d'ailleurs un navire assez grand, assez fort pour porter cet énorme fardeau, et quel homme oserait entreprendre une semblable opération? » Tiens, le voilà cet homme, répondit Joussouf, en me désignant du doigt. La répartie de l'interprète lit éclater de rire tous les assistants. « Allah ! allah ! s'écrièrent-ils. Qui ? Celui-là! Mais mon bâton est plus haut que lui, il n'est pas capable seulement de remuer la plus petite pierre du temple. »

Pendant cette conversation, nous nous dirigions vers les obélisques. Après avoir traversé quelques monticules de décombres et une allée de colonnes gigantesques, nom entrâmes dans une ruelle tortueuse, bordée de constructions modernes. Notre présence au milieu des habitants fit surgir de toutes ces cahuttes une foule d'enfants de tout âge qui se joignirent aux premiers en criant bacchis (aumône; c'est, je crois, le premier mot que l'on prononce dans ce pays). Ce chemin aboutit à deux masses pyramidales réunies à la partie inférieure par un mur en briques percé d'une petite porte. On pénètre par cette ouverture sur une place où se trouvent les obélisques et les colosses qui décorent la façade du palais de Luxor.

Les matelots et les ouvriers nous avaient devancés dans cette visite. L'Italien *Mazacqui*, tailleur de pierre, frappait doucement sur la face orientale de l'obélisque de droite et prêtait attentivement l'oreille au bruit qui résonnait sous le coup de masse. Aussitôt qu'il m'aperçut, il s'écria dans son langage moitié italien, moitié français: *Moussu, la pietra, elle est fêlée, mais je ne crois pas quelle soit routta (rompue), lou son est sano, on pourra ï enlever pourvu quelle tombe piano, ben piano.* Le vice signalé par cet ouvrier était patent; il fallu t se rendre à l'évidence, et reconnaître que tout rude qu'il était, Krali-Effendi avait bien observé.

Je rentrai dans la barque fatigué, pensif, embarrassé, n'ayant rien examiné, pas même le chemin que nous suivîmes pour nous rendre à bord; je marchais comme un homme ivre, répétant sans cesse: Il existe une fissure dont aucun ouvrage sur l'Egypte ne fait mention. Mille pensées divergentes venaient m'assaillir à la fois; plein de trouble et d'agitation, j'étais en même temps à Toulon, à Paris, à Thèbes. La seule pensée qu'on pourrait m'accuser d'avoir fait éclater l'obélisque en le descendant de sa base, ou en le conduisant à bord, absorbait toutes mes facultés.

Le lendemain, après quelques heures de repos, je me trouvai dans une disposition d'esprit toute différente. J'eus presque honte de mon excessive inquiétude. Le casque en tête, a dit Juvénal, il n'est plus temps de reculer. Je me mis donc à l'œuvre, je visitai l'intérieur et l'extérieur du temple pour prendre connaissance de ses diverses parties, et m'en faire une espèce de carte topographique, contenant les obélisques, les ruines, le cours du fleuve et la forme du terrain. Le résultat de cet examen fut qu'il me serait de toute impossibilité d'appliquer les plans dont je m'étais occupé dans le cours du voyage; tant il est vrai que les projets conçus, élaborés dans le cabinet, pèchent toujours par quelques données essentielles: survient une particularité imprévue dans le sol, dans les distances ou les objets environnants, et tout à coup s'écroule l'échafaudage qu'on a laborieusement conçu et élevé.

Je dus donc m'occuper de rédiger un nouveau plan, d'approprier les procédés aux circonstances impérieuses de la situation, de combiner avec soin toutes les parties d'un appareil que, par la nature de sa fonction, on pouvait craindre de voir détruit, et détruit instantanément par la rupture d'un seul de ses éléments. Il fallut ensuite se fixer définitivement sur les données du problème, en déduire les équations, prendre des mesures exactes, et soumettre le tout à l'épreuve rigoureuse des calculs pour la garantie des résultats.

Dès le lendemain de notre arrivée à Luxor, l'interprète avait rassemblé quelques fellahs[2] qui, depuis cette époque, travaillaient à déblayer le pied de l'obélisque, dont le fût était en partie enfoui dans le sable. J'étais impatient de le mettre entièrement à nu, afin de pouvoir reconnaître si la fissure descendait jusqu'à la base,

---

-2- Paysans.

et traversait le granit. Ce travail et les opérations ultérieures exigeaient la démolition préalable de plus de trente maisons, ou pour parler plus exactement, de trente mauvaises cahuttes. Toutes misérables qu'elles étaient cependant, la vue de l'or, d'ordinaire si puissante sur les Arabes, ne put les déterminer à les vendre; j'ignorais alors qu'ils cherchaient à gagner du temps, afin d'aviser aux moyens d'enlever, pendant la nuit et à l'insu des Turcs, les denrées qu'ils ont coutume de voler dans les champs, au moment de la récolte.

Instruit de ces difficultés par un courrier à dromadaire, porteur d'un rapport circonstancié, le gouverneur du Saïd dépêcha à Luxor son interprète Ibrahim et le cawas-bachi,[3] avec ordre formel de faire exécuter sur-le-champ tout ce que je demanderais. Ceux-ci, arrivés à Thèbes, voulurent terminer la discussion à la turque, c'est-à-dire en employant la courbache. Je m'y opposai formellement; il fut convenu qu'une commission présidée par le nazher et composée du cadi, du chef du village, du cawas-bachi et des deux interprètes, régleraient les indemnités à accorder aux propriétaires. Cette commission se réunit le 25 juillet 1831.

A l'appui de leurs demandes, les Arabes présentèrent le relevé des maisons à démolir, suivi d'un devis estimatif s'élevant à une somme plus que décuple de la valeur réelle. Sur les observations d'Ibrahim, tous les assistants parurent fortement impressionnés; les plus jeunes se plaignirent de ce qu'on voulait les expulser du toit paternel, sans leur donner ni le temps ni les moyens de bâtir une autre maison. Les vieillards exposèrent d'un ton suppliant qu'on leur supposait à tort des Felous (de l'argent), qu'ils n'avaient d'autres ressources pour vivre que leur petit pigeonnier. Le plus âgé dont le chef était orné d'un turban vert, à titre de l'un des descendants du prophète, garda un morne silence, mais ses lèvres contractées, sa main qui serrait convulsivement l'extrémité de son pied (il était assis à l'orientale), décélait la vive agitation à laquelle il était en proie. Le chef du village et le cadi, le visage incandescent, la sueur au front, insistèrent sur l'exactitude du toisé dont les mesurés avaient été prises en présence du mèhendes (de l'ingénieur). Une pauvre aveugle couverte de haillons

-3- Espèce d'officier du pacha

demanda humblement deux thalaris[4] pour toute indemnité. Son accent, son calme, rendaient témoignage de sa sincérité; je lui remis immédiatement le triple de la somme qu'elle réclamait, avec promesse de remplacer sa cahutte de boue par une maison en briques. Tout au contraire de ce qu'on eût pu attendre, cet acte d'humanité produisit un très-mauvais effet. Les Arabes persistèrent plus que jamais dans leurs prétentions exagérées, et les appuyèrent cette fois sur l'évaluation de la demeure de la pauvre aveugle.

Après avoir longuement discuté sur le prix d'un pic[5] de maçonnerie en briques, sur la longueur de la perche qui avait servi de mesure, Ibrahim m'annonça qu'il allait porter le coup de grâce et terminer la discussion. En effet, debout au milieu de l'enceinte, agitant bras et jambes, on voyait sa figure longue et maigre, que rendait plus caractéristique l'énorme protubérance de son nez, prendre successivement un air grave et menaçant, apostropher chaque propriétaire et exposer les griefs du gouvernement contre le village. Ce fut un débordement de sons gutturaux mêlés d'inflexions variées, de cris perçants impossibles à décrire. Enfin ce pétulant Arménien débita plus de paroles, et fit plus de gestes en un quart d'heure, qu'un Turc n'en fait d'ordinaire en une année entière. Prenant ensuite un ton plus calme, plus modéré, Ibrahim se plaça alternativement à côté de l'Arabe le plus âgé et du cadi, leur parla à l'oreille, fit mille grimaces, se fâcha de nouveau, les écouta ensuite avec bienveillance, et finit par promettre un bacchis, le pot de vin, argument qui ne manque jamais de produire un effet magique sur les Arabes. Au même instant se présentèrent en masse devant la commission les familles intéressées dans la vente des maisons; les femmes ne laissaient voir que les yeux et le front, sur lesquels on lisait facilement les symptômes de la douleur et de la colère; elles firent entendre quelques reproches, puis les sanglots les empêchèrent de continuer. Cet incident fut cause que le nazher et le cawas-bachi, qui jusqu'alors avaient fumé la pipe sans prononcer un seul mot, s'écrièrent en même temps: Rou-barra (allez-vous-en).

-4- 10 fr. 40 c.
-5- Measure de longueur du pays

Enfin, après beaucoup d'altercations et de clameurs, et au moment où chacun déployait toute la force de ses poumons, j'appris à mon grand étonnement, que les débats étaient clos et l'affaire terminée. «Mous sommes d'accord, me dit l'interprète de S. E., et le nazher vous invite à dîner. »

A ces mots, les Arabes se calmèrent comme les flots de la mer sous le terrible *quos ego*. Chacun d'eux en se retirant vint me baiser la main, témoignage de respect et d'affection en usage dans toute l'Egypte.

L'interprète me conduisit dans une salle décorée d'un divan qui régnait sur le pourtour. Au milieu se trouvait un plateau circulaire supporté par un guéridon d'une forme assez élégante. Il n'y avait ni couteaux, ni verres, ni assiettes ni fourchettes. Avant de passer à table, un domestique plaça sur les genoux de chaque convive une serviette ornée d'un galon en or; un second vint ensuite tenant dans ses mains une aiguière et un bassin métallique garni d'une tablette de savon parfumé. Après l'ablution des mains, on prit place, ou plutôt on se groupa autour du guéridon, posture assez gênante pour un Européen, revêtu comme je l'étais de mon grand uniforme.

Les mets, en général, bien préparés, furent servis avec ordre et méthode, l'un n'arrivait jamais que le précédent n'eût disparu.

Conformément à l'étiquette, je devais y goûter avant tout le monde. A peine y avais-je touché, que les mains des convives se portaient avec avidité dans le plat unique posé au centre de la table; on prenait la viande avec les doigts, on la déchirait avec les dents, on trempait le pain dans les sauces. Chaque plat ne restait que quelques minutes sur la table, et était remplacé immédiatement par un autre; j'en comptai jusqu'à trente-cinq, parmi lesquels figuraient deux moutons entiers. Ces animaux furent dépecés par le brin-bachi avec beaucoup de dextérité, il m'offrit ensuite le morceau le plus délicat qu'il pressait dans ses doigts comme une éponge. Un second plateau chargé de sucreries, crèmes, fruits, gâteaux de riz, etc., succéda au premier.

Pendant tout le repas, on ne but que de l'eau du Nil renfermée dans des gargoulettes de kéné. Les vins et les liqueurs ne sont pas tolérés dans ces festins d'apparat.

Le dîner terminé, l'aiguière et le bassin circulèrent de nouveau; pour cette fois, et vu la manière dont nous venions de manger, cette précaution de propreté était de toute nécessité; puis un domestique me présenta une très-belle pipe terminée par un bout d'ambre enrichi de quelques pierreries. Le nazher voulant me rendre les plus grands honneurs s'abstint lui-même de fumer: les autres pipes, au nombre de dix, restèrent sur un râtelier fixé contre le mur, à la vue de tout le monde; quelques minutes après, je l'offris à mon amphitryon. C'était un devoir de politesse que j'avais à remplir avec le plus grand sérieux; à son tour il la fit passer successivement aux principaux convives. Pendant ce temps, on servit le café. Ce ne fut qu'après plusieurs allées et venues de la pipe et du café que je pus décemment prendre congé de mon hôte.

Le lendemain, je payai aux propriétaires l'indemnité convenue. Afin d'éviter toute difficulté ultérieure, on dressa en double expédition le procès-verbal constatant la vente des maisons, et copie en fut remise aux agents de Schérif-bey; ils n'attendaient plus que cette pièce pour retourner à Siouth. Suivant les usages de l'Orient, il fallut les gratifier de cadeaux et les accabler de remercîments: on va voir jusqu'à quel point ils étaient mérités.

Me trouvant quelques heures après avec l'interprète de l'expédition, ancien mameluck français, dont j'ai déjà parlé, et comme je louais l'intelligence et le zèle avec lequel son collègue venait de lever les obstacles qui s'étaient opposés à l'exécution de nos travaux: « Ibrahim, me répondit Joussouf en souriant, Ibrahim n'est qu'un jongleur: d'un seul mot il pouvait trancher la question; il n'avait qu'à dire: Le gouverneur le veut, et les courbaches sont là.... Mais en cherchant à prouver que son concours vous était indispensable, il a voulu s'assurer un cadeau proportionné à l'importance du service. Il en agit, du reste, toujours ainsi avec les étrangers, et je puis vous citer en preuve, ce qu'il me dit à son arrivée: « Eh bien! Joussouf, pour combien vendons-nous ce monsieur ? » »

Ainsi, tout dans cette fameuse scène de la vente des maisons, menaces d'un côté, prières de l'autre, tout avait été ruse et fourberie. Il s'était agi simplement de nous rançonner le plus possible. On s'expliquera d'ailleurs le silence qu'avait gardé à cet égard notre interprète Joussouf, quand on saura que ce dernier avait profité de cette circonstance pour se débarrasser, à nos frais, d'un fusil orné d'incrustations que l'interprète du gouverneur voulut bien accepter en témoignage de ma reconnaissance.

En traçant cet exposé de mon voyage, je me suis laissé entraîner à quelques détails qui, aux yeux du lecteur, paraîtront peut-être surabondants ou même au dessous de la gravité du sujet; mais, je dois le dire, abstraction faite du plus ou moins d'intérêt qu'ils peuvent commander, ils m'ont paru devoir prendre place dans cette relation, afin de faire connaître ma véritable situation dans le pays, et les coutumes des hommes au milieu desquels une mission spéciale m'avait conduit.

Pendant les trois jours qu'avaient duré nos différends avec les Arabes, je m'étais occupé de niveler le sol, de prendre des mesures exactes pour commencer immédiatement les travaux d'urgence.

Ces détails préliminaires n'offrent aucune difficulté dans les climats tempérés; mais à Luxor, au milieu de sables dont l'ardeur brûlait les pieds, sous un soleil de juillet, qui, pendant quatre heures, faisait monter le thermomètre Réaumur jusqu'à 53°, il fallait plus que de la bonne volonté pour passer des journées entières à relever le terrain. Heureusement je trouvai une assistance inespérée dans le zèle et l'intelligence de M. Jaurès, élève de première classe. Ce jeune homme, doué d'une conception prompte et d'une grande ponctualité d'exécution, me permit de terminer ce travail en temps opportun. Comme durant mon séjour à Thèbes, je n'ai eu d'autre aide que la sienne pour diriger et surveiller les 400 Arabes employés aux déblais; une grande part lui appartient dans les résultats obtenus.

Je dois aussi plus d'une idée utile à la bienveillance de M. Bernard, ingénieur en chef des ponts et chaussées, et détaché au service de la marine. C'est à ses conseils éclairés, fruits d'une longue expérience, que je suis redevable d'avoir réussi et de mètre défendu du découragement. Je me suis toujours rappelé qu'après une assez longue discussion sur le système d'abattage et de retenues, M. Bernard me dit ces paroles que les faits ont justifiées: « Le succès dépend surtout des détails d'exécution, lesquels sont subordonnés aux localités. Ce n'est que sur les lieux que vous pourrez prendre un parti définitif; la tâche est difficile, mais je suis convaincu d'avance que vous la remplirez parfaitement. »

Je vais maintenant passer à l'examen des ruines de Luxor et particulièrement du sol sur lequel nous devons opérer et dont j'ai retracé les principales parties sur la planche I.

Luxor, le plus beau village des environs, et dont la population composée d'Arabes, d'Egyptiens et de quelques Coptes, s'élève environ à 800 âmes, est situé sur un tertre de 700 mètres de longueur, sur 350 de largeur. Cette butte factice élevée de 3 mètres au-dessus du niveau de la plaine, renferme des ruines immenses, des colonnes monumentales, des obélisques, des colosses qui éclipsent les objets environnants. Ce que l'on remarque par-dessus tout, ce sont des massifs pyramidaux précédés de deux monolithes de granit rose qui forment l'entrée principale du palais de Luxor. Les maisons du village, construites en briques rouges ou cuites au soleil, entourent le nord de cet édifice; quelques-unes sont renfermées dans l'intérieur, d'autres et particulièrement la demeure dubrin-bachi ont été bâties sur la toiture même du palais. La plupart de ces habitations surmontées d'un pigeonnier, sont couronnées débranches d'arbres où viennent se reposer des nuées de colombes.

L'angle S.-O. du palais qui s'avance en pointe dans le sein du fleuve, est garanti du choc des lames par un quai en briques d'une épaisseur considérable. Ce quai, qui dans les temps modernes a été réparé et augmenté par un prolongement en pierres, provenant d'anciennes constructions, s'incline vers le Nil en se détachant par blocs de 7 mètres de longueur. Chaque inondation occasionne des dégradations de plus en plus considérables, les terres sont enlevées, et le coude devient plus prononcé. Il est probable que le

Nil finira par tourner cette pointe en se frayant un passage à l'E.
de l'édifice.

Tel est l'aspect général des antiquités de Luxor dont nous allons
faire une reconnaissance plus circonstanciée. Cet examen est
d'ailleurs indispensable pour l'intelligence des travaux qui ont
précédé l'abattage et l'embarquement de l'obélisque.

Nous prendrons pour point de départ un jalon J élevé sur la rive
droite du Nil, dans le même alignement que les deux obélisques,
planche I. Placé à ce point de vue, le spectateur n'aperçoit qu'un
seul monolithe. En suivant la direction de cet alignement (ouest
et est), on marche sur une plage de sable stérile, et sensiblement
horizontale, qui se termine au tertre du village. Là, on est arrêté
brusquement par un monticule[6] à pic de décombres d'environ 10
mètres de hauteur et couronné des cahuttes dont nous venons de
parler. Ce monticule, se trouvant interposé entre le rivage et les
obélisques, on est forcé pour s'approcher de ces monuments, de
contourner sa base en se dirigeant vers le nord sur un petit sentier
tortueux; il débouche dans une rue de Luxor parallèle au chemin
de départ. A l'extrémité de cette rue, en tournant à gauche, on
entre dans un espace rectangulaire fermé sur trois de ses côtés:
au fond par le pylône du palais, et latéralement par une double
rangée de maisons; deux sont adossées contre une des faces de
chacun des obélisques. Ces monolithes sont en saillie sur cette
place, dont le sol est de niveau avec l'origine des hiéroglyphes.
Un mur en briques, percé d'une petite ouverture, remplace la
porte de 17 mètres de hauteur, qui était comprise entre les massifs
du pylône. Cette ouverture conduit au milieu d'un grand carré
rempli de constructions modernes, elles cachent les débris des
constructions antiques: on aperçoit seulement quelques blocs de
grès hiéroglyphés devant la mosquée bâtie sur cet emplacement,
où s'élevait autrefois le propylée. Cette partie de l'édifice est
enfouie de 5,90 dans des décombres provenant de fragments de
briques, de poterie, et d'une grande quantité de sables apportés
par le vent du désert. Une porte pratiquée à droite dans un mur en

-6- L'Arabe construit le moins qu'il peut; une maison tombe-t-elle, il en bâtit une
autre sur le même emplacement, qu'il ne prend pas la peine de déblayer. C'est ce qui a
élevé autour des grandes villes, des monticules et même des montagnes de décombres
dont on ne se rend pas compte tout d'abord.

terre, donne accès dans une ruelle tortueuse et bordée de maisons modernes qui prennent leur point d'appui sur les colonnes du propylée. Cette ruelle aboutit à une galerie composée de quatorze colonnes gigantesques à campanes renversées. Il nous fut alors facile de reconnaître la route que nous avions suivie, lors de notre première visite aux obélisques; nous étions entrés dans le palais par un de ses flancs.

Le pylône P marqué sur le plan est entièrement détruit; à peine en voit-on quelques débris à l'E. au ras des décombres. Il ne reste plus du propylée qui suit qu'une architrave et la colonnade du fond; c'est là que fut installé l'hôpital poulies malades de l'expédition. Vient ensuite un vestibule carré, encombré par les sables et supporté par quatre colonnes. Cet appartement que recouvrent de larges dalles, fut affecté au logement des ouvriers. A droite et au fond se trouvait une porte donnant entrée dans une salle latérale, située du côté de l'eau, elle est aujourd'hui démolie ainsi que le mur d'enceinte. A la suite, un sanctuaire communiquant par une porte dans une galerie transversale, actuellement remplie de décombres. On choisit cette galerie, qui est de tous côtés environnée d'appartements pour y loger l'équipage. Deux des salles contiguës servirent de magasins pour les vivres et les provisions, et l'on construisit un four dans la troisième située à l'angle S.-O.

En sortant par cette issue, on gravit sur un sentier qui longe la face S. de l'édifice. Ce sentier aboutit à un chemin horizontal, parallèle à la face E. et pratiqué à travers des remblais; il est presque de niveau avec l'origine du chapiteau des colonnes. Un escalier en pierre, placé dans une direction perpendiculaire, sert de communication entre ce chemin et le dessus du palais où se trouve l'habitation du brin-bachi. Elle est composée d'une salle à manger, et de trois chambres. Sur l'ordre de Schérif-bey, cet officier s'empressa de me céder ces appartements, qui ne suffisant pas à loger l'état-major du navire, durent se compléter parla construction de plusieurs chambres, d'une salle de réception, etc. Toutes ces maisonnettes que nous aurons l'occasion de rappeler, s'élèvent sur la partie de la toiture comprise entre le mur S. de clôture, et l'extrémité N du vestibule occupé par les ouvriers.

Retournons maintenant sur la place des obélisques.

En suivant une direction opposée à la première, on entre dans la rue principale de Luxor; elle traverse le marché et le village dans toute sa longueur. C'était probablement l'ancienne route qui réunissait les deux quartiers de Thèbes sur la rive orientale. Les restes de sphinx que l'on trouve sur cette ligne jusqu'à Karnac, annoncent qu'elle en était bordée. A gauche, en sortant de la place, se trouve un monticule à pic de décombres, et vis-à-vis, sur le bord oriental de la route, une enceinte fermée par des murs en terre. Cet emplacement, à proximité de nos travaux, était parfaitement propre à servir de dépôt au matériel apporté de Toulon. Il appartenait à un santon qui me le loua à un prix très-modéré.

Les circonstances historiques qui se lient aux édifices de Luxor ayant été déterminées sur les lieux mêmes, par Champollion le jeune, nous ne croyons pouvoir mieux faire que de citer ici quelques passages de la lettre qu'écrivait à ce sujet ce célèbre archéologue, le 25 mars 1829; elle est datée de Biban-el-Molouk, bourgade du territoire de Thèbes.

« Notre travail sur Luxor a été terminé (à très-peu-près) avant de venir nous établir ici à Biban-el-Molouk; et je suis en état de donner tous les détails nécessaires sur l'époque de la construction de toutes les parties qui composent ce grand édifice.

Le fondateur du palais de Luxor, ou plutôt des palais de Luxor, a été le pharaon Aménophis-Memnon (Aménothph III) de la XVIIIe dynastie.[7] C'est ce prince qui a bâti la série d'édifices qui s'étend, du S. au N., depuis le Nil jusqu'aux 14 grandes colonnes de 45 pieds de hauteur, et dont les masses appartiennent encore à ce règne. Sur toutes les architraves des autres colonnes ornant les cours et les salles intérieures, colonnes au nombre de 105, la plupart intactes, on lit, en grands hiéroglyphes d'un relief très-bas et d'un excellent travail, des dédicaces faites au nom de ce

---

-7- Il régnait vers l'an 1680, avant l'ère chrétienne. C'est lui, dont la statue, au dire des anciens, avait le don merveilleux de faire entendre des sons harmonieux au lever du soleil.

roi Amènophis. Je mets ici la traduction de l'une d'elles, pour donner une idée de toutes les autres, qui ne diffèrent que par quelques titres royaux de plus ou de moins:

La vie! l'Hôrus puissant et modéré, régnant par la justice, l'organisateur de son pays, celui qui tient le monde en repos, parce que, grand par sa force, » il a frappé les Barbares; le roi (Seigneur de justice), bien aimé du Soleil, le fils du Soleil (Amènophis), modérateur de la région pure (l'Egypte), a fait exécuter ces constructions consacrées à son père Ammon, le dieu seigneur des trois zones de l'univers, dans l'Oph du midi; il les a fait exécuter en pierres dures et bonnes, afin d'ériger un édifice durable, c'est ce qu'a fait le fils du Soleil Amènophis, chéri d'Ammon-Ra.

Ces inscriptions lèvent donc toute espèce de doute sur l'époque précise de la construction et de la décoration de cette partie de Luxor; et c'est aux 14 grandes colonnes que finissent les travaux du règne d'Amènophis, sous lequel ont cependant encore été décorées la deuxième et la septième des deux rangées, en allant du midi au nord; les bas-relief appartiennent au règne du roi Hôrus, fils d'Amènophis, et ceux des 4 dernières au règne suivant.

Toute la partie des édifices de Luxor, au nord des 14 colonnes, est d'une autre époque, et formait un monument particulier, quoique lié par la grande colonnade à l'Aménophion ou palais d'Aménophis. C'est à Rhamsès-le-Grand[8] que l'on doit ces constructions, et il a eu l'intention, non pas d'embellir le palais d'Aménophis, son ancêtre, mais de construire un édifice distinct; ce qui résulte évidemment de la dédicace suivante, sculptée en grands hiéroglyphes au-dessous de la corniche du pylône, et répétée sur les architraves de toutes les colonnades que les cahuttes modernes n'ont pas encore ensevelies:

La vie! l'Aroëris, enfant d'Ammon, le maître de la région supérieure et de la région inférieure, deux fois aimable, l'Hôrus plein de force, l'ami du monde, le roi (Soleil gardien de vérité, approuvé par Phré), le fils préféré du roi des dieux, qui, assis sur le trône de son père, domine sur la terre, a fait exécuter ces

-8- Ce prince n'est autre que le célèbre législateur et conquérant Sésostris, qui régna 1550 ans avant l'ère chrétienne.

constructions en l'honneur de son père Ammon-Ra, roi des dieux. Il a construit ce Rhamesséion dans la ville d'Ammon, dans l'Oph du midi. C'est ce qu'a fait le fils du Soleil (le fils chéri d'Ammon-Rhamsès[9]), vivificateur à toujours.

C'est donc ici un monument particulier, distinct de l'Aménophion, et cela explique très-bien pourquoi ces deux grands édifices ne sont pas sur le môme alignement, défaut choquant remarqué par tous les voyageurs, qui supposaient à tort que toutes ces constructions étaient du même temps, et formaient un seul tout, ce qui n'est pas.

Quant aux sujets sculptés en bas-reliefs sur le pylône du temple, ils sont également d'un très-grand intérêt historique. L'immense surface de chacun de ces deux massifs est couverte de sculptures d'un très-bon style, sujets tous militaires et composés de plusieurs centaines de personnages. Massif de droite: le roi Rhamsès-le-Grand, assis sur son trône au milieu de son camp, reçoit les chefs militaires et des envoyés étrangers; détails du camp, bagages, tentes, fourgons, etc., etc.; en dehors, l'armée égyptienne est rangée en bataille: chars de guerre à l'avant, à l'arrière et sur les flancs; au centre, les fantassins régulièrement formés en carrés. Massif de gauche, bataille sanglante, défaite des ennemis, leur poursuite, passage d'un fleuve, prise d'une ville; on amène ensuite les prisonniers.

» Voilà le sujet général de ces deux tableaux, d'environ 50 pieds chacun; nous en avons des dessins fort exacts, ainsi que du peu d'inscriptions entremêlées aux scènes militaires. Les grands textes relatifs à cette campagne de Sésostris sont au-dessous des bas-reliefs. Malheureusement il faudrait abattre une partie du village de Luxor pour en avoir des copies. Il a donc fallu me contenter d'apprendre par le haut des lignes encore visibles, que cette guerre avait eu lieu en l'an Ve da règne du conquérant, et que la bataille s'était donnée le 5 du mois d'épiphi. Ces dates me prouvent qu'il s'agit ici de la même guerre que celle dont on a sculpté les événements sur la partie droite du grand monument

---

-9- Les mots entre deux parenthèses indiquent ici, comme dans l'inscription déjà citée, le contenu des cartouches, prénoms et noms propres des rois.

Apollinaire Lebas

d'Ibsamboul, et qui porte aussi la date de l'an V. La bataille figurée dans ce dernier temple est aussi du mois d'épiphi, mais du 9 et non du 5. Il s'agit dont évidemment de deux affaires de la même campagne. Les peuples que les Egyptiens avaient à combattre sont des Asiatiques, qu'à leur costume on peut reconnaître pour des Bactriens, des Mèdes et des Babyloniens. Le pays des ces derniers est expressément nommé (Naharaïna-Kah, le pays des Naharaïna, la Mésopotamie) dans les inscriptions d'ibsamboul, ainsi que les contrées de Schôt, Robschi, Schabatoun, Marou, Bachoua, qu'il faut chercher nécessairement dans la géographie primitive de l'Asie occidentale. »

CHAPITRE IV

Travaux préparatoires de l'abattage. — Description des appareils. —
Invasion du choléra. — Continuation des travaux. — Mise à nu du
pied de l'obélisque. — Historique des obélisques de Luxor, et texte des
inscriptions de celui de Paris.

Si nous sommes parvenus à donner, dans le chapitre précédent, une idée suffisante des localités, de la position des obélisques par rapport au pylône du palais, au village et au fleuve, le lecteur comprendra sans peine que le moyen le plus simple, le plus prompt pour arriver au but, consistait à coucher le monolithe sur sa face O. la plus voisine du rivage et à le haler ensuite à bord. Il résultait comme conséquence de cette première disposition, qu'il fallait échouer le navire dans la direction des deux obélisques, aligner ses trois mâts sur ces monuments et sur le jalon J d'où nous sommes partis, abattre toutes les maisons situées sur le monticule de décombres, creuser à travers ces remblais un chemin de grandeur convenable à la manœuvre des apparaux, établir un autre chemin de communication entre le rivage et la rue de Luxor qui aboutit sur la place des obélisques, pour y voiturer le matériel. Tel fut, indépendamment de l'installation de l'appareil d'abattage et de retenue, et des constructions accessoires, l'ensemble de travaux que je pus d'abord entrevoir.

Depuis longtemps toutes mes illusions sur la fissure s'étaient évanouies; les quinze Arabes employés à fouiller au pied de ce monolithe, avaient mis à découvert sa face orientale. Le vice descendait jusqu'à l'arête inférieure, et paraissait pénétrer dans le granit. Toutefois, ce déblai m'avait fourni une cote essentielle; la base du monument, qui reposait sur un piédestal, était enfouie de 3m80 dans le sol de la place. Il ne s'agissait plus, pour être fixé sur la position où il convenait d'échouer le Luxor, que de connaître approximativement le niveau supérieur du fleuve. J'obtins cette donnée à l'aide des traces laissées par le Nil sur divers points de la plage. Ces indicateurs concordaient du reste avec les renseignements fournis par les habitants.

Le nivellement indiquait qu'il fallait profiter de l'inondation actuelle pour placer l'allège à 400 mètres environ des obélisques; là il devait, après le retrait des eaux, rester à sec jusqu'à la nouvelle crue, et, soulevé par elle, se retrouver à flot avec un chargement de 250 tonneaux. La partie de la plage AJ, planche I, destinée à son lit d'échouage, se trouvait à quelques centimètres près de niveau avec le dessus du socle. Cette circonstance permettait de creuser un chemin horizontal passant par ces deux points, sur lequel on aurait pu abaisser le monolithe pour le haler ensuite à bord du bâtiment; mais un travail de ce genre aurait exigé sur toute la ligne une masse de déblais s'élevant au chiffre de 45m.c.,ooo. Indépendamment des difficultés qu'offraient le transport et l'extraction de cet immense volume de sable, et du temps nécessaire pour l'effectuer, il était à craindre que Ton ne rencontrât à cette profondeur quelques débris de constructions antiques, anciennes ou modernes, des obstacles imprévus dont il était impossible d'apprécier d'avance toute la portée.

Après mûr examen, je m'arrêtai à une autre idée: j'imaginai d'opérer l'abattage complet de l'obélisque par deux rotations successives.

Après avoir déblayé et préparé le terrain comme nous l'avons indiqué sur la planche II, on se proposait d'incliner le monolithe vers le rivage, en le faisant tourner sur une des arêtes du carré inférieur, jusqu'à ce qu'il eût atteint un tronçon de mâture U, dont la distance au socle était calculée de manière à correspondre, après cette opération, au centre de gravité de la masse. Arrivé là, l'obélisque étant en équilibre sur le rouleau, il devenait facile de lui imprimer un mouvement de bascule autour de ce cylindre; ce mouvement giratoire devait à la fois relever sa base et abaisser son sommet sur un chemin plus élevé que le dessus du piédestal. Il en résultait l'économie d'un déblai considérable, équivalant au volume de prisme JCR, planche I, et l'avantage d'un plan incliné qui facilitait le transport du monument jusqu'au navire.

Bien fixé sur ce premier point, restait à combiner les moyens d'exécution. Ils consistaient en deux systèmes d'appareil. Le premier, que nous appellerons appareil d'abattage, était destiné à incliner le monolithe vers le rivage, en tirant son sommet de haut en bas. Le deuxième appareil de retenue sollicitait ce même point en sens inverse; il devait fonctionner au moment où la verticale du centre de gravité de la masse dépasserait l'axe de rotation. Son action avait pour but de régulariser, de modérer à volonté la vitesse imprimée au grave par la force accélératrice de la pesanteur, qui, sans cette précaution, aurait infailliblement entraîné la rupture du monolithe. C'est ce qui était arrivé aux obélisques de Rome, lorsque les Barbares les renversèrent de leurs piédestaux.

L'installation de ces deux appareils exigeait des dispositions préparatoires dont nous allons rendre compte.

Après m être assuré que je pourrais immédiatement occuper plusieurs centaines d'ouvriers, soit à préparer le sol, soit à abattre les maisons, soit enfin, à débarquer et à porter le matériel dans l'enclos dont nous avons parlé, je fis annoncer dans les divers quartiers de Thèbes, et dans les villages environnants, que les manœuvres qui seraient employés aux terrassements recevraient eux-mêmes, et sans l'intervention de l'autorité, une solde journalière. Cette nouvelle fut accueillie par les habitants comme un bienfait. L'espoir de recevoir un juste salaire au lieu de coups de courbaches, attira à Luxor un grand nombre de travailleurs.

Le Nil augmentait rapidement; cette circonstance ne permettait pas de différer la préparation du lit d'échouage. Aussi rien ne fut-il négligé pour dresser le sol suivant la pente voulue. Malgré tout le zèle désirable, les eaux gagnaient les ouvriers, que nous étions obligés de garantir par des digues mouvantes qu'on transportait successivement d'un point à un autre. Nous pouvions juger par ce premier travail des difficultés que nous aurions à surmonter pour creuser, à travers les monticules de décombres, les chemins de halage. Habitués à faire des excavations ou à fouiller au pied des monuments, les Arabes sont inhabiles à couper le terrain suivant une inclinaison déterminée, opération qui exige l'emploi des règles, des cordeaux, des voyants dont ils ignorent complètement l'usage. Il fallait pour ainsi dire les suivre pas à pas, leur indiquer les points où ils devaient piocher, faire des déblais et des remblais, etc., et cependant cinq jours ont suffi pour creuser un canal de 50 mètres de longueur sur 12 mètres de largeur, et 1m,20 de profondeur. Pendant cet intervalle, les barques sont déchargées, le matériel est arrimé dans l'enclos voisin de l'obélisque, qui, dès ce moment, devient notre arsenal; les ouvriers prennent possession du vestibule qu'on a déblayé et installé convenablement pour les recevoir, de nouveaux manœuvres arrivés des environs se joignent aux premiers, et bientôt toute la longueur de la plage comprise entre les obélisques et le lit d'échouage est occupée par quatre cents travailleurs. Tout est mouvement sur cette ligne, d'où, s'élève un nuage de poussière brûlante qui reste suspendu dans l'air et cache à nos yeux une partie du village.

Les manœuvres se composaient d'hommes, de femmes et de jeunes enfants des deux sexes. Les premiers étaient chargés de piocher, les autres d'enlever les déblais.

Leur manière d'opérer me parut assez curieuse pour devoir être rapportée.

A droite du chemin se tenaient les garçons, à gauche les femmes et les filles, divisés en trois groupes. Chaque groupe, desservi par un nombre convenable de piocheurs, attendait que tous les paniers fussent remplis pour se mettre en marche; alors chacun aidant son voisin à placer le fardeau sur sa tête, le signal de départ était donné par les chefs de file de droite: ils entonnaient une chanson fort obscène que leurs camarades, frappant des mains en cadence, répétaient en cœur. Les jeunes filles imitaient la même manœuvre, et répondaient aux garçons par des chants analogues et accompagnés des mêmes gestes. A ces chants se mêlaient par intervalles les cris des Arabes chargés de les diriger: « Yalla! volet, y alla! benti (Allons! garçons, allons! filles) ». Le défilé avait lieu devant ces conducteurs qui menaçaient chaque manœuvre d'un coup de branche de palmier, mais celui-ci l'esquivait avec beaucoup d'adresse en pressant ou en retardant le pas.

Ces usages qui répugnent à nos mœurs européennes, ne doivent pas étonner dans un pays où l'on a coutume de nommer par leur nom toutes les parties du corps indistinctement, et tous les actes qui s'y rapportent. Bien qu'habitués à vivre sous un ciel que l'on dirait sans cesse embrasé, et qui rappelle si bien l'énergique et exacte expression de Moïse (ce fourneau de fer!), les Arabes ne gardaient pour tout vêtement qu'un petit caleçon, les femmes, une simple chemise de coton, les enfants des deux sexes étaient entièrement nus. A certaines heures de la journée, la chaleur était si intense que les jeunes gens, dont les pieds sont moins endurcis, ne pouvant supporter l'ardeur du sable, transportaient les paniers en courant, les renversaient avec précipitation, et les interposaient pendant quelques minutes sous leurs pieds.

Trempés de sueurs, altérés par la poussière salée qu'ils respiraient, ces malheureux venaient à chaque instant étancher leur soif ardente dans l'eau bourbeuse du Nil; elle était renfermée dans des jarres placées sur divers points du chantier, et à proximité des travailleurs. Au son du tambour qui annonçait la fin des travaux, hommes, femmes, enfants, tous se précipitaient dans le fleuve, et s'y plongeaient pendant une demi-heure. Après le bain, ils se réunissaient de nouveau sur la plage; là, les surveillants se plaçaient au centre d'un cercle dont la circonférence était occupée par quarante à cinquante manœuvres assis à l'orientale. Je parcourais successivement tous les groupes et distribuais à chaque travailleur la solde qui lui était allouée. La pauvre aveugle ne manquait pas de se trouver à cette distribution:
« Donne, disait-elle, quelque chose à la malheureuse, elle ne peut t'aider dans tes travaux, mais elle prie Dieu pour toi; tu réussiras.

Le 13 août, les reïs des barques qui remontent le fleuve jusqu'à Philoe, vinrent nous annoncer l'arrivée d'un immense bâtiment. Frappés de la grandeur de ses proportions, de sa mâture et de ses voiles, les uns le comparaient à une mosquée flottante, les autres à un feddam de terre.[1] Mais ce qui les étonnait plus encore, c'était de voir manœuvrer cette masse à l'aide seulement d'un petit sifflet, sans qu'il fût nécessaire de crier, de chanter, de dire un seul mot. C'était le Luxor, qui en effet mouilla le 14 août 1831, par le travers des obélisques. Le lendemain, il fut présenté sur la cale préparée pour le recevoir.

Dès ce moment, il fallut s'occuper sans délai de déblayer les deux galeries du temple dont l'une était destinée au casernement de l'équipage, et l'autre à servir d'hôpital pour les malades. Une grande partie de nos manœuvres furent immédiatement affectés à ces déblais; en même temps les maçons travaillaient à recouvrir la toiture de l'édifice que le temps et le vandalisme avaient- détruite. Des troncs de dattiers coupés en trois parties remplacèrent, en

---

-1- Feddam, mesure agraire du pays.

guise de poutres, les architraves et les dalles antiques; on remplit les intervalles avec des rameaux du même arbre; on appliqua par-dessus du limon du fleuve mêlé avec de la paille hachée pour former un plancher.

Sur cette plate-forme s'élevèrent en peu de jours les chambres des officiers, un divan, une salle de réception, une vaste terrasse, etc.; au-dessous et devant le temple, d'autres chambres pour les maîtres, la cambuse, le four, etc., et tous les aménagements que nous avons retracés dans la planche I, fig. A, en indiquant par des traits ponctués les parties du temple qui n'existent plus; le tout, bien réparé et blanchi à la chaux, donna un nouvel aspect au village.

Ces maisonnettes furent bâties suivant l'usage du pays, avec des briques cuites au soleil et du limon du fleuve, mêlé, comme nous venons de le dire, avec de la paille hachée. Elles ne formaient en définitive qu'une masse de boue que, dans nos climats occidentaux, la pluie ou même l'humidité suffirait à délayer en quelques heures; mais sous un ciel sans pluie ni rosée, où l'air est toujours parfaitement sec, ces cahuttes peuvent durer un grand nombre d'années. Au reste, cette manière de bâtir est très-antique: nous lisons dans l'Exode que Pharaon, irrité contre Moïse, fit retrancher aux Hébreux, sans diminuer en rien leur tâche, la paille hachée qu'on avait l'habitude de leur fournir pour faire des briques. Cette vexation fut l'une des causes de la fuite des Israélites dans le désert.

Pendant que ces travaux s'exécutaient avec toute la promptitude désirable, j'en avais arrêté d'autres non moins importants et relatifs à l'appareil d'abattage et des retenues. Les charpentiers, guidés par le contremaître Elies, dont je ne saurais trop louer le zèle et l'intelligence, n'étaient pas restés dans l'inaction.

Le 1er août, trois échelles placées bout à bout s'élèvent verticalement le long de la face sud de l'obélisque. A un signal donné, les couleurs nationales flottent au sommet du monolithe; marins et ouvriers les saluent par les cris: « A présent il est à nous, il appartient à la France; Paris va bientôt posséder ce monument. » C'était le cas ou jamais de répondre à leurs vivats par ces deux vers de La Fontaine:

«..................Il ne faut jamais
« Vendre la peau de l'ours, qu'on ne l'ait mis par terre. »

Après cette prise de possession, on se dispose à relever toutes les dimensions de l'obélisque, à installer le chantier ainsi que les ateliers de la forge et de la garniture. A partir de ce jour, tous les ouvriers sont à l'œuvre; les Arabes tranchent les deux monticules de décombres, démolissent les maisons, d'autres en bâtissent de nouvelles sur la toiture de l'édifice, les charpentiers encadrent l'obélisque dans un échafaud, grimpent au sommet pour prendre des mesures; les marins préparent des palans; le maître charpentier court çà et là, dispose le matériel, compte les pièces de bois, règle les travaux de charpentage, recommande l'économie des matières qui lui paraissent insuffisantes pour le travail qu'on va exécuter.

Ce serait assurément forcer la comparaison que de dire qu'à l'aspect de cette population qui s'agite autour du monument, on se croirait reporté aux temps où les Egyptiens élevaient ces prodiges d'architecture; mais on peut au moins affirmer que depuis bien des siècles, sans doute, les ruines silencieuses de l'antique Thèbes n'avaient été témoins d'un pareil mouvement, d'une semblable activité de travail.

Là, il est vrai, il ne s'agissait pas d'édifier: on allait enlever aux derniers vestiges de l'ancienne civilisation un de ses plus imposants débris pour en enrichir une civilisation nouvelle.

Avant de rendre compte de cette opération, il est nécessaire de poser les éléments numériques du problème, et d'entrer dans quelques détails sur le système et les projets qui vont être mis à exécution.

Pour le moment, nous ne considérerons l'obélisque occidental, celui de droite, en entrant dans le temple, que comme un immense bloc de granit rose. Les opérations dont il doit être l'objet ont pour but de l'abattre et de rembarquer à bord d'un bâtiment échoué sur la plage.

Sa forme est celle d'une pyramide quadrangulaire tronquée, à base parallèle.

La petite base surmontée d'une autre pyramide nommée pyramiclion, à cause de sa petite hauteur, termine le monolithe. Le pyramiclion est dégradé; on remarque en outre une fente qui, partant de la base, sillonne les deux faces E. et O. jusqu'au tiers environ de la longueur. La face la plus voisine du fleuve est exposée à l'O.; celle qui regarde le pylône du temple, au S.; les faces symétriques aux précédentes, à l'E. ou au N. i arête N

Dimensions de la grande base:

Arête N	2m44
dito S	2m42
dito O	2m42
dito E	2m42

Dimensions de la petite base:

Arête N	1m50
dito S	1m50
dito O	1m58
dito E	1m58
Hauteur de la pyramide tronquée	20m90
Hauteur du pyramidion altéré	1m94
Hauteur totale	22m84

De ces données, on déduit que le volume de la pyramide est équivalent à 83,46 mètres cubes, celui du pyramidion à 1,54 mètre cube, ce qui donne un total de 85 mètres cubes, dont le poids est représenté par 229,500 kilogrammes, en prenant le nombre abstrait 2,70 pour la densité du granit de Sienne.

En examinant le monolithe occidental avec attention, en posant des règles sur les faces et les arêtes, on s'aperçoit qu'il n'est pas limité par des plans. Les faces O. et E. ont une double courbure, elles présentent en travers une convexité dont la flèche est mesurée par 0m,03 pour la première, et par 0m,035 pour la deuxième. Ce fait a été constaté et expliqué par les membres de l'Institut d'Egypte, mais ces savants ne s'étant pas trouvés, comme nous, dans l'obligation de relever au compas toutes les parties du monument, la deuxième courbure a dû forcément leur échapper. Cette courbure en long des mêmes faces est d'autant plus remarquable qu'elle est tournée en sens inverse par rapport à l'axe du monolithe. En d'autres termes, la face O. est convexe dans le sens de la longueur, tandis que la face E. est concave suivant la même dimension; il résulte de là que les quatre arêtes longitudinales sont des lignes courbes dont la concavité est tournée vers l'E. La flèche de courbure des arêtes O. est de 0,02, celle des arêtes E. est mesurée par 0,045.

Il serait assez difficile d'expliquer cette singularité qu'on ne peut cependant attribuer au hasard ou à l'imperfection du travail, car l'obélisque oriental offre absolument la même particularité; les quatre arêtes longitudinales présentent aussi leur concavité vers l'E.

Je reviens à mon sujet.

Quel que fût le procédé employé pour descendre le monolithe de son piédestal, il était nécessaire de le revêtir d'une enveloppe pour conserver la vivacité des arêtes, le poli des surfaces et les sculptures qui y sont intaillées, et pour le protéger, enfin, contre une foule d'autres accidents possibles pendant le transport, le débarquement et la mise en place à Paris. Dans le système que nous avions adopté, il fallait en outre défendre de toute fracture l'arête de la base qui devait servir d'axe de rotation. On atteignit ce double but par les dispositions suivantes:

Toutes les faces du monolithe furent recouvertes de madriers, ou, en style de marine, de bordages de 0m,16 d'épaisseur, retenus de distance en distance par des cadres horizontaux. Ces cadres étaient formés de deux traverses en chêne entaillées de 0m,05 dans les bordages, et de deux boulons qui les pressaient contre le granit. Les traverses et les boulons furent placés alternativement sur les quatre faces pour serrer également les pans de bois. Au moyen de ces liaisons, les diverses parties du système étaient solidaires et fixées d'une manière invariable; mais l'ensemble de la charpente pouvait glisser de bas en haut à cause de sa forme pyramidale. Il était urgent d'empêcher ce mouvement et de préserver en même temps l'arête inférieure; c'est dans ces prévisions qu'on creusa les traverses du dernier encadrement, suivant un angle rentrant d>b>c>. Ce cadre, engagé sous la base même de l'obélisque et lié avec les autres traverses, formait point d'arrêt et s'opposait ainsi au glissement de bas en haut. Si l'on conçoit maintenant que l'on ait arrondi extérieurement la solive dans laquelle est encastré l'axe de rotation, il ne s'agira plus ensuite que de la faire poser dans une pièce creusée suivant la même courbure, pour compléter la charnière autour de laquelle le mouvement giratoire doit avoir lieu. Figure I, planche II.

L'inspection de ce plan fait voir que la mise en place de la charnière et du dernier cadre exigeait que l'on pratiquât sur le socle deux entailles en forme de gradin d'escalier, et assez larges en tous sens pour y loger ces pièces de bois, ce qui fut effectué.

Le monolithe ainsi encadré, restait à combiner l'appareil qui devait imprimer la première impulsion, et celui qui était destiné à supporter l'effort de la masse abandonnée à son propre poids.

Appareil d'abattage. Planche II.[2]

Ce premier appareil se composait de trois cabestans qui sollicitaient les chefs d'un pareil nombre de palans. Les poulies de ces moufles étaient frappées d'un côté à l'extrémité d'un câble passé en double sous le pyramidion, et de l'autre à des ancres mouillées dans le sable.

Chaque cabestan armé de soixante-quatre hommes tirait donc à lui le câble d'abattage et par suite la tête du monolithe; celui-ci, cédant à l'action réunie de ces moteurs, devait se pencher vers eux en tournant autour de la charnière.

Arrivé à la position où le grave tendait naturellement à descendre sur le rouleau; loin de le solliciter par une traction, il fallait se mettre en mesure de le retenir à

J'aide d'un second appareil afin d'éviter toute accélération fâcheuse dans le mouvement de rotation.

-2- Voir l'appendice, pour l'explication des mots techniques.

Pour bien concevoir la manière dont cet appareil fonctionnait, il faut supposer que tous les remblais compris entre l'obélisque et le rouleau U ont été enlevés jusqu'au raz de la base; en d'autres termes qu'on a pratiqué une vaste excavation BCOU limitée suivant l'axe du chemin, d'un côté par un plan vertical passant par l'arête inférieure est du socle, et de l'autre, par un plan UO parallèle et tangent au rouleau.

Appareil des retenues. Planche II.

On construisit dans le fond BCO de cette excavation une plate-forme NN composée de plusieurs pièces de bois croisées qui aboutissaient au plan UO. Un long madrier ou plançon PP chevillé à l'extrémité de cette charpente et retenu en outre par de forts taquets, devait servir de point d'arrêt à l'appareil. Le mur en briques qui s'élève au-dessus était destiné à contenir le terrain contre les éboulements.

C'est sur cette plate-forme que reposait la partie principale du système des retenues, le chevalet des bigues.

Le chevalet avait pour base une forte pièce de bois arrondie en demi-cylindre, et placée dans le fond de l'angle droit NPD formé par le plan vertical du mur en briques et la plate-forme d'appui. Sur sa face-plane dont le milieu correspondait à l'axe du chemin, s'engageaient à tenons huit mâts ou bigues divisés en deux groupes symétriques de quatre chacun, passant l'un à droite et l'autre à gauche de l'obélisque. Ces mâts réunis en haut par une double traverse formaient un grand trapèze de forme invariable, qui pouvait tourner en se relevant autour de sa base comme autour d'une charnière. La double traverse était liée au sommet du monolithe par des câbles ou haubans passés en cravate sous Je pyramidion. Afin de mieux diriger le monument dans sa descente, le système de cordages se déployait en éventail et venait s'amarrer à l'extrémité des bigues. Chacune d'elles portait au petit bout une caliorne[3] à trois rouets. Ces caliornes correspondaient à autant de poulies à deux rouets frappées[4]

-3- Voir l'appendice.
-4- Id.

sur un grillage qui encadrait le piédestal oriental, pour former avec les premières huit moufles dont les poulies de retour étaient attachées sur le même point fixe.

Chaque palan était garni à six brins.[5] Les chefs des garants s'enroulaient chacun par un double tour, d'abord sur les gorges d'un treuil TT, horizontal, et libre de tourner sur son axe, puis sur un cylindre fixe MM, où ils devaient glisser à frottement; passant de là dans une poulie de retour V, ils venaient chercher un dernier frottement sur une vergue V'V et aboutissaient ensuite aux mains de huit hommes.

Tel était l'ensemble du système des retenues dont nous n'avons fait connaître que la partie matérielle.

Il convient maintenant de décrire la manœuvre de l'appareil, d'entrer dans quelques détails sur ses diverses parties, d'examiner la fonction de chaque organe, de calculer enfin les efforts exercés sur les points fixes, les tensions des haubans et des apparaux d'appel et de retenue.

A l'origine du mouvement, l'obélisque est vertical, les bigues en bb, et les cabestans tirent dans la direction FH. Ils sont armés par 192 Arabes. Le monolithe cédant à l'action de ces moteurs s'inclinera vers le rivage, entraînant avec lui le chevalet des bigues avec lequel il est lié d'une manière invariable par le système de cordages déployés en éventail. Ceux-ci réagiront à leur tour sur les palans de retenue et les forceront à se dérouler. C'est en vertu des frottements et de la roideur des cordes, combinés avec l'action exercée par huit hommes sur les chefs de ces apparaux, qu'on se propose de modérer à volonté le mouvement des moufles auquel est subordonné celui du grave. Pendant toute la durée de la rotation, il reposera sur le piédestal. Une partie du poids sera donc supportée par ce point d'appui; l'autre partie, qui constitue la résistance à vaincre, dépend, comme il est facile de le concevoir, de l'angle sous lequel le monolithe sera tiré par son collier FH.

D'après les dispositions prises, la tension transmise à ce câble

-5- Id.

Apollinaire Lebas

par l'action des cabestans sera de 25,122 kil.,[6] effort qui dépasse le maximum de la résistance de 5,000 kil. Mais cet excès de force est nécessaire pour surmonter les frottements et la roideur des cordes des apparaux de retenue dont les chefs seront filés peu à peu à la demande des moteurs.

Arrivé à la position c où la verticale du centre de gravité va dépasser la base, l'obélisque tombant de lui-même, le rôle des cabestans sera fini; le grave, en vertu de la force accélératrice de la pesanteur, continuera son évolution en exerçant sur le sommet des bigues, et par elles sur les moufles, un effort toujours croissant, puisqu'une plus grande partie de son poids tombera en dehors du piédestal. Cette puissance, variable avec l'inclinaison de la masse, tirera successivement, et de bas en haut, la poulie mobile de chaque palan de retenue comme le feraient 4,000k, —7,080k—9,500k—11,880k à l'instant où le centre de gravité coïncidera avec chacun des points de l'espace marqués, sur le plan de l'appendice, par les numéros (1), (2), (3), (4). Le dernier correspond au terme extrême de sa chute.

Ces tractions énormes relativement à la force d'un homme, seront absorbées en grande partie par le frottement et la roideur des cordes. L'appareil est combiné de telle sorte qu'elles ne doivent transmettre à l'extrémité du chef, qu'une tension correspondante mesurée par 4k,34—7k,67—10k,30—12k,88. Ainsi, dans toutes les positions intermédiaires entre les points c et (4), l'effort à exercer sur chacun de ces cordages pour équilibrer la puissance, et rétablir, le cas échéant, l'immobilité du système, sera inférieur à 12k,88. Comme un homme robuste peut produire une action de 20k, il s'ensuit que les huit marins, maîtres du mouvement, pourront à volonté accélérer, modérer et même arrêter au besoin, la chute de l'obélisque.

Ces résultats déduits de la théorie (voir appendice), supposent une tension égale dans tous les palans. Mais il n'en est pas ainsi dans la pratique, soit qu'il faille élever un fardeau, soit qu'on veuille l'abaisser à terre à l'aide de plusieurs moufles. Les chefs des apparaux n'étant pas filés par la même main, il est physiquement

-6- Id

impossible de leur imprimer un mouvement uniforme, d'où résulte une inégale répartition du poids sur les palans. C'est pour obvier autant que possible à ce grave inconvénient qu'on emploie dans les grandes manœuvres des caliornes dont la force absolue est double, quelquefois triple de la résistance à vaincre. Le pouliage de l'appareil du Luxor était loin d'offrir cet excès de solidité, l'ardeur du soleil avait fait fendre ou gercer les caisses des poulies, un de ces moufles soumis à l'expérience s'était brisé sous une traction de 13,000k, et nous venons de voir qu'ils avaient, en les supposant également tendus, à supporter une tension de 12,000k.

Cette uniformité de tension était une des conditions indispensables du problème, et d'autant plus difficile à remplir que nous manquions de ressources matérielles.

La nécessité me suggéra l'idée de régulariser le mouvement des apparaux au moyen du cylindre mobile TT. Ce treuil qui, au premier abord, paraît inutile, nous fut d'un très-grand secours dans l'instant le plus délicat de l'opération. Il portait, avons-nous dit, huit gorges de même diamètre. Elles étaient formées de taquets rapportés sur l'arbre pour les rendre raboteuses. C'est autour de ces gorges que les chefs des garants venaient s'enrouler, chacun par un double tour; ils y éprouvaient un frottement tel que le glissement devenait impossible. Ce n'était donc qu'en vertu de la révolution du treuil que les palans pouvaient se défiler. Mais cette machine déroulant à chaque appareil des circonférences égales, les poulies mobiles devaient s'écarter des poulies fixes, en même temps et de la même quantité. Il suffisait donc de donner au système des moufles une tension uniforme, avant l'origine du mouvement (ce qui est facile avec un peu d'habitude), pour être certain qu'ils la conserveraient pendant toute la durée de la rotation.

Des équations d'équilibre (voir appendice), nous avons déduit les tensions successives des haubans et des garants et la pression exercée sur le tourillon et le pied des bigues. En ne considérant que les résultats maxima, nous voyons 1° que chaque hauban sera soumis à une tension de 6,757k,50 et que sa force absolue est équivalente à 19,980k; 2° que le cordon le plus tendu aura à résister à une traction de 2,910k,60, ce qui est inférieur de 3,252k à l'effort qu'il peut supporter sans se rompre; 3° que le point d'appui des poulies mobiles sera sollicité verticalement par une puissance calculée à 71,000k à laquelle on a opposé une résistance de 80,000k non compris le frottement du grillage sur le dé oriental.

Enfin, les composantes horizontales des pressions exercées sur le piédestal et sur l'arrêt du pied des bigues étant dirigées en sens inverse, se détruisent en partie; l'excès de la première sur la deuxième est neutralisé par la masse de sables adossés contre la face est du socle, et par le frottement résultant de la plate-forme NN, avec laquelle ce bloc est lié d'une manière invariable au moyen des bigues horizontales b'b'.

Ainsi, tous les éléments du système réunissent les conditions de forces et de résistances nécessaires au succès de la manœuvre. La seule difficulté qui reste à surmonter, consiste à construire l'appareil tel que nous l'avons décrit avec un matériel et un nombre d'ouvriers donnés; quant à trouver sur les lieux des bois et des hommes capables de les travailler, c'était à quoi il ne fallait pas songer. J'avais amené de Toulon, conformément à mes instructions, huit charpentiers et deux forgerons. Ces ouvriers, dirigés par un maître habile et secondés par les marins, se mirent à l'œuvre dès les premiers jours de notre arrivée à Luxor.

Les travaux de charpentage s'exécutaient forcément sur la place des obélisques, au milieu des tourbillons de poussière soulevés par les quatre cents manœuvres qui creusaient les chemins. Ces sables, divisés en leurs plus petits éléments, pénétrant dans toutes les parties du corps, se mêlant à la transpiration, excitent un picotement général, s'attachent à la gorge, oppriment les poumons, provoquent la toux et une soif intarissable. Quiconque n'a pas habité la haute Egypte ne saurait se faire une idée de ces sensations douloureuses. Malgré toutes ces souffrances, il n'en fallait pas moins manœuvrer la hache ou l'herminette, pendant toute la journée, et suppléer au nombre par l'activité. Mais l'idée de contribuer pour quelque chose à une opération dont le but était de doter la France d'un monument remarquable suffisait pour

98

soutenir l'énergie et le zèle infatigable des ouvriers français. Dès la pointe du jour, on les voyait se livrer avec gaieté à des travaux, qui, dans toute autre circonstance, leur eussent paru pénibles, difficiles et dangereux.

Là ne devait pas s'arrêter la limite des souffrances et des obstacles: un fléau bien plus redoutable vint soumettre à une nouvelle épreuve leur patience et leur dévouement.

Le 27 août, des marins du Nil annoncèrent aux habitants de Luxor que le choléra exerçait d'horribles ravages dans la basse Egypte. Quelques jours après, les rives de Thèbes étaient bordées d'embarcations chargées d'Européens fuyant l'épidémie. Chacun racontait ce qu'il avait vu soit au Caire, soit à Alexandrie, et tous s'accordaient sur la marche rapide de la maladie vers le Saïd.

Le 10 septembre, cette triste nouvelle nous fut confirmée par la mort presque subite d'un Turc arrivé la veille de Quournah.[7] La fin tragique de ce malheureux ne laissait plus aucun doute sur la nature du mal dont nous étions menacés. Le choléra était à nos portes; le lendemain, il pénétrait dans le village, et plus tard dans le chantier. Nous perdions journellement plusieurs manœuvres, quelques-uns tombaient frappés au moment même où je leur distribuais le salaire de la journée.

Cet incident déplorable, les pleurs, les lamentations des habitants firent d'abord sur nous une impression pénible, mais nos grandes occupations ne nous laissaient pas le temps de réfléchir aux périls qui nous environnaient. Personne ne quitta son poste; nul ne suspendit ses travaux, une seule idée nous animait tous: enlever à l'ancienne capitale du monde civilisé un de ses plus beaux ornements.

Toutefois, notre situation devenait de plus en plus critique, une foule de circonstances se réunissaient pour l'aggraver. Quinze marins venaient d'être attaqués d'une manière effrayante par le choléra, nos communications avec Alexandrie étaient interrompues. Les matériaux que l'on attendait de ce port pour la

-7- Village situé sur la rive gauche du fleuve, en face de Luxor.

Apollinaire Lebas

construction de la cale de hallage ne pouvaient plus arriver.

Livrés à nos propres moyens, désormais nous n'avons rien à espérer du dehors; c'est par notre industrie qu'il faut suppléer à tout ce qui nous fait défaut; le temps presse; le travail forcément retardé, le nombre des ouvriers qui diminue chaque jour, tout contribue à me faire craindre de ne pouvoir terminer nos opérations avant la prochaine crue. La privation de toute correspondance avec la mère patrie, et même avec Alexandrie, excite parmi nous les plus douloureuses inquiétudes, et le mal moral vient ainsi aggraver nos souffrances physiques. Soutenir le courage de nos compatriotes, les empêcher de s'écarter du régime prescrit par le docteur du bâtiment, ne les employer qu'à des travaux spéciaux, les faire suppléer par des Arabes autant que possible, tel était le devoir que nous imposait notre désastreuse position.

Mon premier soin fut de former des scieurs de long, nos ouvriers n'auraient pu résister à un métier déjà si pénible dans le midi. Quatre Arabes dirigés par un charpentier, après s'être exercés pendant quelque temps sur des troncs de dattiers, parvinrent à débiter passablement les solives de chêne dont nous avions besoin. Six mois après, ils étaient en état de scier avec précision, non-seulement les bois droits, mais les pièces à double courbure. Une escouade composée de trente manœuvres et de vingt apprentis, fut spécialement affectée au charpentage. Les premiers, qui dans le principe, osaient à peine poser les mains sur les bordages pour les charger sur l'épaule, et qui n'avaient aucune idée des triqueballes, charrettes, sonnettes, cabestans, etc., maniaient ensuite tous ces instruments avec la même facilité que le font les manœuvres des arsenaux. En peu de jours les enfants apprirent le nom de tous les outils et la manière de s'en servir. Ils aidaient les charpentiers à prendre des équerrages, à ligner les bois, etc. Ils allaient chercher dans l'arsenal les divers objets dont on avait besoin, de sorte que l'ouvrier ne perdait pas un moment.

De pareils résultats pratiques obtenus au bout d'un an d'expérience prouvent suffisamment l'intelligence des Arabes, et je dois reconnaître qu'ils nous furent d'un grand secours en cette circonstance.

Bien que l'épidémie eût un peu ralenti l'activité de nos travaux, dès le premier septembre l'obélisque est encadré dans un échafaud léger et composé en partie avec des barres de cabestans, faute d'autres matériaux. Des palans frappés à son sommet élèvent les bordages destinés à recouvrir ses faces. Les résultats obtenus dans les déblais sont plus considérables qu'on ne pouvait raisonnablement l'espérer, à la suite d'une maladie qui venait de décimer la population du village. La vaste excavation dont nous avons parlé est entièrement terminée. On peut circuler autour des obélisques, en examiner toutes les faces et marcher sur les dalles du parvis de l'édifice, qui depuis tant de siècles gisaient ensevelies sous les sables du désert.

C'est alors que déblayant par la pensée les décombres qui restaient encore sur la place, la façade du temple m'apparut, non telle qu'elle est aujourd'hui avec ses membres d'architecture brisés, amoncelés, enterrés dans des dépôts immondes, mais telle qu'elle était à l'époque où la science y prodiguait ses savantes combinaisons, où les arts y étalaient toute leur magnificence.

L'œil a d'abord de la peine à s'habituer à un spectacle si nouveau, si inattendu, à une architecture qui ne ressemble en rien à ce que nous avons vu et admiré, ici point de statues à membre détaché, point de frontons ni de fenêtres, point de volutes à feuilles fouillées comme au beau temps de la Grèce, encore moins de faisceaux de colonnettes supportant avec élégance, sur quatre rangées d'arceaux, une triple voûte à nervure, mais des masses colossales placées devant des masses plus colossales encore.

Ce sont des obélisques de i\ mètres de hauteur couverts de sculptures, des colosses dont le calme et l'immobilité de pose, la régularité des proportions commandent le respect; deux massifs pyramidaux entre lesquels se trouve une porte de 17 mètres de hauteur couronnée d'un demi-tore, et surmontée d'une élégante corniche; un ensemble enfin présentant le caractère de simplicité et de durée, de grandiose et d'excellence d'exécution qu'on ne retrouve au même degré dans aucun édifice moderne. Cet immense palais sculpté et peint au dehors comme au dedans des couleurs les plus vives devait être une des merveilles de Thèbes. Tel qu'il est aujourd'hui, il donne encore une haute idée de son antique magnificence.

Le parvis de ce palais se compose de deux plans de larges dalles croisées. A 1m,20 de la façade sont assis quatre colosses monolithes, un peu plus en avant s'élèvent les deux piédestaux sur lesquels posent les obélisques.

Le piédestal de chaque obélisque se compose de deux parties distinctes, la base et le dé. La base, formée par la réunion de trois blocs de grès siliceux, repose sur le premier plan de dalles et se trouve encastré dans le second. Le dé est un monolithe en granit.

Le côté .S du dé occidental porte quatre cynocéphales; les trois premiers sont sculptés à même clans le cube, le quatrième est rapporté et déborde la face E de la moitié de son épaisseur. Celle-ci et son adjacente, ou TV, ne sont ni planes ni verticales, tandis que la face O. présente des tableaux parfaitement hiéroglyphés.

Ces irrégularités indiquaient que le dé ne nous était pas parvenu tout entier. Nous retrouvâmes en effet dans les fouilles, des fragments d'une plaque en granit qui recouvrait la face E et les débris de quatre cynocéphales adossés contre une dalle de même dimension que la face N; en sorte que le socle dans son état primitif devait avoir la forme indiquée sur le plan III. Le piédestal oriental, mis à découvert postérieurement, est tel que nous l'avons dessiné planche IV. Il est en tout semblable à l'autre, seulement les quatre cynocéphales font corps avec le dé. L'exigüité du bloc employé dans le socle occidental n'a pas permis d'y sculpter ces quatre figures. L'artiste y a suppléé par une pièce de rapport et par un placage.

La hauteur du piédestal de droite est mesurée par 3m40, celle du piédestal de gauche par 2m60. Cette inégalité s'explique naturellement quand on remarque que les deux obélisques, en regard pour ainsi dire l'un de l'autre, n'ont pas les mêmes dimensions. Afin de remédier autant que possible à l'inconvénient de la dissemblance, l'architecte a imaginé de placer le plus petit (celui de Paris), sur un socle plus élevé et un peu plus en avant du temple. Par cette disposition, il forçait ses proportions en le présentant en premier plan à l'œil du spectateur. Il a dû aussi masquer les défectuosités du pyramidion par un revêtement, afin de le rétablir dans les proportions voulues. Le redan de 7 c. à 8 c. qui règne autour de sa base, semblerait destiné à le supporter, mais cette restauration, comme celle du dé du socle, n'a pu être faite qu'avec du granit. Toute autre matière aurait contribué au contraire à établir une différence tranchée entre les deux obélisques, car il eût été impossible d'adapter une enveloppe semblable sur le pyramidion de gauche. Celui-ci est parfaitement poli et ses faces affleurent celles du fût.

Ainsi que je l'ai dit plus haut, tant que je n'eus pas sur le système des travaux à entreprendre, une idée nette, précise et arrêtée; tant que l'œuvre fut tout entière à faire, complètement dominé par la pensée de la tâche que j'avais à accomplir, je ne vis, je ne dus voir dans le monument qui en faisait l'objet, qu'un bloc de granit, une pierre, comme l'appelait Krali-Effendi. Maintenant que je suis à peu près certain de le descendre sans accident de son socle, et que d'ailleurs sa face et sa base dégagées l'une des ignobles masures qui la masquaient, l'autre des sables séculaires qui la dérobaient aux regards, permettent d'y contempler les mystérieuses légendes intaillées sur son fût, il convient, je crois, d'entrer dans quelques détails historiques sur ces masses imposantes.

Les obélisques sont d'une seule pierre de granit rose; placés toujours deux à deux devant l'entrée des édifices, ils en font partie intégrante et se lient à tout un système d'idées. Ils étaient conçus et érigés dans le but de rappeler à la postérité le motif de la fondation des monuments qu'ils décorent, le nom de la divinité à laquelle ils étaient consacrés, et les titres honorifiques du souverain qui les faisait élever. Posés sur des socles peu élevés afin de rehausser la hauteur du fut, éclairés par des flots de lumière qui font ressortir la couleur, l'éclat, le poli du granit, la pureté et la finesse des hiéroglyphes, ces monolithes dont le sommet se dessine dans le ciel produisent un magnifique effet de perspective qui augmente la grandeur de leur proportion. Cette illusion était si complète qu'elle balançait dans mon esprit les démonstrations même de la géométrie. A l'aspect de ces masses, je ne pouvais me défendre d'un sentiment vague de crainte et d'incertitude, cependant les procédés que j'avais combinés pour arriver à les 'déplacer étaient fondés sur des calculs positifs, qui, dans ma conviction, en garantissaient les résultats.

On ne trouve rien en Egypte de plus parfait que les trois bandes d'hiéroglyphes qui décorent chacune des faces de ces monolithes. Elles commencent à un mètre environ de la base, et se terminent au pyramidion. La bande du milieu creusée plus profondément que les deux autres est travaillée et polie avec autant de soin que les pierres fines, elle est surtout remarquable par la vivacité des arêtes des signes qui y sont sculptés, et par l'excellence des détails. Les bandes latérales ne sont que piquées au trait. Par cette distinction, les rayons lumineux diversement réfléchis produisent des tons variés, qui empêchent toute confusion, et permettent de distinguer nettement cette écriture monumentale.

Une partie de ces hiéroglyphes n'avait pu être relevée, parce que les socles étaient enfouis sous les décombres, et qu'une face de chacun des monolithes se trouvait masquée en partie par des constructions modernes. Ce n'est qu'après l'achèvement des travaux dont nous venons de parler, que ces figures furent mises à découvert. Je m'empressai d'en envoyer les dessins à MM. le ministre de la marine et Champollion jeune.

Nous ne pouvons mieux faire pour satisfaire sur ce point la curiosité du lecteur, que d'extraire le passage suivant du savant ouvrage publié par M. Champollion-Figeac, d'après les notes et les interprétations qu'a laissées son illustre frère.

Matériel des inscriptions de l'obélisque.

« Les quatre faces de l'obélisque sont couvertes d'inscriptions en caractères hiéroglyphiques.[8] Un léger examen suffit pour faire voir

-8- Les Egyptiens employèrent trois sortes de caractères d'écriture: pour les monuments, les signes hiéroglyphiques, dont chacun est la figure exacte d'une plante, d'un quadrupède, d'un oiseau, d'un objet quelconque de la création ou de l'industrie humaine; pour les livres et autres sujets relatifs à la religion, les signes hiératiques ou sacerdotaux, simple tachygraphie des hiéroglyphes; pour les contrats et les usages que, sur chacune d'elles, les signes sont rangés symétriquement pour composer trois colonnes perpendiculaires, bien distinctes, et formant ainsi trois inscriptions, trois phrases sur chaque face. Chaque face elle-même peut, quanta l'ensemble des inscriptions qu'elle contient, être divisée en trois parties, savoir:

1° Immédiatement au-dessous du pyramidion, le bas-relief des offrandes qui occupe toute la largeur de chaque face.

2° En tête de chaque colonne d'hiéroglyphes, un encadrement surmonté de la ligure de l'épervier symbolique, coiffé du pschent entier et terminé en franges à sa partie inférieure; on peut donner à cet encadrement le nom de bannière royale; il renferme les titres honorifiques et variés des princes nommés dans les obélisques, et on le trouve figuré isolément à côté des rois égyptiens, dans des représentations de cérémonies religieuses ou civiles.

3° L'inscription proprement dite, dont les signes, divisés en trois colonnes parallèles, et écrits les uns au-dessous des autres isolément ou par groupes, forment trois inscriptions verticales qui se lisent de haut en bas.

L'obélisque de Paris rappelle en même temps les noms et les actions des deux rois; mais l'équité de l'histoire peut faire la part à chacun d'eux. C'est Rhamsès II qui fit extraire l'obélisque des carrières de Syène, qui le fit transporter à Thèbes, qui le destina à la décoration d'un grand édifice; et il est difficile de le désigner aujourd'hui. Ce ne fut pas celui de Luxor, le nom de Rhamsès II n'est rappelé sur aucune des parties de ce palais. Serait-il, avec ses fondations, encore caché dans la terre, et, à cette supposition, faudrait-il en ajouter une seconde, en attribuant à ce roi la construction des masses principales du Rhamesseion de Luxor, que Sésostris aurait décoré et terminé? Mais toutes les conjectures possibles seraient également oiseuses, chacunes d'elles pouvant réunir en sa faveur une somme presque égale de probabilités.»

Il est certain que les deux obélisques devaient consacrer par huit

---

ordinaires de la vie, les signes démotiques ou populaires, simple abréviation des caractères hiératiques.

inscriptions et transmettre jusqu'à nous le souvenir de la gloire et de la piété de Rhamsès II, quatre de ces inscriptions furent seules terminées, trois sur l'obélisque transporté à Paris, une sur celui qui reste isolé à Luxor.

Comment ces chants de victoire furent-ils interrompus? La mort surprit Rhamsès II au milieu de ses trophées; ses victoires sur les impurs (les étrangers) y sont en effet mentionnées. Les obélisques sont donc postérieurs à ses campagnes en Asie et en Afrique, et ne peuvent appartenir qua la fin de son règne, qui fut d'assez courte durée.

« Sésostris survint, qui édifia ou termina le Rhamesséion de Luxor, adopta les obélisques commencés par son prédécesseur, employa à y rappeler sa propre gloire toute la place que la mort de Rhamsès II laissait inoccupée, c'est-à-dire trois faces entières de l'obélisque qui est encore à Luxor, une face entière de l'obélisque de Paris, et sur chacune des trois autres faces terminées, comme sur la seule que le nom de Rhamsès occupait sur l'autre, la place nécessaire aux deux inscriptions latérales qui subsistent sur toutes les faces également. »

Sur l'obélisque de Paris les travaux des deux rois sont ainsi distribués:
Faces (nord, sud, est) Rhamsès II, l'inscription médiale; Rhamsès III, les deux inscriptions latérales.
Face (ouest) Rhamsès III, les trois inscriptions.

« De plus, Rhamsès III lit dresser cet obélisque et graver son nom sous le plan de la base, et sur toutes les parties du piédestal où ce nom pouvait être placé comme ornement ou comme renseignement historique.

Enfin, et pour multiplier encore ces renseignements pour une postérité qui devait s'étendre jusqu'à la génération présente, et qu'il était dans la destinée de la France de perpétuer par sa munificence, Sésostris fit écrire sur la face nord du monolithe laissé à Luxor, que lui, seigneur de la région d'en haut et de la région d'en bas (la Haute et la Basse-Egypte), Germe (fils) des dieux et des déesses, Seigneur du monde, Soleil gardien de la vérité, approuvé par Phré, a fait ces travaux (le Rhamesséion de

Luxor) pour son pere Amon-Ra, et qu'il a érigé ces deux grands obélisques en pierre devant le Rhamesséion de la ville d'Ammon (Thèbes).

Sésostris termina donc ce grand ouvrage commencé par son prédécesseur, et ce concours de deux rois à l'achèvement de ces admirables monuments fournit pour leur histoire des notions chronologiques assez précises.

Le règne de Rhamsès II, qui fit commencer ces obélisques, remonte à l'an 1580 avant l'ère chrétienne; il n'existe pas de monument avec des dates postérieures à la quatorzième année de ce règne qui finit bientôt après, ce fut donc vers l'an 1570 que ces obélisques furent entrepris par Rhamsès II, après qu'il eut châtié les impurs en Afrique et en Asie, comme le disent ses inscriptions.

Sésostris succéda à son frère vers 1565; il édifia ou continua le palais de Luxor, et un tel ouvrage exigea bien des années; sur les bas-reliefs du pylône, qui est le frontispice même du palais, Sésostris fit sculpter en grand sa campagne contre les Asiatiques, et les inscriptions lui donnent pour date la cinquième année du règne de ce roi; les obélisques ne furent élevés qu'après ce pylône; on peut donc les supposer, dès l'an 1550, à la place où ils ont bravé, pendant près de 3400 ans, le temps et les hommes. »

Texte des inscriptions hiéroglyphiques.

Les traductions et sommaires qui suivent sont tirés des manuscrits de Champollion le jeune; nous avons borné nos extraits à ce qui peut plus particulièrement intéresser les lecteurs; et pour nous conformer à l'ordre de priorité des inscriptions hiéroglyphiques gravées successivement sur l'obélisque, nous ferons connaître d'abord celles qui concernent Rhamsès II, prédécesseur de Sésostris.

Inscriptions de Rhamsès II Armais.

Face ouest. Côté de l'Arc de l'Etoile. (Face nord à Luxor.)

Bas-relief des offrandes. — Le dieu de Thèbes, Amon-Ra, est assis sur son trône; deux longues plumes ornent sa coiffure; il tient dans la main droite son sceptre ordinaire, et dans sa main gauche la croix ansée, symbole de la vie divine. Devant lui Rhamsès II est à genoux; sa tête est ornée de la coiffure du dieu Phtha-Soccaris, surmontée du globe ailé, et il fait au dieu Amon-Ra l'offrande de deux flacons de vin. Les cartouches noms et prénoms de Rhamsès II sont au devant de son image, et les légendes d'Ammon entre ces cartouches et la coiffure du dieu. La courte inscription perpendiculaire à son sceptre est l'intitulé même du tableau: Don de vin à Amon-Ra.

Colonne médiale: a. Bannière. « L'Aroéris puissant, aimé de Saté. » b. Inscription verticale. « Le seigneur de la région supérieure, le seigneur de la région inférieure, régulateur, seigneur de l'Egypte, qui a châtié les » contrées, Hôrus (dieu) resplendissant, gardien des années, grand par des » victoires, le roi du peuple obéissant, Soleil Gardien de la vérité, modérateur » des modérateurs, engendré par Thmou dans... avec lui, pour exercer les pouvoirs royaux sur le monde un grand nombre de jours pour... la ville d'Ammon (Thèbes)...... le fils du soleil, le chéri d'Amom Rhamsès. La vie! (ou vive!)

Face est. Côté des Tuileries. (Face sud à Luxor.)
Bas-relief des offrandes. — Le sujet de ce bas-relief est analogue à celui de la face nord. Le Rhamsès H fait au dieu Amon-Ra une nouvelle offrande de vin. Dans la bannière sont aussi exprimées des qualifications honorifiques du roi; Y inscription contient aussi les louanges de ce prince, ses mêmes noms et prénoms, les titres de dieu resplendissant, gardien des vigilants, l'invocation à Ammon, qui a ici le rang de seigneur des dieux, et elle rappelle que le roi a décoré un sanctuaire consacré à une divinité, et qu'il a en même temps honoré les autres dieux du même temple. Ces circonstances permettent de présumer que Rhamsès II avait destiné les obélisques de Luxor à un autre temple qu'à celui de ce lieu.

Face nord. Côté de la Madelaine. (Face nord à Luxor.)
Bas-reliefs des offrandes. — Le même roi fait la même offrande au même dieu. Le vautour, emblème de la victoire, plane au-

dessus de la tête du roi. La colonne médiale de cette face est aussi de Rhamsès II. La bannière porte encore ses titres royaux ou religieux. Il en est de même de l'inscription, qui lui donne les titres de gardien, grand des vainqueurs sur la terre entière, soleil visible, etc.; l'inscription est terminée par le nom du roi, et le vœu à toujours.

Inscriptions de Rhamsès III Sèsostris.

Face ouest. Côté de l'Arc de l'Etoile. (Face est à Luxor.)
Le bas-relief des offrandes appartient à Rhamsès II. Colonne de gauche. Bannière. «L'Aroéris puissant, gardien des vigilants (ou surveillants). » L'inscription rappelle la force et les victoires de Sèsostris, et sa gloire dans la terre entière. Dans la colonne de droite, la bannière le qualifie de chéri de Saté (la Vérité). L'inscription dit que le monde entier a tremblé par ses exploits, elle l'assimile au dieu Mandou, dont elle le dit le fils.

Face sud. Côté du pont de la Concorde. (Face ouest à Luxor.)
Cette face de l'obélisque appartient tout entière à Rhamsès Sésostris. Rhamsès II l'avait laissée vide. Dans le bas-relief des offrandes, Sésostris, coiffé du pschent complet, symbole de son autorité sur la Haute et sur la Basse-Egypte, et surmonté du globe ailé du soleil, fait au grand dieu éponyme de Thèbes, à Amon-Ra, l'offrande du vin. Aux louanges d'usage, la colonne médiate ajoute que Sésostris est le fils préféré du roi des dieux, celui qui, sur son trône, domine sur le monde entier. On mentionne le palais qu'il a fait élever dans l'ôph du midi (la partie méridionale de Thèbes). Le titre de bienfaisant lui est donné dans l'inscription de droite, qui ajoute: « Ton nom est aussi stable que le ciel; la durée de ta vie est égale à la durée du disque solaire. » Sésostris porte dans la bannière de l'inscription de gauche le titre de chéri de la déesse Saté; et avec d'autres louanges très - ordinaires dans le protocole royal égyptien, cette inscription proclame Rhamsès III « l'engendré » du roi des dieux pour prendre possession du monde entier. Les trois colonnes de cette face sont uniformément terminées par le cartouche nom propre du roi, le fils du Soleil, le chéri d'Ammon Rhamsès.

Face est. Côté des Tuileries. (Face sud à Luxor.)
La bannière et l'inscription de la colonne de droite proclament Sésostris L'Aroéris puissant, ami de la vérité (Saté), roi modérateur, très-aimable comme Thmou, étant un chef né d'Ammon, et son nom étant le plus illustre de tous. Sur la colonne de gauche, on lit dans la bannière: L'Aroéris roi vivant des régions d'en haut et d'en bas, enfant d'Ammon; l'inscription donne à Sésostris le titre de roi directeur, mentionne ses ouvrages, et ajoute qu'il est « grand par ses victoires, fils préféré du Soleil dans sa royale demeure, le roi (ses prénoms et nom propre), celui qui réjouit Thèbes, comme le firmament du ciel, par des ouvrages considérables pour toujours.

Face nord. Côté de la Madelaine. (Face est à Luxor.)
La bannière de la colonne de gauche est remarquable par le grand nombre de signes qui composent sa légende; elle signifie: « L'Aroéris puissant, le grand» des vainqueurs, combattant sur sa force. » L'inscription nomme Sésostris grand conculcateur, le seigneur des victoires, qui a dirigé la contrée entière, et qui est très aimable. Enfin la bannière qui surmonte l'inscription de droite annonce que Sésostris est l'Aroéris fort, puissant dans les grandes Panégyries (assemblées civiles ou religieuses); l'ami du monde et le roi modérateur. L'inscription ajoute, comme pour combler la mesure des éloges, qu'il est aussi le prince des grands, jouissant du pouvoir royal comme Thmou, et que les chefs des habitants de la terre entière, sont sous ses sandales.

CHAPITRE V

Abattage de l'obélisque. — Son embarquement à bord du Luxor.

Après celle rapide excursion, que, sur les traces de l'illustre archéologue, nous venons de faire dans le domaine de l'histoire, il convient de revenir à nos travaux.

Le 1er octobre 1831, l'obélisque est armé de son revêtement, la base du chevalet va être mise en place, les mâts suspendus à des palans sont prêts à entrer dans leur mortaise. Il ne reste plus qu'à régler quelques détails essentiels pour lesquels, à la vérité, nous manquons de matériaux, mais ces difficultés seront levées et tout fait espérer qu'avant la fin d'octobre le monolithe sera descendu de sa base.

Le chevalet des bignes établi comme nous l'avons indiqué sur la planche II, on procède à l'installation des haubans. Chacun de ces câbles placé séparément en cravate sous le sommet de l'obélisque, vient s'amarrer à l'extrémité des bignes, après avoir passé dans l'œil ou estrope d'une poulie à trois rouets. Avant de les fixer définitivement, le système est tendu d'une manière uniforme. On capelle par-dessus le câble d'abattage, il porte à son extrémité un demi-croissant en bois où sont attachées les poulies mobiles des moufles d'appel. Toutes ces manœuvres s'exécutent en l'air par des marins qui travaillent suspendus.

Dépourvus du bois nécessaire à la construction des supports du treuil, nous y suppléons au moyen de deux cabestans C,C, provisoirement affectés à cet usage.

Le 13 octobre les palans ou moufles sont garnis de leurs garants, l'échafaudage qui entoure l'obélisque est enlevé, les marins ornent le sommet des bignes de drapeaux tricolores entourés de guirlandes de fleurs et de branches de palmier. Tout est prêt enfin pour la descente du monolithe.
La pointe du jour trouve tout le monde à son poste, cent quatre-vingt-dix Arabes répartis sur les barres des cabestans n'attendent plus que le signal convenu pour imprimer le mouvement.

Les huit gabiers sont là tenant à la main les chefs des apparaux de retenue.

Dans quelques minutes ces hommes seuls vont manœuvrer un fardeau immense, modérer sa rotation, rétablir à volonté son immobilité dans un point quelconque de sa course. Ils sont fiers du rôle important qu'on leur a confié.

La plus grande anxiété règne sur toutes les figures, lorsque le soleil dore de ses premiers rayons la statue colossale de Memnon, autrefois animée par la flamme céleste et faisant vibrer l'air de sons harmonieux. C'est le signal d'action.

La voix du commandement se fait entendre: aussitôt les cabestans tournent sur leur axe, les cordons des moufles s'allongent, la tension augmente, s'accumule, réagit sur le sommet des bigues et par elles, sur les palans de retenue. La résistance et les frottements sont vaincus, le treuil sollicité par la puissance oscille autour de son axe, roule ensuite sur ses tourillons; et l'obélisque, enfin détaché de sa base séculaire, incline lentement sa tête pyramidale vers le rivage, entraînant avec lui le chevalet des bigues qui tourne simultanément autour de sa base. Après avoir parcouru un arc de 8° il s'arrête, et tout le système redevient immobile.

L'officier chargé de diriger les cabestans fait prévenir que le point d'appui des moufles d'appel a cédé, que les ancres labourent le sable. Ce mouvement indique que les retenues sont trop tendues, qu'il faut les filer plus vite. Cette manœuvre s'exécute avec précision, l'impulsion continue, la rotation recommence; on voit l'arête inférieure monter graduellement, et bientôt la verticale du centre e gravité a dépassé la charnière. A partir de cet instant, l'effort des cabestans a dû cesser; la difficulté n'est plus d'incliner l'obélisque, elle consiste au contraire à le soutenir au moyen des retenues, pour empêcher qu'une fois lancé, il ne se jette trop rudement sur le rouleau. C'est alors que les huit gabiers commencent à exercer sur les chefs des apparaux, des tensions successives, et proportionnelles à la longueur d'un bras de levier qui va toujours croissant, à mesure que la verticale du centre de gravité s'éloigne du piédestal.

A un signal donné, le monolithe s'arrête et reste comme suspendu pendant deux minutes sous l'angle de 15°. A un second signal, il continue son évolution avec le même ordre et la même mesure, jusqu'à ce que la face O ait atteint le cylindre encastré dans le mur en briques.

La première rotation était accomplie, l'obélisque venait de décrire un arc de 60° environ (voir planche II).

Cette manœuvre dura vingt-cinq minutes; ouvriers et marins, chacun a rempli son devoir. Tous les ordres ont été exécutés avec la plus grande justesse et une intelligence remarquable. Grâce à leur zèle et à leur exactitude, aucun accident fâcheux n'est venu attrister une si belle journée.

L'examen attentif du revêtement et des repères tracés d'avance, donna la certitude que rien n'avait bougé. On ne remarquait aucune détérioration sur le tourillon de l'obélisque, qui avait supporté pendant vingt-cinq minutes une pression de plus de 250 tonneaux. Cette expérience donne une idée de la puissance du bois de chêne pour résister à l'écrasement.

S'il m'était resté quelques doutes sur la conservation du monolithe, l'inspection seule de la base aurait suffi pour les dissiper; elle était recouverte d'une légère couche de limon qui n'offrait aucune solution de continuité. On aurait même pu croire à un premier aperçu que la fente ne traversait pas le granit. Ce n'est qu'après avoir fait enlever le limon qui en masquait la superficie qu'elle se présenta sous la forme P (planche II).

Il existait dans la fente m n, qui unit les deux fils longitudinaux, un mastic dont l'adhérence à la pierre n'était pas très-considérable; il n'avait éprouvé aucune dégradation. Ce môme ciment régnait sur le pourtour des deux mortaises creusées en m et en n. Ces cavités étaient remplies d'une poussière jaunâtre mêlée de sable et de limon, elle provenait des débris des queues d'arondes en bois qu'on y avait encastrées, pour s'opposer à l'écartement qu'eût pu occasionner la fissure. Nous acquîmes ainsi la certitude que c'était un défaut de la pierre, aussi ancien que le monolithe dont l'antiquité est attestée par les nom et prénoms de Ramsès sculptés sous la base.

Les Egyptiens employaient fréquemment ce genre de liaison; un grand nombre de dalles qui recouvrent les temples de Luxor et de Karnac, sont unies deux à deux par le même moyen. Les dés des piédestaux portent des entailles semblables et remplies avec des clefs en granit, elles servaient à fixer le placage dont ils étaient revêtus. On remarque aussi sur leur plan supérieur des rainures A', B', C', D'. Celle qui est creusée dans le bloc oriental en A', a particulièrement fixé mon attention.

Elle est demi-circulaire et son axe coïncide avec l'arête inférieure du monolithe. Comme l'érection de ce monument a précédé celle de l'obélisque occidental, il a été possible de le conduire des bords du fleuve jusqu'au sommet du piédestal, de manière à faire joindre ces deux lignes. Cette circonstance permet de croire crue la rainure dont nous venons de parler, a été pratiquée dans le but d'y loger un cylindre destiné à servir d'axe de rotation, lorsqu'on a dressé la pyramide sur sa base. Il serait assez singulier qu'à plus de trente siècles de distance, on eût opéré de la même manière pour déplacer ces masses.

Le succès qui venait de couronner nos premiers efforts avait été acheté par bien de fatigues, de soins, de combinaisons, et cependant les opérations ultérieures offraient peut-être plus de difficultés encore, en raison de l'exiguïté de nos moyens. On n'imagine pas ce que coûte de peines, un travail exécuté dans un pays où l'on ne trouve aucune ressource matérielle.

Avant de procéder à la seconde rotation qui devait abaisser l'obélisque sur le chemin de hallage, il était indispensable de préparer une charpente en bois pour le recevoir; sans cette précaution, il eût été impossible de le faire glisser sur un sol sablonneux et fraîchement remué. Ici nous manquions de matériaux nécessaires à la construction d'une cale, qui, partant du rouleau, aurait abouti à l'avant du navire. La plate-forme d'appui NN avait absorbé la majeure partie de nos bois, bien qu'on y eût employé des palmiers sur tous les points qui n'exigeaient ni clouage ni chevillage; son premier plan était entièrement composé, avec des tronçons de cet arbre mou, sans résistance et propre seulement à servir de fourrures. Nous n'avions pas encore reçu de réponse aux demandes de plançons adressées à Alexandrie, en juillet, et renouvelées en août et septembre; attendre plus longtemps, c'était perdre des moments précieux; plus tard les vents du sud ne permettant pas de travailler, l'inondation nous eût atteints avant l'embarquement du monolithe. Ces considérations étaient déterminantes, il fallait avec le reste de notre approvisionnement, qui se réduisait à quelques bouts de bordages et à six solives, de 0m,18 à 0m,20 d'équarrissage sur 7 mètres de longueur, combiner un système qui pût servir à transporter le monolithe à une distance d'environ 400 mètres.

Cette cale de 21 mètres de longueur était divisée en trois parties susceptibles de se démonter. Chacune de ces parties, que nous appellerons tablier, se composait de deux longrines parallèles; elles reposaient sur un plancher formé par des bouts de bordages placés en travers et cloués sous leurs faces inférieures. Ces tabliers, mis bout à bout, étaient liés entre eux par des flasques T'T boulonnées aux deux extrémités, qui permettaient, de les déplacer et de porter le tablier de l'arrière à l'avant.

Le peu d'espace qu'occupait cette charpente sur un sol mouvant, le faible échantillon des pièces principales, le vide de 0,15, laissé entre deux bordages consécutifs, afin d'économiser le bois, tout concourait à en diminuer la solidité. En un mot, elle n'offrait pas le degré de résistance nécessaire pour supporter un si grand fardeau. On devait donc s'attendre à des avaries majeures dont il fallait subir toutes les conséquences.[1] Ce travail terminé, non sans quelques difficultés, la cale installée en UT', le maître charpentier vint me prévenir que tous les matériaux étaient épuisés.

« Il ne me reste plus rien, me dit-il, pas même un morceau de bois pour faire des languettes ou des taquets dont nous aurons probablement besoin pendant l'opération. Si, comme vous l'appréhendez, les tabliers viennent à se briser, je me trouverai dans l'impossibilité de les réparer.»

-1- Ce sont ces considérations qui m'avaient déterminé à n'envoyer le rapport relatif à l'abattage, qu'après l'entier achèvement de cette dernière opération, dont la réussite était au moins fort douteuse.

Ces observations étaient parfaitement justes, mais avant de s'occuper de l'avenir, il fallait pourvoir aux nécessités impérieuses du présent, du moins autant que nos ressources le permettaient.

Deuxième rotation de l'obélisque

Nous avons laissé l'obélisque dans la position XY, planche II, indiquons maintenant la manière dont il fut placé sur le chemin de hallage.

Le centre de gravité de la masse se trouvant un peu sur l'avant du rouleau, le monolithe, abandonné à son propre poids, devait basculer de lui-même autour de cet axe; mais dans cette rotation comme dans la première, il était urgent de modérer à volonté la vitesse afin de prévenir une secousse, au moment de l'arrivée du fardeau sur la cale.

L'appareil primitif, arrêté dans son mouvement par le mur en briques UP, ne pouvait plus servir à cet usage. La manœuvre exigeait qu'on détachât de la pyramide les cordages, qui liaient son sommet à la moise du chevalet. Ce travail terminé, les mêmes câbles furent employés à tenir le système de mâture dans une position verticale. Dans le même temps, on avait installé deux palans de retenue dont les poulies étaient attachées, d'un côté aux extrémités des deux bigues les plus rapprochées du monolithe, et de l'autre à la pointe de l'aiguille. Les chefs de ces apparaux venaient s'enrouler chacun par un double tour sur le cylindre fixe MM, et aboutissaient ensuite aux mains de deux marins qui devaient les filer peu à peu.

Ce premier point arrêté, une difficulté restait h. résoudre. Le monolithe, retenu par des moufles dont les cordons tiraient son sommet sous un angle aigu, tendait à reculer vers l'est. Afin d'éviter qu'il ne glissât dans cette direction, au moment où le tourillon sortirait de son encastrement, on bâtit sur le piédestal même un bloc de maçonnerie en terre. La face de ce mur du côté de l'excavation était garnie de trois pièces circulaires dont le rayon était mesuré par la distance comprise, entre le rouleau U et une traverse arrondie et fixée sur le milieu de la base au moyen d'étriers en fer.

Tous ces préparatifs étant achevés, la rotation s'opère, on voit le tourillon s'élever peu à peu et sortir de la charnière. Pendant le mouvement, la bille en sap pressée par le poids de la masse se comprime et pénètre dans le mur en briques. Par suite de ce tassement, le monolithe commence à porter sur l'extrémité des tabliers. A partir de cet instant, les longrines plient, s'enfoncent dans le sable, affectent une courbure dont la convexité est tournée vers le ciel; l'obélisque tourne successivement autour d'un axe qui se rapproche du pyramidion et finit par atteindre le pied de la verticale du centre de gravité. Dans cette position, il est en équilibre sur un plan incliné en sens inverse du chemin de hallage.

On fait descendre du sommet des bigues quatre nouveaux palans, qui viennent saisir le pied de la pyramide. Les chefs de ces apparaux sont garnis à de petits cabestans armés chacun de huit hommes.

Sollicité par l'action de ces moteurs qui tendent à soulever la base, le monolithe s'incline de nouveau; alors des craquements se font entendre dans les diverses parties de la cale, et bientôt tous nos efforts sont insuffisants pour l'abaisser au point où on voulait l'amener, c'est-à-dire, à faire poser les traverses du revêtement sur le chemin, qui a pris une contre-pente dans la partie occupée par les deux premiers tabliers, planche II.

Arrivé là, l'obélisque ne portant sur le sol que par quelques points, tendait à se briser en vertu de son propre poids; il était urgent de prendre des mesures pour le retirer de l'excavation et le placer le plus tôt possible sur les tabliers. A cet effet, on détacha le câble d'abattage qui fut passé en ceinture autour du revêtement; un palonnier fixé à ses deux extrémités portait les poulies mobiles de quatre moufles dont les poulies fixes étaient frappées du côté de la plage en Z. Les chefs de ces palans venaient s'enrouler à autant de cabestans mus chacun par quarante-huit hommes.

Le 16 novembre, l'appareil est mis en jeu ainsi que les quatre moufles qui sollicitent la base. Tous les regards sont fixés sur l'obélisque qui reste immobile sous cette énorme traction. On excite les hommes à pousser avec plus de vigueur sur les barres, on les anime par un houra. A ce signal, les poulies crient ou en style de marine, chantent; le filin se tend à outrance, et bientôt la manœuvre est interrompue par la rupture de deux apparaux.

C'était une perte irréparable dans cette circonstance. Le monolithe avait à parcourir une distance de 400 mètres environ, et dès le début, sans avoir pu gagner un centimètre de terrain, nous perdions une partie des engins qui nous étaient indispensables pour le conduire à sa destination.

L'effort transmis au monument par l'action simultanée du système, était double de celui sous lequel il aurait dû céder; la résistance qu'il opposait au mouvement de progression, provenait donc de quelque arrêt rencontré par le revêtement sur la charpente de la cale. Dans l'état actuel, cette cale n'était accessible par aucun point, elle était entièrement enfouie dans le sable, entre deux monticules de décombres qui permettaient à peine de circuler autour du monolithe. Il n'existait d'autre moyen pour la visiter, que d'enlever le tronçon de mâture, et ce moyen offrait l'inconvénient d'ouvrir une issue à des sables fortement comprimés par le poids de la masse. Il pouvait en résulter un éboulement, qui aurait entraîné de graves accidents.

Le tronçon de mâture avait pénétré de 45 centimètres dans l'épaisseur du mur. Il avait contracté une telle adhérence avec les briques, qu'on fut forcé d'employer le ciseau de charpentier pour le dégager. La terre sautait par petits morceaux sous l'outil de l'ouvrier, comme s'il eût travaillé sur du chêne dur et noueux. C'étaient de véritables copeaux terreux dont la température, résultant de l'énorme pression qu'ils avaient éprouvée, était assez élevée pour ne pas permettre de les saisir avec la main.

Le tronçon enlevé, ma surprise fut extrême, en voyant que toutes les couches annuaires du bois s'étaient détachées les unes des autres: il ressemblait à un tuyau de longue vue.

Apollinaire Lebas

Quoique préparé d'avance à des avaries, je fus un peu déconcerté, à la vue du bouleversement général qui s'était opéré et dans le sol et dans la charpente.

On peut dire que les plus grandes difficultés nous attendaient au terme de l'abattage, et que pour nous l'écueil était au port.

Le premier tablier avait pris une inclinaison transversale; les longrines et le plancher s'étaient brisés en deux parties; les fragments des bordages, toujours fixés sous les longrines et soulevés au milieu par le sable, venaient arc-bouter contre les traverses saillantes du revêtement; ils opposaient ainsi au mouvement de translation du fardeau une résistance insurmontable. Mon premier soin fut de faire retirer peu à peu et avec beaucoup de ménagement tout le sable qui se trouvait sous le plancher, planche H, figure 5. Pendant qu'on procédait avec une sage lenteur à ce déblai, qui ne pouvait s'effectuer que par l'ouverture pratiquée pour l'extraction du tronçon de mâture, deux charpentiers étaient occupés à tailler des barres de cabestans en forme de coin. C'est à l'aide de ces madriers, enfoncés à coups de masse entre l'enveloppe et les fragments du plancher, que l'on parvint à rabaisser les bordages au dessous ries traverses. A la puissance des cabestans, on ajouta l'action de dix vérins établis sous le pied de la pyramide; ils secondaient les efforts des moteurs par la poussée verticale de leurs vis. Ces préparatifs terminés, on procède à la manœuvre. Elle était d'autant plus importante que nous avions mis toutes voiles dehors; il fallait réussir, et pour cela agir vite, promptement et avec ensemble; plus on tardait, plus la tâche devenait difficile.

Au commandement vire partout, les apparaux de tête et du pied, ainsi que les vérins sont simultanément mis enjeu; cinq minutes après, les cordons ont acquis le degré de tension qu'on ne saurait dépasser sans courir le risque de faire des avaries. Il était temps d'arrêter les hommes, le signal allait être donné, quand, à ma grande satisfaction, je vois la pyramide s'ébranler et faire un saut brusque d'un mètre de longueur; toutes les parties de la cale sont de nouveau bouleversées; il faut retirer le sable qui s'était accumulé sous les bordages, enfoncer d'autres coins pour les rabaisser, recommencer enfin le même travail.

A chaque mouvement de progression les mêmes obstacles se représentent et se compliquent d'un nouvel incident; l'obélisque se jette à droite à cause de la pente transversale qu'a prise le terrain.

Avant de remédier à cet inconvénient, il était beaucoup plus urgent de faire franchir au monolithe ce passage difficile et dangereux; l'opération continue, et après des efforts extraordinaires pendant toute la journée, nous parvenons enfin à l'asseoir sur ses tabliers, à le retirer entièrement de l'excavation.

Les trois tabliers se trouvant engagés, le hallage fut forcément suspendu en attendant qu'on pût se procurer les matériaux nécessaires à la construction du quatrième.

On les trouva dans les bois provenant de la démolition du chevalet des bignes, qui n'était plus d'aucune utilité. Les deux moises supérieures servirent de longrines à ce tablier, il fut réuni à celui de l'avant par le moyen indiqué ci-dessus.

On procéda ensuite au transport du monolithe par glissement, à l'aide de quatre moufles garnis à autant de cabestans. Le moment était venu d'aviser aux moyens de le redresser, de faire coïncider son axe avec celui du chemin dont il avait sensiblement dévié. On atteignit ce but au moyen de quelques épontilles placées en pointe sur les faces du revêtement. Ces madriers, suivant leur position, forçaient la masse à se mouvoir de gauche à droite et réciproquement, et à tourner sur son centre de gravité pendant qu'elle avançait vers le rivage.

Ces difficultés vaincues, le reste n'est plus qu'une affaire de patience et de temps.

L'opération sera longue, pénible; d'autant plus longue et plus pénible crue nous faisons glisser le monolithe sur une faible charpente, posée sur un sol qui tasse inégalement; qu'à chaque mouvement de progression, il sera nécessaire de disposer les épontilles directrices; que de sept en sept mètres, nous serons forcés de rapporter le tablier de l'arrière à l'avant et de raffermir le terrain; qu'enfin il faudra déplacer plusieurs fois les cabestans et les points d'appui des caliornes. Toutefois nos premiers essais nous donnent à peu près la certitude de conduire l'obélisque jusqu'au navire; nous allons donc nous occuper des travaux préparatoires qu'exige son introduction dans la cale du Luxor.

Le bâtiment avait été échoué dans l'alignement des deux obélisques, il présentait sa proue du côté du monolithe qu'on voulait embarquer (voir planche V).

Le dessus des carlingues LLL qui devaient le supporter, formait le plongement du plan supérieur de la cale de glissement. Cela posé, au premier abord rien n'était plus facile que de se créer dans l'avant du navire une ouverture de grandeur suffisante, pour le passage de l'obélisque; mais la reconstruction de cette charpente aurait exigé beaucoup de main-d'œuvre et une grande quantité de bois tors dont nous manquions complètement; on n'avait pu retirer de la plate-forme d'appui que douze allonges abîmées par des trous de chevilles. Ces matériaux et les débris des tabliers, c'est-à-dire huit solives de 0,18 d'équarrissage sur 7 mètres de longueur, composaient toutes nos ressources en bois de construction. Le personnel en charpentier se réduisait à cinq hommes valides. Avec ces éléments, il fallait terminer avant la crue une opération aussi heureusement commencée.
Au lieu de démolir l'avant du navire, on le détacha de la masse par un trait de scie, donné à peu près par le travers du mât de misaine; cette tranche, conservée en son entier, fut soulevée au moyen de deux bigues mâtées en croix de Saint-André, et placée à gauche du chemin.

Pendant qu'on s'occupait de ces travaux, l'obélisque continuait à marcher.

Après avoir parcouru une distance d'environ 400 mètres, il présentait son pyramidion à la section faite dans le bâtiment. C'est alors qu'on réunit le tablier de l'avant avec les deux carlingues

L,L, de manière à former avec les longrines de la cale un plan continu. On procéda ensuite à l'installation des apparaux qui devaient haler l'obélisque à bord du Luxor.

Disposition des apparaux et embarquement du monolithe. Planche V.

Deux ancres sont mouillées en arrière du bâtiment et placées symétriquement de chaque côté de son axe longitudinal. A leurs organeaux, ou boucles, sont amarrés deux bouts de chaîne. Les chaînes passent par des trous pratiqués dans la carène et viennent saisir dans l'intérieur un rouleau RR, il porte les poulies fixes de quatre moufles dont les poulies mobiles sont aiguilletées sur un palonnier attaché aux deux extrémités de la ceinture en corde de l'obélisque. Les chefs de ces apparaux sont garnis à autant de cabestans mus chacun par quarante -huit hommes. Le mur en briques adossé contre l'étambot est destiné à empêcher les chaînes de raguer sur le navire, et à maintenir le système de retenue, dans le cas où les ancres céderaient sous l'effort de traction.

Tout étant ainsi disposé, le 19 décembre 1831, on vira aux cabestans, et, en moins de deux heures, l'obélisque fut embarqué à bord de l'allège le Luxor.

Il me serait difficile de peindre la joie, la satisfaction des ouvriers et marins.

Ce succès si ardemment désiré nous dédommagea en partie de nos peines, et lit oublier que nous approchions de la saison, où les vents du sud rendent insupportable le séjour de l'Egypte.

Quoique prévenu d'avance du jour où l'embarquement aurait lieu, le gouverneur du Saïd supposa qu'en arrivant à Luxor le lendemain au lever du soleil, il serait encore témoin d'une opération qui devait exiger plusieurs jours de travail.

Grande fut sa surprise lorsqu'il vit que l'obélisque avait disparu de la plage. « Je ne croyais pas, disait-il, qu'il fût possible de transporter à bord d'un bâtiment un fardeau aussi considérable.

Cette entreprise me paraissait inexécutable, et je puis vous assurer que je n'étais pas seul en Egypte de cet avis. »

Le 25 décembre la tranche est replacée, les deux sections se raccordent parfaitement. La trace du trait de scie est à peine visible, et le navire paraît rétabli dans son état primitif. Les Turcs et les Arabes ne peuvent concevoir un changement aussi subit. Ils regardent tour à tour le bateau et la place qu'occupait le monolithe. Ils doutent de ce qu'ils ont vu la veille; ils ne s'en rapportent plus à leur souvenir et veulent en constater la réalité en vérifiant si l'obélisque se trouve effectivement à bord du navire. Convaincus enfin par le témoignage de leurs propres yeux, ils attribuent ces résultats à l'intervention des démons.

Quant à l'allège le Luxor, il n'éprouva aucune déliaison sensible par suite de l'embarquement de l'obélisque. Je dois attribuer ce résultat important à un chemin de 8 mètres de long construit sur l'avant de la section, avec des pierres et du limon du fleuve. Ce bout d'avant-cale n'ayant pas cédé sous le poids du fardeau a parfaitement garanti l'extrémité du navire. Il nous a été en outre d'un grand secours pour maintenir la pyramide dans l'axe du bâtiment.

Après quatre mois et demi de veilles, de craintes, d'angoisses, le problème était résolu. Il avait fallu pour cela remuer plus de 90000 m. c. de sables, trancher deux monticules de décombres, abattre trente maisons, en bâtir plusieurs sur la toiture du temple, construire enfin tous les emménagements nécessaires à l'existence de cent quarante hommes, et tout cela dans un pays qui n'offrait aucune ressource, au milieu des sables du désert, parmi des tourbillons de poussière brûlante, et sous un soleil qui faisait monter le thermomètre Réaumur jusqu'à 50 degrés.

Une seule chose restait à faire, c'était de lier la tranche rapportée avec le corps du bâtiment. A cet effet, on délivra tant à l'extérieur qu'à l'intérieur les bordages de rang pair qu'on remplaça par d'autres, dont le milieu correspondait au trait de scie. Après cette réparation, le navire se trouvait à peu près dans le même état qu'à son départ de Toulon. Cependant, on jugea convenable pour plus de sécurité, de placer dans l'intérieur de la cale quelques guirlandes, d'écarter les trois carlingues avec des pièces longitudinales qui se prolongeaient sur l'avant.

On employa à ce travail les mômes morceaux de bois qui avaient déjà servi à l'abattage et à l'embarquement de l'obélisque. Ces débris qui, par leur dimension et leur dégradation auraient été mis au rebut dans un arsenal, semblaient insuffisants pour le radoub. Mais le maître charpentier Elies habitué depuis notre séjour à Thèbes, à tirer parti de tout, à suppléer aux manques de ressources matérielles par des ressources d'ingéniosité, parvint, en faisant dévirer ces pièces sous l'angle de moindre déchet, à en retirer le nombre de bordages dont nous avions besoin.

Ce dernier travail, vu le petit nombre d'ouvriers, ne pouvait s'exécuter que lentement, et n'exigeait pas par sa nature ma présence continuelle. Plein de confiance, d'ailleurs, dans le maître charpentier, rassuré sur l'exécution exacte de mes indications, après avoir donné des instructions détaillées et mis l'ouvrage en train je me déterminai, suivant l'invitation de Schérif-bey, à visiter la partie de la Haute-Egypte située au sud de Luxor; le pacha était dans l'intention de canaliser cette province.

Jusqu'à ce moment, je n'avais eu que très-peu de temps à donner aux recherches scientifiques et à l'examen des antiquités. Ce n'est, pour ainsi dire, qu'en courant et par intervalles, que je mettais occupé des objets en dehors de ma mission, d'ailleurs cette tâche avait été remplie par les savants qui ont accompagné Bonaparte dans sa brillante expédition. Les mémoires qui composent le grand ouvrage publié sur cette campagne réunissent les documents les plus précieux sur l'Egypte, depuis Alexandrie jusqu'à la première cataracte, où s'arrêta l'armée française. Le pays supérieur est moins connu, et rassuré par le résultat de mes travaux, j'ai pu examiner avec plus de soin et d'attention les monuments qui se trouvent dans cette province. Sans prétendre en donner une description complète, j'ai réuni quelques indications pour que le lecteur puisse s'en former une idée.

DEUXIEME PARTIE

Excursion en nubie.

CHAPITRE PREMIER

Esné.— Cérémonies funèbres.— Tombeaux antiques à El-Kab.— Gaieté et insouciance de l'Arabe. —Temple d'Edfou.—Voleurs de nuit.—Djebel Selséleh —Koum-Ombou.—Assouan.—L'Arabe Bacara. — Sagacité des Arabes. — Mosquée du Santon. — La Cataracte. —Philoe. — Temple de Kircheh. — Sebou. — Amada. — Derr. — Ibrim. — Trombes de sable. — La caravane dans le désert. — Ebsamboul. — Statues gigantesques des Rhamsès. — Meharraqah..— Deqqeh. — Dendour. — Qalabchch. — Teffa. — Kardasch. — Debout. — Retour à Philoe; à Luxor.

Je m'embarquai avec mon domestique sur une cange du pays armée de cinq Arabes, et après avoir jeté un dernier coup d'œil sur le Luxor, nous appareillâmes le 9 janvier 1832. Les matelots, en poussant la cange au large, entonnèrent leur chanson favorite, habouzalé, habouzelphi. La grande voile fut amurée, et une brise favorable nous fit doubler en quelques heures 1 île si riche en végétation située en face du sanctuaire du temple; le lendemain, à deux heures, nous admirions le superbe portique d'Esné,[1] composé de dix-huit colonnes à chapiteaux évasés et variés par les ornements qui y sont sculptés avec un goût et un soin extrêmes: ce sont des feuilles et des tiges de jonc, des branches, des feuilles de palmier et des régimes de son fruit, des feuilles, des boutons, des calices de lotus, des pampres de vignes, etc., etc. Ce portique, si richement et si élégamment orné, rappelle les pompeuses descriptions du temple de Salomon. Les colonnes ont 5,23 de diamètre. C'est là tout ce qui reste d'un temple immense dont les ruines précieuses servent de magasin aux Turcs. Dès mon arrivée, je me rendis chez le mamour[2] pour lui remettre une lettre de recommandation de Schérif-bey. Plusieurs officiers du Luxor avaient, lors de leur voyage en Nubie, éprouvé quelques difficultés pour traverser la première cataracte. Le mamour me reçut avec distinction, et me complimenta sur l'heureuse issue de nos travaux. Je ne savais pas assez d'arabe pour soutenir une conversation sur tout autre sujet, et le drogman du mamour, quoiqu'ancien employé de la maison du roi Murât, n'entendait pas un mot de français. Mon domestique voyant mon embarras, me rappela qu'il gazouillait l'italien, et qu'il pourrait à la rigueur me servir d'interprète. Je mis aussitôt son talent à l'épreuve. Malheureusement il parlait le mauvais patois de Gènes, à peu près inintelligible pour le drogman. Souvent les gestes venaient au secours des paroles, ce qui amusait beaucoup le mamour. L'idée de gaieté était tellement associée avec celle de Français dans son esprit, qu'il terminait toutes ses phrases par un éclat de rire. Du reste, il m'accabla de politesses et de témoignages d'amitié. En me remettant un ordre pour le nazher de Syene, il me dit: « Avec ceci, on te fera remonter o la cataracte plus vite

-1- Bourg situé sur la rive du Nil, à quinze lieues environ de Thèbes, et bâti sur l'emplacement de l'ancienne Latopolis.
-2- Le préfet de la province.

que l'eau ne la descend. »

Après cette entrevue, je me dirigeai vers une maison d'où j'entendais sortir des plaintes et des gémissements. Je reconnus les mêmes cris que j'avais si souvent entendu répéter à Luxor pendant le choléra. Désirant observer avec plus d'attention les cérémonies funèbres du pays, j'examinai sur la porte les personnes qui entouraient le corps d'un mort; une femme, les cheveux épars, le sein couvert de cendres, roulant ses grands yeux noirs, frappait l'air cle ses cris; son âme tout entière semblait s'exhaler en longs et douloureux gémissements, et d'une voix qu'entrecoupaient les sanglots, elle adressait les paroles d'usage au défunt:

« Cher et malheureux fils, que t'ai-je fait? Pourquoi nous quitter? N'avais-tu pas de quoi manger? Trouvais-tu l'eau du Nil trop chaude? N'avais-je pas chaque jour le soin de la faire rafraîchir? Que dirai-je à la jeune fille que tu devais épouser ?»

Ces interpellations durent ordinairement depuis le décès jusqu'au moment de l'inhumation. Peu de temps après, le convoi se mit en route: le cadavre était porté sur deux palmiers par quatre hommes; il était précédé et suivi par les prêtres, parents et amis; venaient ensuite les femmes, couvertes chacune d'un grand mouchoir de coton. Les prêtres psalmodiaient un cantique, et les femmes répondaient à chaque verset par des sons douloureux. Elles agitaient le corps de haut en bas, et tendaient les mains vers le corps; c'est le signe dont on se sert pour appeler quelqu'un.

Arrivés à la mosquée, les hommes entrent dans l'intérieur et y déposent le mort. On adresse des prières à Mahomet; pendant ce temps, les femmes dansent en dehors, passent et repassent les unes à côté des autres en se croisant. La plus proche parente se fait remarquer par des mouvements plus prononcés et des gestes plus énergiques; elle lève les bras au ciel, les agite avec force en donnant un mouvement à la main; quelques-unes restent immobiles accroupies contre les murs. Le cortège se remet ensuite en marche, se dirigeant vers le cimetière, où le mort est déposé dans le sable. Là se renouvelle la scène des cris et des interpellations dont j'avais été témoin avant le départ de la maison.

Je quittai Esné, l'ancienne Latopolis, où l'on voit encore les débris d'un ancien port et un quai en ruines. Je parcourus les bords du Nil, m'arrêtant à tous les temples élevés sur les deux rives. Arrivé à six lieues de cette ville, un matelot m'offrit de me conduire dans des tombeaux creusés dans le rocher. Je me mis immédiatement en route avec mon guide; il me lit traverser, après une heure et demie de marche, un vaste cimetière antique situé dans une plaine non loin d'un village qu'il appelait Heins, en prononçant fortement Y h aspirée. Ce cimetière, à peu près de forme rectangulaire, est entouré de murs en briques de très-grande dimension; on y entrait par deux ouvertures orientées est et ouest; de nombreuses excavations indiquent qu'on avait violé plusieurs fois cet asile des morts. Bientôt, nous atteignîmes une montagne dans laquelle on avait creusé des caveaux semblables à ceux que j'avais examinés dans la nécropolis de Thèbes. (Je me trouvais,
sans le savoir, dans les grottes d'Elethia.) La plupart de ces monuments sont précédés d'une pièce dont la partie supérieure est en voûte demi-cylindrique. Le pourtour est couvert de tableaux fort remarquables par la nature des objets qu'ils représentent; dans le dernier que je visitai, on voit la série des différentes opérations agricoles. Des hommes coupent le blé avec une serpette à peu près semblable à celle dont on se sert dans nos campagnes; deux autres forment les épis en faisceaux, et les remettent à un troisième qui lie la gerbe; un quatrième la transporte dans un manège où des bœufs la foulent; deux paysans suivent les animaux qui tournent en cercle, l'un les fouette et l'autre balaye; viennent ensuite ceux qui ventent le blé à la manière usitée dans le midi de la France;[3] le grain dépouillé est porté dans des sacs ou de grands paniers soutenus par deux longues perches. Il est versé dans des mesures et mis en tas devant le préposé public.

On trouve à la suite de ces tableaux le procédé suivi pour la récolte du lin. Là, on arrache la plante; ici, on forme la gerbe;

-3- Quand les gerbes ont été broyées par les pieds des chevaux, des hommes jettent en l'air tout ce qu'ils peuvent ramasser avec une fourche; le vent emporte la paille et le grain reste à terre. Cette opération s'appelle venter le blé.

à droite, on la réunit en faisceaux, on la porte ensuite auprès d'une machine destinée à égrainer. La forme de cet engin diffère peu de celle d'un A renversé, il est soutenu vers le milieu par un croissant. A l'extrémité de la branche supérieure, se trouve un crible ou peigne dans lequel on place les tiges de la gerbe. L'ouvrier tire à lui le faisceau de lin, en posant un de ses pieds sur la branche horizontale de l'instrument, et le grain tombe à terre; auprès, se trouve un manœuvre ou domestique, muni d'un grand éventail qu'il agite pour rafraîchir l'eau contenue dans des vases posés sur des guéridons à jour, d'une forme très-élégante. Plus loin, des hommes qui labourent avec des bœufs; d'autres, qui sèment ou aplanissent le terrain, bêchent, etc.; puis, tous les animaux qui servent à l'agriculture; à côté, une grande quantité de poissons, le cuisinier qui les fait cuire sur le gril, les pécheurs qui tirent le filet, le saleur qui ouvre le poisson avec un couteau sur un banc incliné à l'horizon; des oies pendues à des crochets comme on le voit chez nos restaurateurs, des barques chargées de marchandises qui arrivent sur les bords du Nil. On procède au pesage, un commis enregistre les déclarations sur un calepin (les poids ont la forme d'un anneau); un fardeau tiré à terre, glisse sur des pièces de bois. Une circonstance particulière fixe l'attention sur ce dernier tableau; le conducteur, directeur ou ingénieur parait sortir de derrière la masse, effrayé sans doute par quelque fausse manœuvre, la figure décomposée, les deux bras levés en l'air, les cheveux hérissés, il semble adresser la parole aux travailleurs qui le regardent avec étonnement et mollissent la corde sur laquelle ils agissaient.

Après avoir passé six heures dans ce désert, ce fut avec un regret extrême qu'accablé par la chaleur et tourmenté par une soif ardente, je regagnai la cange, où les cris et la joie des matelots m'indiquèrent qu'ils avaient été fort inquiets de mon absence; l'Arabe aime à donner de ces sortes de témoignages d'attachement et de reconnaissance, et, pour moi, je ne les reçus jamais sans une émotion de plaisir. Je différai mon départ jusqu'au lendemain. Les matelots sautèrent aussitôt à terre, courant çà et là ramasser des broussailles, des morceaux de bois pour faire du feu; ils installèrent la marmite destinée à cuire les lentilles, seul aliment qu'ils mangent pendant la route, et dont la provision est bientôt épuisée, ce qui les réduit au pain de doura (c'est une graine semblable au millet). Tous les matelots, après s'être lavé les mains, s'accroupirent autour de l'unique et vaste plat de bois où l'on avait versé les lentilles, et chacun d'eux se servit à tour de rôle de sa main comme d'une cuillère. Ce repas ne dure ordinairement que sept à huit minutes. On se lave de nouveau les mains, et la pipe qui sert à tout l'équipage passe successivement de l'un à l'autre. Le mousse, pendant tout ce temps, s'occupe d'alimenter le feu, autour duquel les matelots viennent se grouper. C'est alors que commencent les contes, les chants et la danse. Le loustic raconte des histoires fort gaies qui excitent le rire des assistants; les récits du reïs sont graves et sur des matières plus sérieuses. En général, l'argent, le sultan, le tarbouche (bonnet rouge), jouent un très-grand rôle dans toutes les narrations. La matière épuisée, un matelot entonne une chanson à laquelle tous les autres répondent en chœur, en frappant des mains en cadence. Ces chants ressemblent beaucoup à nos chants d'église, le serpent est remplacé par le son grave qu'ils tirent de deux tuyaux de roseau, et par les vibrations d'une peau collée au pavillon d'un grand entonnoir en terre qu'ils tiennent sous le bras, et sur laquelle ils frappent avec les deux mains. Les Arabes s'animent de plus en plus, les chants redoublent, deviennent plus bruyants, et leur joie est à son comble au moment où le loustic appuyé sur un bâton et mordant sa chemise (seul vêtement dont les Arabes soient couverts), se montre au milieu du cercle; prenant des postures plus ou moins indécentes, il tourne, pirouette sur son bâton et égayé ses camarades par sa mimique grotesque. Ces scènes se renouvellent tous les jours au mouillage.

Ce soir-là, le souper des Arabes dura un peu plus longtemps. Je leur fis cadeau d'une partie de mes provisions, et, par extraordinaire, d'un verre de vin à chacun.

Vous eussiez vu en ce moment toutes ces faces rayonnantes de plaisir, témoigner par l'expression de leur physionomie, combien leur paraissait excellente la liqueur prohibée par le prophète. C'était un plaisir de voir toutes ces mâchoires en train, toutes ces mains en activité; et là, comme en tant d'autres circonstances, je pus remarquer avec quelle facilité l'Arabe oublie, dans quelques instants de plaisir, les peines et les fatigues de sa vie. Sous ce rapport, il y a en lui une analogie frappante avec notre caractère national, et ce n'est pas sans raison qu'on l'a nommé le Français de l'Orient. Le patron cependant demeura fidèle à la loi mahométane. Je fis cette observation à un matelot, qui, cachant le verre entre ses deux mains, répondit: « Le prophète ne me verra pas. » J'ajouterai, pour compléter sur ce point le tableau des habitudes du pays, que s'ils violent le précepte du Coran au sujet du vin, ils l'observent rigoureusement à l'égard de la prière.

Le lendemain, nous appareillâmes à trois heures du matin; je visitai le temple d'Edfou, précédé d'un pylône gigantesque, qui domine, comme une citadelle, la ville bâtie sur le versant de la montagne. L'intérieur de chacun de ces massifs renferme quatre étages de chambres; on y pénètre par un escalier tournant, à cage rectangulaire, dont le grand côté comprend huit marches et le plus petit cinq. Il y a quarante paliers. Le temple, quoique encombré de sables et entouré de constructions modernes, éclipse le village, les montagnes et tous les objets environnants ; il a plus de 170 mètres de longueur, et ce vaste édifice, construit avec des rochers, est couvert de sculptures au-dehors et au-dedans.

A peu de distance de son mur d'enceinte se trouve un autre temple en ruine, dont les détails sont encore très-intéressants. Une série de tableaux représente une femme assise qui allaite son enfant, depuis sa naissance jusqu'à l'époque de son sevrage. Dans l'avant-dernier tableau, il est debout et se lève sur la plante des pieds, pour prendre le sein de sa mère. A côté, ce même enfant qui vient d'être sevré, joue avec ses camarades, au milieu des sables. Toutes ces phases de l'existence sont parfaitement caractérisées.

Après avoir visité, en courant, ces ruines si riches et si imposantes, je me remis en route vers les cinq heures du soir. Au coucher du soleil, le vent tomba entièrement; nous nous arrêtâmes à trois lieues d'Edfou, auprès d'une sacki,[4] pour y passer la nuit. Je fus fort étonné d'y trouver un bateau en construction, si toutefois, l'on peut donner ce nom à une carcasse informe; c'était un

---

-4- Machine à godet pour puiser l'eau du fleuve.

assemblage de planches entaillées moitié par moitié et clouées entre elles obliquement, faisant à la fois fonction de bordage, de vaigrage, et de membrure; l'étambot était vertical et l'étrave avait un grand élancement; un oiseau très-grossièrement sculpté était perché sur le couronnement. L'intérieur seulement reçoit un calfatage avec du linge. C'est, en un mot, l'enfance de l'art.

La journée du 20 n'offrit rien de remarquable; le soir, comme nous étions mouillés sur un banc de sable, les cris aramè (au voleur), se firent entendre vers les deux heures après minuit. Mon domestique, jeune homme de dix-sept ans et d'une jolie figure, craignant de tomber entre les mains des Bédouins, et de subir un sort qu'il eût à juste titre considéré comme un supplice infamant,[5] frappait à coups redoublés à la porte de ma chambre. Je me lève précipitamment; je m'élance sur le pont armé de mon fusil, et j'apprends que nous sommes menacés d'une attaque de voleurs. Le reïs m'assure les avoir entendus, et m'engage à tirer des coups de fusil pour les effrayer. Sa crainte me parut chimérique; et, sur mon refus, il se jette à mes genoux et me demande avec instance des détonations et en grand nombre (kétir). Je cède à ses prières et le bruit le rassure.

Pour justifier sa peur, il me raconte que des voleurs nus, les membres huilés, des poignards attachés aux pieds et à toutes les jointures, s'introduisaient souvent pendant la nuit dans les barques et en emportaient tout ce qu'ils trouvaient: excellents nageurs, si on tire sur eux ils plongent tout à coup, et restent au besoin fort longtemps sous l'eau, en sorte qu'il est impossible de suivre leur direction. Cette manière de voler m'a été confirmée par plusieurs personnes, notamment par M. Linant,[6] qui fut surpris par une bande de ces hardis voleurs.

-5- Déjà ce jeune homme avait été, de la part du mamour d'Esné, lors de notre entrevue, l'objet d'attentions toutes particulières. Je ne cite ce fait que parce qu'il conduit à une observation de mœurs malheureusement trop exacte pour les Orientaux, à savoir que chez les Turcs, ce genre de favoritisme est souvent le moyen par lequel beaucoup de jeunes gens parviennent à de hautes positions.

-6- Ingénieur des ponts et chaussées de la Haute-Egypte. Cette qualification surprendra peut-être dans un pays qui est encore complètement dépourvu de routes et de ponts, mais au moins cela témoigne du bon vouloir de Méhémet.

La double chaîne des montagnes lybique et arabique qui forment, à droite et à gauche, l'encaissement du Nil, se rapproche de plus en plus du fleuve, à mesure que l'on remonte son cours, et vient aboutir sur ses rives aux carrières de Djebel-Selséleh, où nous abordâmes le 21 janvier. Ces carrières sont à ciel ouvert; on y remarque de vastes excavations dont les parois sont taillées à pic, quelquefois en gradins d'escaliers; dans certains endroits, la montagne est creusée en forme de grottes souterraines. L'entrée et l'intérieur sont décorés de portiques, colonnes, entablements, exécutés avec beaucoup de soin et couverts d'hiéroglyphes: on y a même marqué les assises de pierres dont ils devraient se composer, s'ils n'étaient pas pris dans la masse. L'exploitation m'en parut calculée et suivie avec art et méthode. On trouve des traces de sonde sur divers points; quelques parties défectueuses du rocher, et sur lesquelles on avait commencé à travailler, paraissent avoir été abandonnées avant l'achèvement des travaux; vraisemblablement, parce qu'on n'aurait pas pu en tirer des blocs aussi considérables que ceux qu'employaient habituellement les Egyptiens. Tout prouve, enfin, le soin et l'habileté de recherches qu'ils apportaient dans le choix des couches à exploiter. La quantité de matériaux qu'on en a extraite est immense. Ce sont ces énormes cavités qui renfermaient jadis dans leur sein les temples, les palais, les colonnes qui couvrent toute la Basse-Egypte.

La position de cette carrière est admirable: deux montagnes d'un grès solide, parfaitement résistant, se réunissent au même point sur les bords d'un grand fleuve, et semblent avoir été placées là, précisément à côté des moyens de transport, pour inspirer à un peuple laborieux, ce goût du grandiose qu'il a poussé jusqu'à la sublimité. Entre Djebel-Selséleh et Assouan (Syene), se trouve le temple de Koum-Ombou, consacré au crocodile. C'est un vaste édifice dont une partie a été démolie par le fleuve, qui en a miné les fondations. La façade du grand portique est parfaitement conservée, et présente une particularité remarquable dans sa construction.

Elle est formée par cinq colonnes; en sorte que l'axe vertical delà façade coïncide avec celui de la colonne du centre; cette circonstance a obligé l'architecte de mettre deux portes sans sommier au lieu d'une seule, comme on le remarque dans tous les édifices de même genre. Les couleurs de la corniche sont encore d'une fraîcheur admirable. L'architecture de ce monument, ces colonnes à chapiteaux évasés, leurs hautes proportions, leur magnificence, présentent un spectacle vraiment théâtral. Il faut observer que ce temple est, relativement à la plupart des monuments égyptiens, de construction moderne: il fut élevé du temps des Ptolémées; ce qui explique peut-être la singularité de son portique. Au reste, là comme ailleurs, le plan d'ensemble des édifices modernes paraît mieux conçu que ceux des anciens; mais les hiéroglyphes sont bien loin de soutenir la comparaison sous le rapport de l'art; et quant aux proportions des matériaux, on voit que déjà elles commencent à se réduire.

Jusque-là le fond du Nil est limoneux; mais en approchant d'Assouan, on aperçoit quelques masses noires qui surgissent du milieu du fleuve. Ce sont des rochers de granit poli par le courant, qui deviennent plus nombreux et plus considérables à mesure qu'on découvre la ville. A notre arrivée, deux canges arborèrent le pavillon turc, et nous saluèrent par des coups de fusil auxquels nous répondîmes. Je reconnus la barque de M. Linant et celle de m. Botta, médecin de son altesse.

Ces messieurs, que j'avais vus au Caire, me comblèrent d'amitiés; un dîner servi à l'arabe fut immédiatement installé sur la cange de M. Linant. Bien que cette manière de manger ne soit pas fort agréable pour un Européen, j'étais tellement ennuyé de mon genre de vie, des œufs, du riz, et des éternelles dattes accommodées de cent façons par mon domestique, que je trouvai ce repas délicieux; mais ce qui en relevait pour moi le prix, c'était de me retrouver, après un long voyage, au milieu de quelques-uns de mes compatriotes. Par - delà la Thébaïde, à douze cents lieues de la France, nous étions heureux de nous retracer son souvenir, que rappelait plus manifestement encore le bruit joyeux de quelques bouteilles de Champagne. Parmi les convives se trouvait un des chefs des Arabes du Désert, nommé Bacara (providence), qui devait accompagner M. Linant dans ses recherches d'une mine d'or, qu'on disait exister vers les bords de la mer Rouge.

Cet homme, d'une taille avantageuse, robuste, ayant une très-belle figure de noir, une expression de physionomie spirituelle, le chef couvert d'un turban blanc, de même couleur que sa tunique, m'examinait avec beaucoup d'attention. M. Linant le plaisantant sur ses observations, lui dit en riant: « Ce petit homme est l'ingénieur de l'obélisque. »

A- ces mots, l'étonnement, la surprise, se peignent sur sa figure. Il se lève, vient s'asseoir à côté de moi, me touche la main, me demande et écoute avec le plus vif intérêt le détail des moyens employés pour abattre et embarquer ce monolithe.

« C'est une opération incroyable! Tu devrais faire un voyage dans le Désert; je t'y» accompagnerais, et je puis t'assurer d'avance que tu ne manquerais de rien. » Je le remerciai de ses offres obligeantes, et, continuant à causer, je lui dis qu'un de nos hommes étant parti pour la chasse, n'avait plus reparu, et que l'on ignorait ce qu'il était devenu. « Dans le Désert, me dit-il, nous l'aurions facilement retrouvé; l'empreinte du pied sur le sable est pour nous un signe caractéristique et auquel on ne se trompe jamais. » Là-dessus il me raconta plusieurs anecdotes, entre autres la suivante:

« On avait volé à un Turc son sabre de parade. Les pieds du voleur étant empreints sur le sable, dès la sortie de la maison; ce signe fut suffisant pour faire reconnaître qu'il n'appartenait pas à l'oasis. De distance en distance, on recouvrit ces marques de vases en terre, afin de les garantir de la poussière qui les aurait fait disparaître. Comme nous les suivions attentivement, un des observateurs les plus exercés déclara que le voleur portait le sabre dans la main gauche à son départ, et que plus loin il l'avait passé dans sa droite; à quelque distance de là il s'écria: « Maintenant il n'a plus le sabre. » Un puits se trouvait à côté; on le fouilla et l'on trouva en effet l'arme dénonciatrice. Toujours observant avec la même méthode, on arriva à l'oasis dont il faisait partie; et les habitants, à la vue des traces, désignèrent sur-le-champ l'individu, qui fut arrêté. » Je témoignai à Bacara mon étonnement et mes doutes sur la vérité de cette histoire. « Gela t'étonne! Me dit-il; tu nous as cependant bien plus étonnés toi-même par tes grandes opérations. »

M. Linant confirma par un autre récit la sagacité des Arabes à reconnaître les hommes à l'empreinte du pied. Un jeune Arabe qui l'accompagnait dans le Désert lui demanda la permission d'aller voir sa mère. « Elle vient, dit-il, de passer par-là; je le vois à la marque de ses pas. » Il partit et revint trois jours après, annonçant que c'était en effet sa mère; il l'avait trouvée chez sa sœur, qui habitait cette oasis.

Quoi qu'il en soit de ces faits, il est constant que les Arabes, marchant toujours pieds nus, et sur un sable qui souvent est tendre et uni comme la neige, peuvent aisément reconnaître un individu d'après les traces qu'il laisse après lui. C'est une vérité si généralement répandue, que la plupart des voleurs, pour échapper aux poursuites, marchent à reculons, font des sauts à droite et à gauche, et cherchent par tous les moyens possibles à les effacer. Cette observation nous servit plus tard, à retourner sur un point du Désert que nous avions cherché vainement.

Bacara est un homme doué de beaucoup d'esprit naturel, d'une âme élevée et indépendante. Il est franc et peu flatteur envers les Turcs, ce qui lui avait attiré beaucoup de vexations et de tracasseries. Il se proposait, à son retour de la mer Rouge, de se présenter au pacha pour lui exposer plusieurs motifs de plainte contre les autorités du pays. Si l'Egypte possédait un grand nombre d'hommes semblables, on ne peut douter que sa régénération politique ne fût facile et prochaine.

Le lendemain de mon arrivée, je visitai les carrières de granit d'Assouan, et un cimetière antique, où chaque sépulture est indiquée par une dalle verticale couverte d'inscriptions. Cette carrière, située sur le bord oriental à un mille du fleuve, présente un aspect pittoresque; c'est un vaste désert, où surgissent de distance en distance des blocs de granit ayant des formes bizarres, quelquefois régulières, planes ou légèrement cylindriques. Les excavations sont remblayées par les sables apportés par le Kamsin (vent du Désert). La proximité de l'eau, la pente douce qui y conduit, devaient singulièrement aider, ainsi que je l'ai dit plus haut en parlant de la carrière de Djebel-Selséleh, au transport des blocs énormes qui ont servi à la construction des temples, des statues colossales et des obélisques. La nature semble, au reste, avoir accumulé ces matériaux dans la position et sous les conditions les plus favorables à leur exploitation.

La couleur rose du granit dont ils sont formés, et que parsèment des taches noires et blanches, donne des tons chauds et variés à la lumière réfléchie, et fournit au sculpteur le moyen de produire sur les figures, des effets de caractères plus vrais et plus expressifs; je ne parlerai pas du mode employé par les Egyptiens pour l'exploitation du granit. Leur procédé, dont il existe de nombreuses traces, a été décrit dans plusieurs ouvrages. Les entailles faites dans la masse, et destinées à recevoir les coins dont on se servait pour détacher les blocs, sont aussi fraîches que si elles avaient été exécutées de la veille; elles n'ont aucunement changé de couleur, et sont particulièrement remarquables par la vivacité des arêtes. Le rocher d'où on a extrait un colosse monolithe du poids de 800 tonneaux, est couvert de traits de ciseau obliques et tous parallèles, ils occupent une surface de plus de 70T.

Le fond de ces entailles est encore marqué par une ligne blanche, comme si la pointe de l'outil venait à peine d'y passer.

On trouve à Assouan un obélisque dont l'axe est incliné de 30° à l'horizon, et qui ne tient plus à la montagne que par le plan inférieur. L'ouvrier n'a enlevé du rocher que la portion de granit rigoureusement nécessaire pour travailler les faces verticales. Les coursives qui règnent autour du monument n'ont que 80 centimètres de largeur. Il paraît que ces monolithes, comme celui de Paris, n'étaient pas toujours exempts de défauts, aussi avait-on la précaution, comme on le remarque sur celui d'Assouan, de sonder toutes les faces où se manifestaient des fils, afin de s'assurer si les fentes se raccordaient ou pénétraient dans l'intérieur. Ces sondes étaient faites avec un outil analogue au trépan dont se servent les sculpteurs modernes. Plusieurs blocs portent des inscriptions hiéroglyphiques, qui, probablement, font mention de l'emploi ou du volume de la masse enlevée. Ces signes ne sont pas gravés profondément; ils sont simplement piqués avec un outil pointu.

Apollinaire Lebas

Cette observation m'a conduit à examiner avec plus d'attention, ceux qui sont sculptés sur les obélisques et sur les murs des sanctuaires. J'ai reconnu que tout ce qui est en relief dans un creux, était travaillé de la même manière. Les surfaces courbes présentent à la superficie une suite de petites circonférences, dont les aspérités ont été abattues en polissant le granit. Le travail des hiéroglyphes exigeait de la part de l'artiste une patience qui épouvante notre vivacité française; mais dont on ne s'étonne plus, quand on considère que le peuple égyptien transformait en palais d'énormes rochers; donnait pour sépulture à ses races royales toute une chaîne de montagnes; et pour dédicace à ses édifices, des obélisques, qui, à eux seuls, sont d'immenses et impérissables monuments. Nos ciseaux s'émousseraient très-promptement sur ce granit, parce que l'ouvrier voudrait enlever à chaque coup des morceaux trop considérables. S'il prend la précaution de frapper plus légèrement, comme je l'ai fait exécuter devant moi, le ciseau résistera pendant une demi-journée. Ainsi, sans admettre une trempe incomparablement meilleure que la nôtre, dans les outils égyptiens, on s'explique facilement le mode qu'ils suivaient pour travailler le granit. On marquait d'abord avec un ciseau, par un trait peu profond, le contour à creuser; on fouillait ensuite l'intérieur avec l'aiguille, sans toucher aux arêtes extérieures qui se conservent toujours très-vives; les éclats n'empiétant jamais sur ces premières lignes. Si ce n'est pas là exactement le moyen suivi par les Egyptiens, je suis certain, par les expériences que j'ai faites, que ce procédé conduirait au même résultat. Le granit se polit facilement avec du grès et de la pierre-ponce. C'est ainsi qu'ont été taillés sous mes yeux, les deux petits obélisques que j'ai apportés de Luxor. Le poli ne le cède en rien à celui des anciens obélisques, et les arêtes n'en sont pas moins vives.

A droite de la carrière, dans la direction du fleuve, on remarque une éminence sur laquelle se trouve une mosquée de Santon. En me dirigeant vers ce point, je rencontrai sur la route un homme couvert d'un turban vert, attaqué d'un asthme qui ne lui permettait de respirer qu'avec la plus grande difficulté. C'était le Santon lui-même, qui me conduisit à son habitation. Sur le devant de la porte est une plateforme circulaire parfaitement balayée, dont la circonférence est limitée par des pierres brutes. Il est interdit aux infidèles de franchir cette barrière élevée de 40 centimètres au-dessus du sol; les Arabes eux-mêmes ne peuvent pénétrer dans l'intérieur du cercle, qu'après avoir ôté leurs pantoufles. Cette mystérieuse place est une espèce de confessionnal arabe. Le pénitent s'étend sur le dos, les deux mains au-dessus de la tête; s'il roule comme un cylindre, c'est une preuve qu'il n'a pas commis de péchés dans la journée. Dans le cas contraire, il a enfreint quelques préceptes du Coran. Mon pilote Barbarin en fit l'essai et roula parfaitement, ce qui ne parut pas l'édifier beaucoup à ses propres yeux, car peu après il me dit: « C'est une singerie; on roule comme l'on veut. » Le Santon, toujours essoufflé, pouvant à peine articuler quelques sons, conservait une gravité vraiment comique. Je pris congé de ce saint personnage, auquel je donnai quelques piastres, qui déridèrent son front sévère.

J'avais pris la précaution de demander au mamour d'Esné une dépêche pour le nazher de Ouadi-Alpha, résidant à Assouan, afin d'éviter des retards dans le passage de la cataracte. Ce fonctionnaire fit appeler le pilote, et lui donna l'ordre de me conduire immédiatement à Philoe. Cet Arabe, d'une très-belle taille, et portant un superbe turban rouge sur une tête assez belle, que déparait malheureusement un menton couvert de gale, s'embarqua dans ma cange, et nous dirigea avec beaucoup d'adresse, à travers les écueils au milieu desquels le Nil serpente rapide et bouillonnant. Ces rochers, plus ou moins hauts, plus ou moins aigus, traversent son lit pendant une lieue et demie. Ce passage est dangereux et difficile; les sinuosités y sont très-nombreuses; le canal de la navigation change avec la hauteur du fleuve. Suivant la saison, on est obligé tantôt de se haler avec une corde, tantôt de soulever la barque à bras d'homme. La traversée dure environ Jeu*, heures. L'aspect de la cataracte et des environs est vraiment effrayant. On circule autour de blocs énormes de granit que les eaux ont polis comme une glace. Les rives sont bordées de masses encore plus considérables, qui, empilées les unes sur les autres, s'élèvent en pyramidant à une très-grande hauteur; quelques palmiers épars çà et là contrastent avec cette nature âpre et sauvage. Un courant tortueux, quelques chutes d'eau, des rochers bizarrement découpés dans tous les sens, des pointes irrégulières qu'il y a nécessité d'éviter, absorbent entièrement l'imagination. On se croirait transporté dans la charpente osseuse de la terre, loin de toute espèce d'êtres vivants, lorsque, tout à coup, l'on découvre des pylônes, des colonnades, des lignes parfaitement régulières, enfin une suite de monuments admirables, sublime produit de la plus haute civilisation: c'est l'île de Philoe, qui sépare la Nubie de l'Egypte.

Les Arabes, pour expliquer cette multitude de rochers qui encombrent le fleuve, disent qu'un Pharaon les avait précipités de la montagne, pour arrêter les barques nubiennes qui venaient attaquer l'Egypte. Le pilote de la cataracte, qui ordinairement se couvre de haillons, et ressemble en cet état au vieux Caron, avait conservé, pour me faire honneur, sa grande tenue, que je dus largement rétribuer -, et il en résulta, ce qui arrive ordinairement dans ce pays, que piloté gratuitement, je payai plus cher que les voyageurs non recommandés.

A Philoe comme à Koum-Ombou, les temples modernes sont mieux coordonnés que ceux des siècles précédents, mais les hiéroglyphes sont sculptés avec beaucoup moins de perfection; les pierres plates qui recouvrent le portique du monument situé à gauche du grand temple, sont jointées obliquement, en d'autres termes, les joints voisins de l'angle sont dévoyés, ce que je n'ai remarqué dans aucun autre endroit je consacrai deux jours entiers à visiter cette île, qui n'est autre chose que l'une des roches de la cataracte; elle n'a aujourd'hui pour habitants que deux ou trois familles de pêcheurs. Là, comme je l'ai déjà dit, se termine la Haute-Egypte.

Le pays supérieur prend le nom de Nubie; là aussi sont les limites de la langue arabe. C'est à Philoe que s'arrêta l'armée française. Une inscription que nous ne pûmes contempler sans une vive émotion, rappelle cette page glorieuse de notre histoire; elle est ainsi conçue: C'est jusqu'ici que sont venus les Français; c'est ici que la division de Desaix, sous les ordres du général Bonaparte, poursuivant les Mamelucks, les a forcés à se réfugier dans le désert.

Je partis de Philoe le 25, et la brise étant favorable, je doublai le palais de Qalâbcheh, et vins coucher à Kirchen, où il existe un temple creusé dans une montagne de grès.

Le portique est soutenu par quatre colonnes et huit pilastres, contre lesquels sont adossées des statues colossales, elles représentent Rhamsès debout, la tête couverte du pschent symbolique, les bras croisés, tenant d'une main le fouet de la justice, et de l'autre le bâton de commandement. La pose monumentale de ces statues, leur roide immobilité, impriment à tout l'édifice un caractère de grandeur et de gravité. C'est de là, peut-être, que les Grecs ont puisé l'idée des Cariatides.

A droite et à gauche sont creusées dans le mur deux niches de forme rectangulaire, contenant chacune trois figures en pied; la première fume la pipe et la dernière est une jeune fille. La façade de la montagne, dans laquelle est percée la porte d'entrée, est taillée en talus, et affecte la forme d'un tore dont la convexité est tournée en dehors. En pénétrant dans l'intérieur, on trouve une grande salle dont le plafond est porté par six pilastres beaucoup plus élevés que ceux du portique, contre lesquels sont aussi adossés des colosses semblables à ceux de l'extérieur, et parfaitement conservés. Au-dessous du nombril, est une tête d'Isis à oreilles de vache, comme on en voit à Philoe et à Denderah. De petits enfants, collés les uns contre les autres, couvrent la nudité. Sur les murs latéraux se trouvent huit niches renfermant les mêmes figures que celles du dehors; au fond, en face de l'entrée, est une deuxième porte qui conduit à une pièce de même largeur que la précédente (13m70); elle n'offre rien de remarquable; on y voit deux pilastres carrés et quatre cabinets; au milieu, la porte qui donne entrée dans le sanctuaire, au centre duquel s'élève un autel monolithe, et au fond une niche où sont assis quatre personnages.

Le 27, nous arrivâmes à Sebou. Le temple qu'on y remarque, et dont on attribue la construction au grand Sésostris, est presque englouti dans le sable; une allée de sphynx précède le pylône; en tête on voit deux hommes, dans la position du soldat apprenant à marcher au pas. On traverse le pylône et on entre dans une salle en ruine soutenue par dix pilastres, sur lesquels sont appuyés des Rhamsès, dans la même situation que ceux dont nous venons de parler au sujet de Kirchen. Cette pièce donne entrée dans une autre qui parait creusée dans la montagne, et que l'encombrement des sables empêche de reconnaître.

De Sebou à Amada, il y a environ dix lieues. Le Nil fait dans cet espace un grand coude et se dirige vers le nord. Comme les vents régnants sont nord et sud, ou est forcé de haler la barque à la cordelle. Les matelots, sans me consulter, remplacèrent le drapeau tricolore par celui du propriétaire de la cange, nazher d'une fabrique de Kéné. Pour imposer davantage aux paysans, ils s'habillèrent proprement, mirent des tarbouches rouges, et allèrent recruter, au nom de leur maître, des fellahs qu'ils amenèrent sur les lieux à coup de branches de palmier. Il paraît que les villages situés sur la rive droite, au milieu d'une plaine riche et couverte de la plus belle végétation, sont exempts de certains droits, sous la condition de haler les barques des autorités turques qui remontent le fleuve. Ces malheureux, attelés à une corde, étaient harcelés, maltraités par les huit matelots, s'applaudissant d'exercer à leur tour l'empire de la force, dont ils sont si souvent eux-mêmes victimes.

Le temple d'Amada, situé sur une éminence, est enfoui dans les sables. On y arrive par une galerie couverte, au bout de laquelle se trouve un portique soutenu par douze pilastres et quatre colonnes; ces supports sont disposés sur quatre rangs; le dernier rang est formé par les colonnes qui s'élèvent devant le mur du fond, où est percée la porte du temple; les pilastres sont à très-petits pans et d'un fini précieux. L'intérieur se compose d'une première pièce rectangulaire qui donne accès dans trois autres pièces plus profondes. Celle du centre continue jusqu'à l'extrémité; les deux autres coupées par un mur transversal forment quatre cabinets séparés.

Ce temple paraît appartenir à l'une des époques les plus reculées; les cartouches sculptés sur ses murs sont ceux de Totmès III. Aussi le travail des hiéroglyphes y est-il plus parfait que dans aucun autre édifice. Ils sont en général d'une très petite dimension, et travaillés avec un soin et un goût exquis qui leur assigne la belle époque des arts en Egypte; ils ont plutôt l'air d'être coulés en bronze et ciselés, que d'être sculptés.

D'Amada je me rendis à Derr. Ce village est situé sur la rive droite du Nil, presque en face d'Amada. Il existe dans cet endroit un four qui appartient au nazher. C'est le seul point jusqu'à la deuxième cataracte où l'on puisse cuire du pain. On n'obtient cette autorisation qu'en faisant un cadeau à ce fonctionnaire, qui vous vend en même temps le blé.

Je fus témoin dans cette ville de l'achat de plusieurs esclaves noirs, que des barques apportaient de l'intérieur de l'Afrique. On les conduisait au Caire; mais le marchand s'arrêtait partout où on lui proposait d'en acheter. Ici, plusieurs amateurs s'étant présentés, on fit sortir successivement devant eux les femmes noires qui étaient renfermées dans une chambre commune, établie sur l'arrière du bateau; les acheteurs les visitaient avec le plus grand soin, examinaient toutes les jointures, la tête, les yeux, le sein, le cou, les ongles, les oreilles, les pieds. On les faisait marcher devant eux; on les tournait et retournait, comme fait le maquignon, lorsqu'il marchande des chevaux à la foire. Pendant cet examen, la figure de l'acheteur montre la plus parfaite indifférence, l'oubli le plus absolu de tout sentiment d'humanité. Tout pour lui paraît se réduire à un simple marché, où son unique préoccupation est de ne point être trompé sur la valeur matérielle de l'objet acheté.

A une petite distance des habitations, on aperçoit un temple creusé dans la montagne. Il est précédé d'un portique, et la distribution intérieure en est à peu près semblable à celle d'Amada. Seulement la première salle est plus longue et supportée par six pilastres. Les trois de gauche, en entrant, ne sont pas sur le même axe: disposition qui a préalablement été commandée par quelques défectuosités du rocher qui la recouvre. Au fond de la dernière pièce du milieu, on remarque des fragments de statue.

En remontant le Nil, on découvre une montagne qui s'élève à pic sur le bord du fleuve; des murs en pierres sèches indiquent un assez grand village. Quelques ruines d'architecture arabe sont les seules antiquités que je trouvai sur le sommet.

Apollinaire Lebas

Ma course avait été longue et pénible, mais j'en fus amplement dédommagé par le coup d'œil imposant que présente le pays. Ce sont deux déserts séparés par le Nil, qui offrent, sous des aspects différents, l'affreuse réalité de deux natures complètement Stériles. Le désert de droite est semé de monts pyramidaux entre lesquels roulent des torrents de poussière soulevés par le kamsin. Ils rappellent l'aspect d'une mer houleuse, déferlant sur des écueils. Ces sables se déposent, s'accumulent sur les pointes les plus aiguës des roehers, sur des plans presque verticaux.

Quelquefois, ils se superposent en gradins d'escalier, un peu concaves dans le sens de la largeur, et dont les arêtes parfaitement vives, brillent comme une ligne lumineuse.

Dans le désert de gauche, il existe quelques monticules mouvants qui s'effacent à une certaine distance, pour ne laisser voir qu'une immense plage de sables étincelants. On ne trouverait pas un caillou dans toute son étendue. Du sein de ce désert, s'élèvent par intervalle d'énormes colonnes spirales, qui tournent sur elles-mêmes avec une rapidité incroyable. La production instantanée de ces tourbillons, la vitesse d'impulsion dont leurs particules matérielles sont animées dans deux sens perpendiculaires, le nuage vaporeux résultant de leur rupture qui suit sans mouvement propre la direction du vent, les rayons lumineux diversement réfléchis ou réfractés par ces masses diaphanes, offrent un des spectacles les plus magnifiques qui puissent frapper les yeux.[7]

-7- Voici comment le voyageur Bruce raconte dans ses mémoires l'effet que produisent dans le désert ces trombes de sable:

« A une heure, dit-il, nous atteignîmes un bouquet d'acacias où nous fîmes halte. C'est de là que nous eûmes le spectacle le plus magnifique et le plus terrible qu'il soit possible de voir. Du sein de l'immensité qui nous entourait s'éleva tout à coup, et comme par enchantement, un nombre prodigieux de colonnes de sable; tantôt elles étaient emportées avec une vitesse extrême, puis restaient immobiles, tantôt elles s'avançaient lentement et avec une sorte de majesté. Elles fondaient sur nous comme si elles allaient nous écraser; déjà des grains d'un sable chaud nous frappaient au visage: puis elles reculaient jusqu'à l'horizon: leur sommet grandissait alors et se perdait dans le ciel; quelquefois même il se séparait entièrement de sa base, et la colonne n'existait plus; d'autres fois, c'était avec explosion qu'elles se dissolvaient; à la pointe du jour elles se rapprochèrent de nous. Elles marchaient sur cinq rangs et à une distance de trois milles; la plus forte d'entre elles nous paraissait avoir un diamètre de vingt pieds. Le vent qui sauta subitement au nord-ouest les chassa loin de nous. Toute fuite aurait été vaine; le cheval le plus agile n'aurait pu éviter la mort dont elles nous menaçaient. Voilà pourquoi nous contemplâmes leurs terribles mouvements dans le silence et

Je ne sais quel effroi me saisit en voyant ces enfants du désert se diriger avec une vitesse prodigieuse, vers le chemin suivi par les caravanes. L'empreinte du pas des chameaux, qui se déroulait en longs rubans sur cette mer de feu, me rappela la fin tragique d'une petite caravane, qu'un témoin oculaire m'avait racontée pendant mon séjour à Syene. Je voyais pour ainsi dire en action le récit oriental de cet Arabe; je suivais avec anxiété les tours et les détours de ces malheureux, cherchant les traces de ceux qui les ont précédés. Un coup de vent a tout bouleversé; les monticules ont changé de face et de forme. Le sol ondule comme les eaux du Nil à la cataracte. Trois fois les voyageurs s'approchent des bords du fleuve dont ils n'étaient plus séparés que de quelques lieues, et trois fois ils rentrent dans le désert croyant avoir fait fausse route. Par suite de ces marches et contremarches, les provisions sont épuisées. La dernière goutte d'eau vient de sortir de l'outre.

C'est alors que ces infortunés, haletants de faim et de soif, menacés d'être enveloppés dans une forêt de colonnes de sables, prennent la funeste résolution de sacrifier l'animal qui pouvait encore les sauver. Le chameau, l'oiseau du désert, est cruellement massacré. Les Arabes portent avec avidité leurs lèvres enflammées dans la poche de l'estomac, pour y puiser les restes du liquide dont ce quadrupède a soin de s'approvisionner. Bientôt ils tombent sur l'arène, et leurs cadavres desséchés, par les feux ardents du soleil (nar ketir), deviennent en peu de jours semblables aux momies de Thèbes. Pour moi, continue le narrateur, j'étais trop attaché à mon dromadaire pour imiter mes compagnons. Plein de confiance en son instinct naturel, je le laissai entièrement libre de ses mouvements. Plusieurs fois il leva la tête et promena ses regards sur tous les points de l'horizon, comme s'il cherchait à se rendre compte de la direction qu'il devait suivre; puis il se mit en route sans hésitation, et après trois jours de marche forcée, il me conduisit à Assouan.

Grâce au zèle éclairé et philanthropique du pacha, l'humanité n'aura plus à déplorer de semblables malheurs. La boussole est maintenant en usage dans toute l'Egypte. Chaque chef de

l'immobilité. »

Apollinaire Lebas

caravane, muni de cet instrument, dont il connaît les propriétés, s'oriente facilement dans les circonstances même les plus critiques.

Parti d'Ibrim, je voyageai pendant deux jours sans rien découvrir de remarquable. La conversation des Arabes, leurs chants, leurs danses, l'aspect des deux rives du fleuve, les habitudes des naturels auxquelles je m'étais familiarisé pendant mon séjour en Egypte, n'offraient plus rien de piquant pour moi; l'ennui commençait à me gagner; mais j'approchais d'Ibsamboul: la vue de deux temples, creusés dans le rocher, réveilla bientôt mon attention.

Quelle pouvait être la destination de ces deux monuments, construits dans le sein même d'une montagne qui s'élève à pic sur les bords du fleuve, dans un pays absolument désert, où l'on ne rencontre pas la moindre trace de végétation ancienne ou nouvelle? Des montagnes frappées d'une éternelle stérilité s étendent au loin; les intervalles qui les séparent, sont, ainsi que leurs surfaces, remplis de sables apportés par les vents du désert, qui ont encombré par deux fois l'entrée du grand temple. C'est en faisant ces réflexions que je tournais la montagne qui conduit devant la façade. A sa vue tout changea; mon esprit ne fut plus occupé que de l'imposant spectacle qui s'offrait à mes regards; je tombai dans une extase d'admiration, en considérant les quatre colosses assis à droite et à gauche de l'entrée; ils représentent Rhamsès. On ne remarque entre eux aucune différence; ils sont identiques comme le roc d'où ils ont été tirés. Mais telle est leur beauté, qu'on ne peut se lasser de les admirer; leurs traits sont d'une perfection que rien n'égale: l'expression en est, on peut dire, vivante. Assis, le front calme, le grand Sésostris semble se reposer dans sa gloire et jouir de sa propre satisfaction; son âme se présente sur chacun de ses traits; il semble dire à ceux qui le considèrent: J'ai fait de grandes et utiles choses. Ce peuple qui m'entoure et me presse est heureux par moi; je suis heureux par lui. L'attitude du corps est en harmonie avec ces sentiments. Plusieurs statues sont sculptées entre ses jambes; quelques-unes à côté, notamment celle d'une femme debout, dont toute la chevelure, tournée sur le côté gauche, tombe en forme de parabole sur son avant-bras. Mon domestique, jeune homme simple, sans connaissance de l'art, d'une intelligence médiocre, ne fut pas insensible à ce spectacle. Oh! me dit-il, celui-là à l'air d'un bien brave homme! Comme il est content; la douceur et la bonté sont peintes sur sa figure.

Telle est la puissance de l'art, lorsqu'il est porté à sa plus haute expression; il séduit, il entraîne même l'homme qui n'est mu que par le simple instinct de la nature. Je doute que le ciseau ait jamais produit un tableau d'un aussi grand intérêt et d'un effet aussi prodigieux.

Dimensions principales de ce monolithe.

Hauteur totale du colosse assis	19m
Largeur d'une épaule à l'autre	6,90
Largeur du pied	4,00
Largeur du nez sous les narines	0,70

La statue de la femme dont je viens de parler, quoique sa taille soit de 3m,50, ressemble, placée qu'elle est auprès du colosse, à un petit enfant.

La façade du temple, taillée sur la montagne, est encadrée dans un tore; au dessus règne la corniche sur laquelle sont rangés des cynocéphales debout, dans la même position que ceux qui ornent les socles des obélisques de Luxor (voir planche IV). Sur le sommier de la porte se trouve une grande figure en pied, à tête de hibou, portant dans une main la clef ansée; à ses pieds figurent d'autres statues de moyenne grandeur. On entre dans une grande salle supportée par huit pilastres, contre lesquels sont adossés des Rhamsès debout, ayant les mains croisées, tenant de Tune, le sceptre et de l'autre, le fouet de la justice. Le prénom de Rhamsès est sculpté en hiéroglyphes au-dessous du nombril, et le pampre de vigne de nos statues est remplacé par des serpents, dont la tête est couronnée de l'image du soleil. Ces figures sont aussi parfaites que celles des colosses du dehors: leur hauteur est de 6m,70, et le sommet du bonnet est à 1m,50 du plafond. Toutes les parois de la salle sont couvertes de tableaux fort remarquables; je citerai le combat entre deux rois. Ici, comme dans tous les temples, les souverains sont représentés sous des dimensions colossales; la taille du roi vaincu un peu moindre que celle du vainqueur. Celui-ci, debout sur son char, le tient d'une main, et le perce de l'autre avec un javelot, dont la poignée cacherait une partie de sa figure dans la position ordinaire; mais l'artiste a voulu montrer le profil tout entier du vainqueur: l'arme passe derrière la tête. Ne serait-ce pas en mémoire de quelque grande victoire remportée sur les lieux mêmes par Sésostris, que ce temple aurait été consacré? Cela expliquerait le choix d'un site aussi isolé et aussi inculte.

La salle a 15m,60 sur 17m,35 de longueur; à droite, sur le mur latéral, sont deux portes qui conduisent à deux cabinets de 4m de largeur sur 15m de long. Au fond de la salle, on trouve trois portes: celle du milieu donne entrée à une pièce rectangulaire, dont le plafond est supporté par quatre pilastres; elle a 10m,80 de longueur sur 9m,20 de largeur. Les deux autres communiquent à deux couloirs; chacun d'eux est percé, sur le mur de droite, d'une ouverture par où l'on pénètre dans deux pièces très-longues, dont l'axe n'est pas perpendiculaire à celui de l'édifice. Tout autour existe une banquette au-dessus de laquelle sont creusées des niches, elles étaient probablement destinées à recevoir des dieux et les offrandes qu'on déposait sur la banquette. Au milieu du plancher règne une bande d'hiéroglyphes. La salle du centre dont nous venons de parler est suivie d'une autre moins profonde. On la traverse pour arriver à deux cabinets latéraux et au sanctuaire placé dans l'axe du temple, où se trouvent un autel monolithe et quatre statues dans le fond. L'intérieur de cet édifice ne reçoit du jour que par la porte d'entrée; il en résulte qu'à l'exception de la première pièce, tout le reste est dans une obscurité complète.

Le second temple est plus petit; la façade en talus est partagée en cinq parties par six contreforts. Dans l'espace qui les sépare sont sculptées des figures de dieux en pied, et la face antérieure de chaque contrefort est couverte d'hiéroglyphes. L'intérieur se compose d'une première salle à pilastres dont les chapiteaux sont ornés d'une tête d'Isis avec des oreilles de vache et la coiffure des femmes égyptiennes; d'une seconde pièce attenant à deux cabinets latéraux, et au fond la porte du sanctuaire où figure la statue d'un dieu.

Je n'étais qu'à cinq lieues de la deuxième cataracte; mais je ne crus pas devoir remonter jusque-là, ayant appris par des rapports particuliers qu'elle n'offre rien de remarquable. D'ailleurs, j'étais pressé par le temps; j'attendais des instructions du gouvernement qui pouvaient nécessiter ma présence à Luxor: d'un autre côté, en remontant le fleuve, j'avais passé, pour profiter de la brise, devant quelques temples que je me proposais de visiter à mon retour.

Jetais resté trois jours à Ibsamboul. Après avoir jeté un dernier regard d'admiration sur les colosses et la façade du grand temple, je repris le chemin de Luxor. J'arrivai le 4 février à Meharraqah, il ne reste plus de ce grand édifice qu'une espèce de portique à ciel ouvert, soutenu par huit colonnes. On monte sur le plancher de la galerie par un escalier tournant parfaitement travaillé. Ce seul ouvrage suffirait pour prouver que les Egyptiens connaissaient la géométrie descriptive. C'est une des épures qu'on exécute à l'Ecole polytechnique.

De Meharraqah, je me rendis à Deqqeh, distant de cinq lieues. Le palais de ce nom est en ruine. Il est précédé, comme les édifices de ce genre, d'un grand pylône. Dans la portion qui est encore debout, les hiéroglyphes sont parfaitement conservés; des vautours, les ailes déployées, brillants des plus vives couleurs, ornent le plafond. Dans les combats ou les triomphes, cet oiseau accompagne, dirige ou protège les héros. On pénètre dans cette partie par une porte sans sommier, placée entre deux colonnes; on trouve ensuite deux autres salles, dont la dernière communique à l'extérieur: un scarabée, symbole de lame, remplace sur la corniche le globe ailé qui occupe ordinairement cette place, et y produit Un très-bel effet. Un mur d'enceinte dégradé entourait cet édifice.

Nous avancions vers Dandour, lorsque les matelots suspendirent le mouvement de leurs avirons pour me montrer l'animal le plus joli, le plus vif, le plus leste et le plus gracieux. C'était une troupe de gazelles qui venaient boire dans le Nil; elles jouaient et folâtraient sur le sable comme nos troupeaux dans la prairie; les matelots me proposèrent de descendre à terre et de leur couper le chemin du désert, si je voulais me procurer le plaisir de les tirer. J'acceptai leur proposition, et ils allèrent se poster à une assez grande distance. Je me disposais à marcher sur elles, plutôt pour examiner de plus près ce joli animal, que pour chercher à le blesser. J'en étais encore à deux portées de fusil, lorsqu'à un léger bruit elles partirent avec la rapidité de l'éclair, et malgré les efforts et les cris des Arabes, disparurent en moins d'une minute. En rentrant dans la cange, je trouvai le reis occupé à faire rougir un clou, avec lequel il se fit deux fortes brûlures sur les pouces, pour se guérir, disait-il, de la gale, dont ses mains étaient couvertes. Ce remède me parut un peu extraordinaire; mais ce qui me sembla plus extraordinaire encore, c'est la patience avec laquelle il supporta la douleur. Cette résignation est un des traits caractéristiques des Arabes. Pendant notre séjour à Luxor, on amena au docteur du bâtiment un enfant de quinze ans, à qui des chiens avaient déchiré le mollet. Le chirurgien coupa, tailla les chairs, y fit de nombreuses incisions, et le patient ne poussa pas un cri pendant toute l'opération.

J'arrivai à Dandour. Ce temple, situé sur la rive gauche, est précédé d'une terrasse limitée par un mur courbe, affectant la forme d'un tore dont la concavité est tournée vers le fleuve. A l'extrémité opposée, s'élève une porte triomphale, semblable à celles de Karnac; vient ensuite la façade du temple. La première salle conduit à un corridor qui, flanqué de quatre cabinets, se prolonge à l'extérieur de l'édifice et vient aboutir à un trou carré, creusé dans la montagne. Il serait fort difficile de donner une explication sur l'objet de cette distribution, qui paraît toute mystérieuse.

Depuis mon départ d'Ibsambol, je n'avais visité aucun village. A Qalâbcheh, je trouvai comme dans toute l'Egypte, un grand nombre d'enfants nus, qui m'attendaient sur le rivage en criant: Bacchis! (aumônes). Une mère arrangeait les cheveux de sa fille, et les collait avec un enduit, composé de trois terres de différentes couleurs et d'un corps gras. Toutes les Nubiennes emploient cette espèce de pommade afin de se préserver, disent-elles, de l'ardeur du soleil et de conserver les cheveux. Ce singulier cosmétique est loin de les embellir: la sueur dissout une partie de ces terres, qui coulent le long de leurs tempes, s'y fixent et n'ajoutent pas peu à leur laideur naturelle.

Le temple de Qalâbcheh touche aux habitations; une portion de quai construite en pierre sur la rive du Nil, sert de revêtement à un terre-plein ou terrasse, limitée à droite et à gauche par deux murs latéraux. Cette terrasse est en face du temple; elle communique avec le parvis par une chaussée, qui n'est réellement que la continuation de la terrasse même, réduite dans sa largeur par deux échancrures, dans lesquelles on a pratiqué des escaliers pour monter sur la chaussée. Le quai du côté de la rivière a la même forme que celui de Dandour. Pendant la crue, on débarque sur la terrasse; dans les basses eaux, on aborde sur le terrain environnant et l'on avance jusqu'à l'escalier, pour arriver au temple.

Une avenue aussi grandiose, bâtie avec des pierres d'une aussi forte dimension, indique que Qalâbcheh était un temple d'un ordre supérieur, et l'un des plus fréquentés de l'Egypte. Il peut, en effet, pour l'étendue et pour la quantité des bâtiments qui le composent, être comparé à ceux de Karnac.

Trois enceintes extérieures, placées à de grandes distances les unes des autres, l'entouraient dans tous les sens; des portes y sont pratiquées; on trouve dans l'une plusieurs chambres de même dimension. Le corps principal de l'édifice est en ruine. Après avoir traversé le pylône, on entrait clans une vaste cour; à droite et à gauche, régnait une galerie, dont il n'existe plus qu'une colonne. Cette galerie s'arrête à une certaine distance des murs latéraux, et laisse à découvert une nouvelle façade formée de quatre colonnes bien conservées, elle donne entrée à une salle également soutenue par quatre colonnes. On pénètre ensuite dans plusieurs pièces beaucoup plus petites que la précédente. Les parties encore debout sont couvertes d'hiéroglyphes sculptés avec beaucoup de soin, et dont les couleurs, après tant de siècles, brillent d'un éclat qui excite encore notre admiration. L'ensemble de ces ruines témoigne de l'immensité de l'édifice: les matériaux qui subsistent encore, suffiraient à bâtir plusieurs palais, et justifient l'idée qu'on a conçue du génie et des travaux égyptiens. Ce peuple, en effet, semble avoir pris à tâche, dans l'exécution de ses monuments, de ne rien produire que de grandiose: il plaçait le grand moral dans le grand matériel; et, s'il est vrai de dire que le premier peut quelquefois se passer du second, il faut reconnaître cependant que rien ne saurait émouvoir et frapper l'âme plus profondément, que l'union intime de la grandeur morale et de la grandeur matérielle. On appréciera mieux encore cette observation, si l'on se reporte par la pensée à l'époque, où ces monuments qui, pour nous aujourd'hui, ne sont plus que des objets d'art, commandaient le respect, la vénération et le culte des populations.

En remontant la montagne, on trouve un petit temple creusé dans le rocher, qui n'est composé que d'une salle et d'un sanctuaire. Trois statues assises occupent deux niches taillées dans le mur du fond; une semblable niche existe aussi dans le sanctuaire. L'avenue de ce temple est creusée dans le roc; les deux pans de rocher qu'elle laisse à découvert, sont ornés de tableaux, représentant des combats sculptés avec une perfection, un fini de détails qu'on ne retrouve nulle part: chariots, chevaux, combattants, tout paraît vivant et en action.

Au moment où j'allais quitter Qalâbcheh, je m'aperçus que le reïs de la barque était retenu de vive force par plusieurs fellahs, qui discutaient vivement et refusaient de le lâcher. « Il a acheté du lait, disaient-ils, il faut qu'il paye. » Mon domestique, croyant encore avoir affaire aux Arabes de Luxor, menaça de les frapper, et fut arrêté lui-même. Sentant la nécessité d'intervenir, je tirai un coup de fusil en l'air pour effrayer ces fellahs; mais ce fut en vain, il fallut négocier avec eux, et je ne parvins à dégager les captifs qu'en payant ce qu'ils exigeaient du reïs et de plus, quelques piastres de bacchis. Je reconnus dans cette circonstance, comme je l'avais déjà observé plusieurs fois, que les Nubiens sont en général moins serviles que les Egyptiens; ils conservent un certain esprit d'indépendance, et ne sont pas traités par les Turcs avec autant de dureté. Il paraît même qu'on leur laisse réellement une portion de la récolte à laquelle ils ont droit; aussi sont-ils mieux vêtus, moins soucieux et moins tremblants devant leurs oppresseurs; leurs terres sont mieux cultivées; on voit en eux une certaine force de volonté. Cette dispute terminée, je fis border les avirons et nous nous dirigeâmes sur Teffa, où nous passâmes la nuit. Il n'existe dans ce lieu qu'un portique à six colonnes, travaillées avec autant de soin et de perfection que celles d'Esné; il n'y a presque pas de sculpture. De Teffa, je me rendis à Kardaseh, dont le temple est tout à fait en ruine. On aperçoit, à une certaine distance, un reste de portique; les chapiteaux des colonnes sont ornés de feuilles de vigne et de lotus; l'entre-axe est d'environ i o mètres, et l'entablement est formé par une seule pierre de même longueur. J'arrivai à Debout le même jour.

Le temple est précédé de trois portes triomphales, semblables à celles de Karnac; la façade est formée par quatre colonnes et deux pans de mur en talus, bordés d'un tore. On entre, par une porte sans sommier située au milieu, dans une salle rectangulaire. Sur le mur latéral de gauche, se trouve une porte, qui conduit à un cabinet saillant en dehors de la façade; ce cabinet n'a point de pendant. Le mur en face de l'entrée est percé de trois ouvertures. Celle du milieu communique dans trois salles successives, dont la dernière est un sanctuaire, où s'élève un temple monolithe en granit.

Ces chambres condamnées à une obscurité perpétuelle, ces réduits creusés dans un mur attenant au sanctuaire, séparé de la porte d'entrée par plusieurs cloisons, tout annonce que cet édifice était consacré à des mystères, dont le voile ne pouvait être levé que par Champollion jeune.

C'était le dernier temple que je n'eusse pas visité en remontant le Nil.

De retour à Philœ, nous y séjournâmes quelques heures en attendant le pilote qui reparut en grand costume. Après mille salutations et compliments, il me raconta, par forme d'introduction au second passage que nous allions faire de la cataracte, que la veille une grande cange anglaise y avait sombré; personne ne s'était noyé, et les Arabes avaient retiré de la barque tous les effets qu'elle renfermait. Arrivé dans un chenal étroit, situé entre deux rochers où l'eau bouillonnait avec force il se mit à crier, à trépigner comme un homme qui se croit en danger. Je reconnus que ces singeries avaient pour but de m'effrayer, et d'obtenir de moi, par là, un plus fort salaire. Aussi je ne fus point sa dupe, je pris tranquillement ma revanche en lui racontant comme quoi, ces petites ondulations n'étaient rien en comparaison de celles de la mer qui, s élevant quelquefois aussi haut que les montagnes environnantes, venaient se briser contre les parois du navire, avec un fracas et un bruit épouvantables. Ce rapprochement mit fin à ses fausses démonstrations; tournant ses idées d'un tout autre côté, il ne s'occupa plus, pendant tout le trajet, qu'à faire à mon domestique des insinuations dont celui-ci vint me prévenir; je fis signifier au pilote que s'il continuait ses galanteries déplacées, je lui ferais administrer deux cents coups de courbache à mon arrivée à Assouan, où nous abordâmes deux heures après. Je me munis de quelques provisions, et reprenant le cours du fleuve, nous nous trouvâmes trois jours après, en vue du village de Luxor.

Démâté de ses bas mâts, entouré d'un double rang de nattes et couvert de sable, le navire le Luxor présentait tout l'aspect d'une ruine au milieu des ruines antiques. Un observateur étranger n'ayant pas de données sur la crue du Nil, n'aurait jamais pu s'imaginer que cette masse de bois, éloignée du fleuve de 150 mètres, et échoué sur une plage élevée de 5 mètres au-dessus du niveau actuel des eaux, renfermant dans son sein un monument colossal, serait bientôt soulevée et transportée en France à travers la Méditerranée et l'Océan. Quoique préparé d'avance à la régénération périodique du Nil, on ne pouvait se défendre d'une certaine inquiétude, en considérant l'immense nappe de fluide que nécessiterait la production de ce phénomène.

CHAPITRE II

Après avoir parcouru toute l'Egypte et une partie de la Nubie, il me semble que le moment est convenable pour dire un mot sur la topographie de ce pays. Il est resserré entre deux chaînes de montagnes de grès tertiaire, dont la direction générale est N. et S.; l'une, celle de TE., borne l'Arabie; l'autre, celle de l'O., la Lybie. Cette vallée étroite et tortueuse est coupée perpendiculairement à sa longueur, par deux bancs de granit qui la divisent en deux bassins distincts; savoir: le bassin inférieur qui constitue l'Egypte proprement dite et se termine à Philœ et le bassin supérieur ou la Basse-Nubie qui s'étend jusqu'à la cataracte de Ouadi-Alfah. L'un et l'autre bassin sont arrosés par le Nil.

Dans son cours supérieur, ce grand fleuve est formé par la réunion de deux rivières, nommées, le Nil bleu et le Nil blanc. Le premier vient du pays des *Agows*, et prend sa source, d'après le voyageur Bruce, dans une plaine marécageuse, et située à plus de deux milles au-dessus du niveau de la mer. Le second traverse les régions inconnues de l'Afrique. Après leur jonction près d'Halfay, le Nil suit son cours droit au N. O., pendant l'espace de deux degrés du méridien; là, il s'accroît d'un affluent de droite, le Tacazzé, qui vient de l'Abyssinie. Il parcourt ensuite, sans recevoir aucun tribut ni de rivières, ni d'eaux pluviales, toute la Nubie supérieure. De là, il descend dans la Nubie inférieure par la cataracte de Ouadi-Alfah, et se brisant pour la dernière fois à travers les rochers qui sortent de son lit à Philoe, il gagne la belle contrée d'Egypte et vient ensuite se mêler à la mer, après un cours de plus de 600 lieues.

Aujourd'hui, comme au temps des Pharaons, le Nil fertilise toutes les terres qu'il baigne de ses eaux limoneuses. Partout ailleurs, l'Egypte ne présente qu'un sol aride et solitaire, des montagnes nues dont rien de vivant ne coupe l'uniformité, d'immenses plages sablonneuses où. l'œil se perd et la pensée s'attriste.

Le principe de la fécondité du Nil est dû au limon qu'il charrie. Ce limon se dépose partie sur le terrain inondé, partie dans le lit du fleuve; le reste se précipite dans la mer. Les premiers dépôts sont visibles, faciles à constater. Le sol qui vient d'être arrosé est couvert d'une couche de terre noire, dont chaque inondation augmente l'épaisseur. C'est un phénomène que personne ne peut révoquer en doute. Le sol de l'Egypte a donc nécessairement éprouvé un changement en élévation. Quant aux dépôts qui ont lieu dans le sein des eaux, il est facile de démontrer qu'ils sont la conséquence forcée des premiers. En effet, la hauteur de la crue est la même depuis mille ans. Les terres sont inondées aujourd'hui comme autrefois; donc le lit du fleuve s'est élevé en proportion de ses rives. On peut discuter sur la plus ou moins grande épaisseur de ces couches limoneuses, mais le fait en lui-même est incontestable.

L'expérience vient d'ailleurs confirmer la justesse de cette observation. La base d'un grand nombre de monuments, tant dans la Basse, que dans la Haute-Egypte, se trouve à plusieurs mètres au-dessous du niveau du fleuve. A quelque profondeur que l'on ait creusé, on a toujours obtenu une matière identique aux alluvions du Nil; second résultat qui prouve, comme le premier, que le terrain et le lit du fleuve se sont en même temps, et dans une égale proportion, exhaussés. Pour ne rapporter que deux exemples entre mille à l'appui de ce fait, je citerai les deux colosses de Memnon, érigés sur la plaine de Gournah. Le socle de ces statues a presque entièrement disparu sous les couches du limon; il se trouve à 5 mètres au-dessous du sol actuel, qui est cependant inondé toutes les années.

Nous avons vu que le lit d'échouage du Luxor était de niveau avec le plan supérieur du piédestal; l'inondation surmontait de 2m,70, ce point, qui est lui-même élevé de 2m,60 au-dessus du parvis de l'édifice, en sorte que, si ce palais était déblayé des décombres modernes qui l'entourent, il serait couvert aujourd'hui par les eaux jusqu'à une hauteur de 5m,30.

Le premier résultat démontre qu'il s'est établi une différence de niveau d'au moins 5 mètres dans cette partie de la vallée; et le second, que le lit du fleuve s'est exhaussé à peu près de la même quantité.

Quoiqu'il soit impossible d'assigner une date certaine à l'érection de ces monuments, si on réfléchit au nombres de siècles qui ont dû s'écouler, avant que les Egyptiens aient seulement pensé à élever ces prodiges d'architecture, on sera conduit à supposer à ces atterrissements séculaires une épaisseur si considérable, qu'elle paraîtra exagérée à tout homme judicieux; et par suite l'on sera invinciblement amené à en conclure que la Basse-Egypte n'a pas toujours été arrosée par le Nil; que ce fleuve n'y a pas constamment déposé du limon. Afin de nous rendre compte des variations survenues au régime des eaux, examinons ce qui se passe aujourd'hui à la cataracte de Ouadi-Alfah.

Au plus fort de l'inondation, le Nil couvre entièrement les rochers qui composent la cataracte. Un mois après, on voit surgir du sein des flots les sommets graniteux les plus élevés, dont le nombre augmente en proportion de la décrue. Alors le fluide vient les heurter avec violence, les polit par le frottement, en s'écoulant à travers les intervalles qui les séparent. Ces intervalles diminuent de plus en plus à mesure que le niveau se rapproche de leur base, où ils forment une chaîne continue qui est située à 4 mètres environ au-dessous des basses eaux. La hauteur de la crue étant de 9 mètres, une dépression du terrain, à 13 mètres de profondeur dans le lit en amont de la cataracte, établirait le niveau supérieur du fleuve au raz de cette digue, et l'Egypte, où il ne pleut pas, serait mise à sec. La question serait jugée, si on pouvait s'assurer qu'à cette profondeur la nature du sol est la même qu'à la surface du lit; mais cette preuve nous est acquise par l'épaisseur des dépôts (5 mètres) qui ont eu lieu à Thèbes, dans un laps de temps certainement trois fois moindre que celui qui s'est écoulé depuis l'époque assignée au déluge jusqu'à nous.

Ainsi, on ne peut le nier, le Nil n'a pas toujours coulé dans la vallée d'Egypte. Il fut un temps où, arrêté dans son cours par une digue transversale, il refluait tout entier dans la Nubie, et baignait de ses eaux fertilisantes les déserts de la Lybie. Alors ces immenses plages sablonneuses, coupées par de nombreux canaux étaient couvertes d'une riche végétation, foulées par un peuple industrieux, riche et heureux, si, comme tout porte à le croire, il était mieux gouverné qu'aujourd'hui. Cet état de choses a dû subsister jusqu'au moment, où les dépôts successifs du fleuve dans son lit supérieur, ont élevé son niveau au dessus de la chaîne continue, sur laquelle s'appuient les rochers de la cataracte. Alors une partie du fluide s'est écoulée avec violence à travers les interstices qui les séparaient; son action incessante en a enlevé quelques parcelles et a tracé, en s'échappant, de légères ouvertures; bientôt ces sillons se sont transformés en canaux plus prononcés, à travers lesquels l'eau s'est écoulée avec une vitesse proportionnée aux pentes. Ce n'est qu'à partir de cette époque que le Nil a commencé à déposer du limon dans le bassin inférieur, en s'y précipitant de très-haut. Cette hauteur a dû diminuer graduellement, en proportion des remblais dont chaque inondation augmente la masse; toutefois, elle était encore très-considérable, du temps des Pharaons, puisque toute l'antiquité s'accorde à parler de la dernière cataracte, comme d'une chute prodigieuse, dont le bruit effroyable frappait de surdité les habitants du voisinage.

A mesure qu'une plus grande masse du fluide se répandait en Egypte, la hauteur de la crue diminuait en Nubie. Par suite de cet abaissement, les plateaux les plus élevés ont cessé d'être inondés, tandis que les terrains bas de l'Egypte étaient arrosés et s'élevaient progressivement. Il y a donc eu aussi dans la fertilité des deux pays succession de variations qui ont été occasionnées par celles du fleuve, et qui ont amené par degré la fertilité et la civilisation dans le pays inférieur. Abandonnant des plateaux devenus incultes par le retrait des eaux, l'homme est descendu en Egypte, où il obtenait sans effort d'une terre vierge des récoltes sans égales. Il suivait le cours du Nil dont les conquêtes s'étendaient dans cette vallée spacieuse, qui vit naître Thébes et ses monuments. Aune nature inerte, succéda un pays magnifique et cultivé par un peuple qui grandissait peu à peu, tandis que le bassin supérieur s'appauvrissait. C'est à l'époque où une partie de la Lybie était encore florissante qu'il faut rapporter les guerres, qui éclatèrent entre les habitants de ces deux contrées. Alors ces armées nombreuses dont parle la tradition ont pu se transporter d'Egypte en Nubie, et réciproquement. Aujourd'hui, il serait impossible de faire subsister des troupes ou de les mettre en mouvement, au milieu de ces vastes déserts.

Telles sont les conséquences où nous conduit l'inspection des lieux, conséquences applicables aux bassins supérieurs jusqu'à la limite des pluies, puisque les mêmes causes y ont produit des changements analogues dans le régime des eaux. Nous devons donc conclure:

(1) Que l'homme a suivi de bassin en bassin les atterrissements du Nil, qui l'ont conduit d'abord en Nubie, où le fleuve était arrêté dans son cours par une digne transversale;
(2) Qu'à cette époque, l'Egypte privée d'eau douce, était en partie, sinon en totalité, couverte par la mer et complètement stérile;
(3) Que le Nil s'étant ouvert un passage à travers la cataracte, a ensuite déposé dans cette vallée une masse considérable de limons, qui, à la suite des siècles, sont sortis du sein de l'onde, et ont ainsi formé des terres fertiles dont les Nubiens se sont emparés.

Telle est l'origine de l'Egypte et du peuple, qui a laissé après lui un si long retentissement. Cette origine est confirmée par les récits que firent les prêtres de Sais à Hérodote, par les propres observations de cet historien,[1] par le témoignage d'un grand nombre d'auteurs anciens qui ont pensé que les institutions égyptiennes venaient de l'Ethiopie, et par les peintures qui nous représentent des hommes de cette ancienne race. Nous terminerons cet aperçu géologique par quelques observations sur le sol de la Thébaïde, que nous avons examiné avec une attention particulière.

L'élévation des terres rapportées est plus considérable sur les rives que dans la plaine. Un plus long séjour de l'eau sur les bords doit nécessairement augmenter en proportion la quantité de limon déposée. Cette masse d'alluvions, dont se compose le terroir de la Thébaïde, est traversée en divers sens par des filons sablonneux, ils forment autant de canaux par où l'eau filtre à

-1- Les prêtres de Sais dirent à Hérodote que du temps de Mœris, premier pharaon, toute l'Egypte, à l'exception du nome de la Thébaïde, n'était qu'un marais; qu'alors il ne paraissait rien des terres qu'on y voit au-dessous du lac Mœris, quoiqu'il y ait sept jours de navigation depuis la mer jusqu'au lac. Tout homme judicieux, ajoute cet historien, verra qu'il en est de même de tout le pays qui est au-dessus du lac jusqu'à trois journées de navigation.
Sous le roi Mœris, une crue de huit coudées suffisait pour arroser Memphis, et 900 ans après il en fallait au moins quinze. (Laucher, traduction d'Hérodote.)

travers champs, en dissolvant les sels dont ils sont imprégnés. Une partie du liquide est absorbée par le limon et l'excédant se dirige d'après les lois ordinaires des fluides. On conçoit, d'après cela, que plusieurs filons sablonneux peuvent concourir à un point unique très éloigné du Nil, et former dans un espace moins élevé que le niveau d'alimentation, ces réservoirs d'eau que l'on rencontre dans le désert et sur la route de Cosseir. Les faits suivants viendront à l'appui de cette opinion. Il existe derrière le temple de Luxor une excavation, qui paraît avoir été creusée de main d'homme; on suppose même que c'était un ancien étang qui recevait l'eau du fleuve par un canal à ciel ouvert, dont il n'existe plus aucune trace. Actuellement le liquide y pénètre par infiltration et suit les variations du Nil. Il en est de même de celui de Karnac, distant du fleuve de deux milles; l'eau qu'il renferme est toujours saumâtre, mais à un degré moindre que celle des puits de Cosseir, conséquence du phénomène que nous avons admis; car la quantité de sel en dissolution doit, toutes circonstances égales, être proportionnelle à l'espace parcouru par le fluide, avant de se manifester à la surface du sol. C'est par suite de ces infiltrations, que des blocs de granit qui ne sont pas atteints par l'inondation, sont cependant détériorés par l'action mécanique du natron, dont les eaux sont imprégnées. Ce sel se trouve en abondance dans tout le terroir de la Thébaïde, jusqu'à une profondeur de 50 centimètres.

Les Arabes cultivateurs distinguent parfaitement les filons sablonneux du limon du fleuve. A l'époque des basses eaux, ils sèment des pastèques sur la dernière lisière de la rive mise à découvert. Me promenant un jour entre les bords du fleuve et l'étambot du navire, j'aperçus un fellah qui prenait possession de ce terrain pour l'ensemencer. Je remarquai, qu'après avoir sondé de mètre en mètre, il négligeait à dessein de placer des graines dans quelques-uns de ces puits moins profonds que les autres. Je lui en demandai l'explication. Il me répondit: « Ceux-là sont mauvais; si je creusais un peu plus, le liquide surgirait immédiatement. » Tu vois que je suis tombé sur un filon de sable qui donne passage à l'eau. »

Je ne m'étendrai pas davantage sur les propriétés du sol de l'Egypte:

elles n'entrent pas nécessairement dans le cadre que je me suis tracé, et je dois laisser à des esprits plus versés dans la géologie, le soin de tirer de l'observation exacte des lieux, des conséquences plus complètes et plus intéressantes.

Revenu au milieu des Arabes avec lesquels je vivais depuis si longtemps, je continuai à étudier la forme de leur gouvernement, à observer la régularité et la variété des saisons, la fécondité du sol, les habitudes des naturels, les aliments dont ils se nourrissent, leurs rapports sociaux, leurs travaux, leurs amusements, etc.

L'Egypte est divisée en sept gouvernements, quatre dans la Basse-Egypte, un dans la moyenne, deux dans la Haute.[2] Chacun de ces gouvernements, confié à un Turc qui prend le titre d'excellence, est subdivisé en plusieurs mamouriés, les mamouriés en nazheras, les nazheras en villages principaux auxquels sont subordonnés d'autres villages.

Ce vaste territoire de l'Egypte, et les propriétés qui le couvrent, et le Nil qui le traverse, et les habitants qui le peuplent, tout cela appartient en toute propriété au Pacha, tout cela est à sa pleine et entière disposition; le commerce est exclusivement entre ses mains; l'idée de la propriété individuelle n'existe pas dans le pays; chaque gouverneur exerce au nom de S.-A. l'autorité suprême, et transmet ses ordres, par des courriers à dromadaire, aux diverses autorités turques. Les chefs des villages seuls sont Arabes et répondent de l'exécution; ce sont les éditeurs responsables.

Chaque fellah est tenu de payer un droit de capitation, un impôt proportionné à l'étendue du sol qu'occupe sa maison; il est soumis à des corvées en nature et obligé de cultiver et de semer, d'après les ordres qu'il reçoit, un certain nombre de fœddams de terre. Il lui est alloué pour ce dernier travail une partie proportionnelle de la récolte. Au règlement de compte, l'agent du pouvoir lui prouve par des arguments irrésistibles qu'il n'a rien à réclamer pour son droit; qu'au contraire, il est redevable au gouvernement pour les distractions qu'il a faites, et qu'en outre il n'a pas acquitté toutes

-2- On leur donne aussi le nom de Said (Haute Egypte), Bahari (Basse-Egypte), et Volstani (Lgypte moyenne).

les charges du Miri. Le malheureux retourne les mains vides dans son village, s'estimant trop heureux d'avoir échappé à la fatale courbache; tel est le sort des infortunés descendants des Egyptiens, que la tradition des coups de bâton dont les Pharaons payaient les gigantesques travaux de leurs ancêtres, semble s'être encore plus fidèlement conservée que les sphinx, les obélisques et les pyramides.

Si cet Arabe cultivateur a eu quelques relations avec les Européens, soit en qualité de manœuvre, soit comme domestique, les agents turcs s'informent de ce qu'il a pu gagner jour par jour, et dès ce moment ils le harcèlent, ils le traquent comme une bête fauve. C'est en vain que l'Arabe ira enfouir son argent dans les tombeaux ou le confiera aux entrailles de la terre, l'inexorable mamour parviendra sous mille prétextes à le lui extorquer. On commence d'abord par exiger qu'il paye les impositions arriérées de ses parents; si cet acquittement n'absorbe pas entièrement la somme qu'on lui suppose, on le fait rançonner pour celles de ses amis; s'il refuse de satisfaire; après trois sommations faites à quelques jours d'intervalle, les satellites du mamour le couchent le ventre contre terre, lui relèvent les jambes verticalement et lui maintiennent, au moyen d'un bâton attaché par une chaîne contre ses talons, la plante horizontale; deux individus soutiennent les extrémités du bâton et un troisième se met à cheval sur son cou, afin de l'empêcher de remuer. Dans cette position, on le somme de nouveau; s'il persiste, le bourreau, armé d'une courbache, lui en applique des coups redoublés sur la plante des pieds. Bientôt le sang ruisselle et les bourreaux ne répondent aux cris de la victime que par ces mots: At felhous, donne de l'argent! La scène s'anime de plus en plus, les plaintes et les douleurs du patient ne font qu'exciter la fureur des exécuteurs; les coups se succèdent avec plus de rapidité, jusqu'au moment où l'Arabe, ne pouvant plus résister à la violence des tourments, pousse un gros soupir et lance à terre, par un mouvement convulsif, les pièces d'or qu'il tenait cachées dans sa bouche.[3]

Cette conduite du fellah qui apporte son argent et se laisse

-3- Diodore de Sicile dit: « Que les Egyptiens se croyaient dupes de payer ce qu'ils devaient, a battus pour y être contraints.»

fustiger avant de le donner, présente une contradiction apparente. Cependant elle s'explique par des considérations assez simples. Passionné du désir de conserver son or, le fellah se flatte de résister à la torture et de convaincre, par sa résignation absolue, qu'il ne possède rien. D'un autre côté, il craint de ne pouvoir endurer jusqu'au bout les douleurs auxquelles il s'expose; il se réserve ainsi la faculté de racheter le restant de sa vie, si les souffrances deviennent intolérables; il est naturellement patient et quelques-uns réussissent à lasser leurs bourreaux. Cette résignation connue est souvent la cause que des malheureux, dénoncés par de faux rapports, sont mis à l'épreuve bien qu'ils ne possèdent pas un para.

Voici un fait que je puis certifier, j'en ai acquis la preuve positive; il s'est passé pendant notre séjour à Luxor.

Le gouvernement a coutume d'abandonner la récolte des dattes aux fellahs, moyennant une redevance. A la suite de levées d'hommes faites dans la Haute Egypte, un bouquet de palmiers qui ne portait pas, cette année, une seule datte, se trouvait sans exploitateur. Le mamour instruit par ses agents, qu'un écrivain arabe était employé par les Francs et recevait une solde journalière, se mit de suite en devoir de la lui soutirer. Il le fit appeler, lui présenta sa main à baiser, le combla d'éloges, loua jusqu'à l'exagération son zèle et son activité, et lui annonça, qu'en récompense de ses services, il lui concédait le fermage du bouquet de dattiers. L'écrivain hésite et finit par balbutier un non. A ce mot, le mamour s'emporte, lui reproche avec amertume de refuser un cadeau du chef de la province et s'écrie en fureur: Qu'on apporte les courbaches. L'Arabe pâlit, porte à ses lèvres les mains de son maître, le remercie de sa bonté et dépose à ses pieds le prix exigé.

Les Turcs eux-mêmes ne sauraient entièrement se soustraire à la rapacité des gouverneurs; depuis dix-huit mois, les soldats chargés de la police, qui habitaient Luxor, n'étaient pas payés; ils avaient vendu pour vivre une partie de leurs habillements et de leurs armes; poussés, enfin, par la nécessité, ils tâchaient d'extorquer aux malheureux fellahs les denrées qu'ils avaient pu soustraire à leurs tyrans; c'est ainsi que les Arabes ont à subir les vexations, que font peser sur eux tour à tour, les soldats, les chefs de villages, les préposés à la police, les nazhers, les mamours, les gouverneurs, et tous les domestiques attachés à leur service.

C'est avec la même dureté qu'on lève les recrues pour l'armée; il n'y a pas en Egypte de tirage au sort; chaque village est tenu de fournir un certain nombre d'hommes, Des cawas se transportent dans les maisons indiquées par le chef du bourg, saisissent les conscrits, et pour s'assurer de leur personne, leur mettent des espèces de menottes qui leur pressent les deux pouces. On les réunit ensuite dans le village le plus peuplé; lorsqu'ils sont en nombre suffisant pour former la charge dune barque, on les expédie au Caire. Ce départ, comme on le pense bien, donne lieu à une scène de désolation; les mères, les sœurs, les parents, se rassemblent autour d'eux, poussent des gémissements, s'arrachent les cheveux, leur adressent en sanglotant les derniers adieux. Impassibles à ce spectacle qu'ils n'ont pas même l'air d'apercevoir, les Turcs, pendant ce temps, font filer dans la barque leurs nouvelles recrues et appareillent pour la Basse-Egypte.

Nulle population, au reste, n'a plus de répugnance pour le service militaire et n'emploie plus de ruses pour s'y dérober. Ce n'est souvent qu'avec des peines inouies, que les agents, chargés de lever les recrues, parviennent à compléter le nombre de soldats exigé.

Lorsqu'il s'agit d'exécuter quelques travaux extraordinaires, lesquels consistent principalement à déblayer les canaux de dérivation, l'autorité procède par une sorte de presse, faite dans un rayon de huit à dix lieues: hommes, femmes, enfants, tout est amené sur le chantier, et, bon gré malgré, il leur faut travailler la plupart du temps sans instruments ni outils; force leur est, à proprement parler, de gratter la terre avec les mains. Des cawas, préposés à leur surveillance, les empêchent de s'éloigner; le chef de chaque bourgade est chargé de leur apporter à manger; mais comme il n'a presque jamais les moyens suffisants, les parents des manœuvres, qu'on a laissés en petit nombre dans les habitations, y suppléent. Ceux qui n'ont rien meurent de faim à la peine. J'ai vu un de ces malheureux, travaillant à un canal près de Luxor, qui depuis huit jours ne se nourrissait que de joncs; il ressemblait à un spectre; à côté de lui se trouvait une femme enceinte et trois petits enfants, de l'âge de quatre à cinq ans, exténués de fatigue et de faim.

Doit-on, après cela, s'étonner que l'Arabe soit généralement méfiant, soupçonneux, voleur, insoucieux de l'avenir; qu'il cherche à se couvrir de la livrée de la misère, afin d'échapper aux scènes douloureuses dont nous venons de parler? Le dénoncer comme possesseur de quelque argent, c'est lui ménager la certitude d'une série de vexations et de tortures, qui ne se terminent que lorsqu'il a livré à ses oppresseurs jusqu'à son dernier para. Les vices qu'on reproche aux Arabes ne leur sont pas naturels: ils sont la conséquence de l'administration inepte et brutale à laquelle ils sont soumis. Et, par exemple, chercheraient-ils à fruster l'autorité de ses droits, s'ils n'avaient pas sans cesse à redouter les rapines des agents subalternes; enfreindraient-ils les ordres de l'autorité supérieure, si ces mêmes agents ne les leur notifiaient sans cesse à coups de bâton?

Ce qui m'est arrivé, pendant les premiers jours de nos travaux, vient à l'appui de cette opinion. On avait enlevé la masse (sorte de marteau) et deux ciseaux que notre tailleur de pierre avait laissés sur le socle de l'obélisque. Le nazher prévenu de cette soustraction, promit de les faire retrouver. Quatre jours après, ne les ayant pas reçus, je lui fis signifier que j'allais en donner avis au gouverneur du Saïd, par un courrier à dromadaire. Le nazher me supplia d'attendre jusqu'au lendemain. C'est alors qu'il mit en œuvre les grands moyens. Tous les habitants qui occupaient les maisons bâties autour de l'obélisque, furent assemblés et soumis à la fatale courbache. Averti de ce qui se passait, je me rendis sur les lieux et sollicitai avec instance, qu'on suspendît ce cruel traitement. Le nazher me fit observer que la punition n'avait porté que sur les plus malheureux; qu'il fallait nécessairement l'infliger à l'un des principaux habitants, me laissant la faculté d'en arrêter le cours. Au deuxième coup, je demandai grâce et les individus furent conduits en prison. A peine étaient-ils renfermés, qu'un Arabe accourut à perdre haleine et déposa la masse et les ciseaux qu'il avait trouvés, disait-il, en dehors du village. Depuis ce moment, les Arabes, bien convaincus de l'efficacité de la protection que nous accordait le pacha, n'ont pas soustrait la moindre parcelle de notre matériel disséminé sur toute la plage. Ils nous rapportaient jusqu'aux têtes de clous.

Il n'existe pas parmi eux d'état civil; l'âge d'un individu demeure inconnu. Si on les interroge à ce sujet, ils citent quelques circonstances, quelque événement remarquable, auxquels ils rattachent approximativement une époque de leur vie; l'enlèvement de l'obélisque, par exemple, servira de date à un grand nombre d'entre eux.

Le climat de la Haute-Egypte n'est point variable comme en Europe; à l'exception des jours où souffle le khamsin (vent du sud), le ciel est toujours pur et serein; jamais on n'aperçoit le plus petit nuage; l'air y conserve une complète sécheresse; c'est sans doute à cette absence de vapeur atmosphérique que l'Egypte doit la conservation de ses monuments: il en est dont les couleurs, à l'exception du rouge qui est fortement adhérent, s'enlèvent au toucher; et cependant elles ne sont nullement altérées. Sous un pareil climat, on n'est jamais en doute sur l'état de l'atmosphère; on peut compter sur la continuité d'un travail du lever au coucher du soleil, et calculer avec une exactitude rigoureuse, l'époque de l'entier achèvement d'une opération. Cependant nous avons été témoins d'un changement momentané dans l'ordre que la nature a fixé imperturbablement en Egypte. Une pluie abondante tomba pendant une partie de la nuit: quelques heures de plus, c'en était fait des habitations de Luxor, du moins de celles qui ne sont construites qu'avec du limon, elles auraient été délayées et liquéfiées.

Le Nil met un intervalle de six mois à croître et à décroître. L'augmentation commence à Thèbes, dans les premiers jours de juin. L'eau perd d'abord peu à peu sa transparence; on remarque ensuite de légères oscillations. Quelques jours après, elle prend une teinte verdâtre et la crue devient sensible; plus tard, la couleur passe au rouge foncé; la vitesse du courant augmente et les eaux charrient des masses de mousses. Le Nil, dans la Thébaïde, monte de 8 à 9 mètres. Le mouvement d'ascension a lieu sans trouble, sans agitation, sans produire aucun bouleversement des terres. Ces phénomènes qui n'appartiennent qu'à ce fleuve, lui ont fait donner le nom de Sage. Avant que les eaux aient atteint leur maximum, on ouvre les canaux de dérivation pour faciliter et étendre l'inondation. C'est une époque mémorable que l'on désigne dans le pays sous le nom d'ouverture du calice, et qui, pour les Egyptiens, est toujours le signal des réjouissances et des fêtes.[4]

Communément tout le terrain n'est pas couvert par le Nil; la portion restée à sec s'humecte par infiltration. La hauteur du fleuve au-dessus du sol dépendant d'une multitude de circonstances, ne peut pas être déterminée exactement. Elle est d'environ de 20 à 30 cent, sur la plaine de Thèbes. Le débordement périodique du fleuve fixe invariablement l'époque des travaux agricoles, qui ne sont pas très pénibles, la terre n'exigeant pas, comme en Europe, de grands aménagements préparatoires. Tout se réduit à semer et à recouvrir la graine. La première partie du sol mise a découvert à la fin de novembre est ensemencée de fèves; la deuxième partie, laissée à sec en décembre, est destinée au froment, à l'orge, aux pois pointus et aux lentilles. En février, on mange des fèves fraîches et en mai des pois pointus. La récolte du blé et de l'orge se fait en mai et juin; celles des lentilles et pois pointus dans le mois d'avril. C'est aussi l'époque de la floraison des dattiers. On suspend aux branches de chaque palmier femelle des fleurs mâles bien développées, qui fécondent les pistils du premier. Le doura, principale nourriture des Arabes, et le maïs, sont mis en terre, en juillet et août, sur des terrains non encore inondés, et recueillis en octobre et novembre. La culture et la récolte de l'opium ont lieu en mars et avril. La berge du fleuve, mise à découvert en avril et mai, est considérée comme un terrain libre, vu le court intervalle qui sépare le moment du dessèchement de celui de l'inondation suivante. Il est en conséquence abandonné aux fellahs, qui y sèment à volonté des pastèques, des concombres, des ognons, de la chicorée. Cette culture exige très-peu de main-d'œuvre. Le fellah debout fait un trou dans la terre avec un bâton

---

-4- Du temps des Pharaons, c'était l'époque de la floraison du lotus; cette plante exprimait, chez les Egyptiens, l'inondation, et sa fleur, qui ressemble à un calice, était l'emblème de l'entrée du Nil dans les canaux.

armé d'un fer de lance, et y dépose la graine qu'il recouvre avec le pied; cette récolte est terminée dans l'espace de deux mois, seul temps pendant lequel le terrain reste à sec; presque toujours les cultivateurs sont obligés de se mettre à l'eau pour recueillir les fruits.

On cultive aussi en Egypte l'indigo, la canne à sucre, le riz, le coton, le lin, etc. Au reste, les denrées ne sont pas dans les mêmes proportions chaque année. Elles sont soumises à l'arbitraire et à la spéculation du gouvernement, qui ordonne de consacrer une plus ou moins grande partie de terrain à tel ou tel produit, suivant les avantages qu'il espère en retirer.

La terre d'Egypte est éminemment fertile. Le principe de sa fécondité consiste dans le limon déposé par le Nil; cette terre végétale, noire tant qu'elle conserve de l'humidité, devient, lorsqu'elle est exposée au soleil pendant quelque temps, identique avec le sable; j'ai eu l'occasion défaire plusieurs fois cette observation: des pans de montagnes, taillés en talus, présentaient à l'œil le moins exercé des couches successives de limon et de sable; quelques jours après, la teinte était uniforme, et sans les repères, il m'aurait été impossible de les distinguer. Il paraît que les particules végétales se détachent du sable par l'effet de la chaleur, et se réduisent en poussière que le moindre vent dissipe dans l'espace.

A l'occasion de la fertilité, je citerai ce qui est arrivé à l'expédition même. J'avais fait entourer d'un mur de clôture, un petit terrain consacré à la culture des légumes. On y sema des graines d'Europe qui nous étonnèrent par la rapidité de leur croissance. Au bout de neuf jours, nous avions des radis qu'il y avait nécessité de consommer promptement, car treize jours après ils étaient en fleurs. Il en était, relativement, de même des choux-fleurs, des oignons, auxquels il fallait tordre la queue, afin de les empêcher de monter. Un carré de haricots, de tomates, d'aubergines suffit pour la consommation de l'état-major et des autorités du pays. Nous avions beau en cueillir, il en repoussait toujours. Enfin, une baguette de figuier de la grosseur d'un pouce, enfoncée à la porte du jardin, devint, au bout d'un an, un arbre couvert de fruits, dont le diamètre à l'embranchement était de 10 à 12 centimètres.

D'après les détails que nous avons donnés sur le régime dur, brutal, féroce du gouvernement turc, on est étonné de trouver encore dans le peuple égyptien de la gaieté, de l'esprit, une adresse incroyable et une grande aptitude pour les arts. Les résultats obtenus par moi-même et dont j'ai déjà parlé, constatent la vérité de cette assertion et témoignent des qualités natives des Arabes. J'ai vécu avec eux presque en familiarité; je les ai vus et étudiés pendant les quatre saisons qui ramènent à peu près toutes les circonstances de la vie d'un homme, eu égard aux diverses périodes de son existence. Que de ressources, quelle surabondance de moyens, ils trouvent en eux-mêmes! Certes, il ne faudrait pas un grand nombre d'années pour les amener à un haut point de civilisation. Tous les arts feraient dans ce beau pays des progrès immenses, si l'agriculture y était encouragée et protégée par une administration sage et éclairée. Les terres d'Egypte, éminemment fertiles, distribuées en propriétés aux habitants, rapporteraient cent fois plus, et Mehemet-Ali déculperait ses revenus. Il n'en retire annuellement, bien qu'il en soit le seul véritable propriétaire, que le cinquième de la production; une partie est gaspillée par le peuple, et le reste volé par les autorités subalternes, qui exercent, comme je viens de le dire, toutes sortes de vexations sur les misérables fellahs. Les Turcs qui trouvent leur compte à faire exploiter le pays par un troupeau d'esclaves, objectent que ces malheureux, par cela seul qu'ils ont peu de besoins, se borneraient à cultiver quelques arpens de doura, nécessaires à leur existence. C'est une assertion contre laquelle nous élevons la voix de toute la force que peut donner une longue et sérieuse observation, et une conviction profonde: les Arabes aiment avec passion l'argent qui, chez eux comme chez les autres peuples, procure les jouissances de la vie et les objets de luxe. Ils recherchent toutes les occasions d'en acquérir. Je les ai vus, sous le ciel brûlant de la Nubie, faire quinze à vingt lieues par jour, pour un modique salaire qu'ils destinaient à l'achat d'un tarbouche. Dans d'autres circonstances, ils couraient, pendant plusieurs heures à travers la plaine, dans l'espoir d'y trouver quelques plantes de tabac. Pour une tasse de café, ils auraient traversé le désert. N'est-il pas évident, d'après cela, que ces hommes se livreraient avec ardeur à des travaux qui leur donneraient le moyen de satisfaire des besoins, qui grandiraient avec leur bien-être? Le vice-roi connaît parfaitement la situation de son royaume; l'incapacité et le caractère des employés turcs qui exercent le pouvoir sous sa domination. Mais préoccupé qu'il est de fonder sa puissance politique, et de la faire accepter au dehors, il lui est difficile, il faut le reconnaître, de s'occuper activement de l'organisation intérieure du pays: à ceux qui lui en signalent les lacunes ou les vices, il lui est souvent arrivé de répondre: « Que voulez-vous que je fasse! je suis seul; plus tard, on verra ». S. A. méditait à cette époque la conquête de la Syrie, ou plutôt celle de sa propre indépendance, et ce moment n'était pas favorable pour bouleverser l'administration intérieure. Une semblable révolution lui eût infailliblement attiré la haine de tous les hommes en place, et eût ajouté aux difficultés que déjà il avait à vaincre. Espérons que Mehemet-Ali, dont le génie a devancé son siècle, qui ambitionne de figurer dans l'histoire à côté de Pierre le Grand, et même de le surpasser, ne tardera pas d'émanciper un peuple qui n'attend que des lois et une organisation sociale pour se placer, sous le rapport de l'industrie, de l'agriculture et des arts, au niveau des peuples les plus avancés de l'Europe.

Je terminerai le récit de cette excursion par quelques détails sur les mœurs et les habitudes des Arabes: s'ils pèchent par le défaut de coloris, du moins auront-ils le caractère de vérité, qui est si nécessaire pour faire apprécier un peuple peu connu.

L'habillement des hommes se borne à un simple caleçon et une chemise de coton; les moins misérables couvrent leur tête d'un turban ou d'un tarbouche rouge; les autres d'une espèce de calotte blanche qu'on nomme taki.

Les femmes qui paraissent en public, portent aussi un caleçon et une chemise semblable à celles des hommes; et sur la tête un grand mouchoir qui descend par derrière jusqu'au bas de la jambe, et dont les pointes saisies avec les dents cachent leur figure. Les filles et les garçons, jusqu'à l'âge de puberté, sont entièrement nus. Le sexe est bien conformé, les épaules larges, la figure très-régulière et très-expressive, les dents fort blanches; des yeux étincelants, d'un beau noir, protégés par de longs cils qui rayonnent autour comme des pinceaux, les seins plus séparés et plus prononcés que dans les femmes d'Europe. Les femmes d'Egypte se peignent les lèvres en bleu foncé, et souvent sur la partie qui les sépare du menton, est représenté le signe qui caractérise leur sexe. Leur démarche est fière, leste, élégante, et il est impossible de porter avec plus de grâce un fardeau sur la tête ou un petit enfant à cheval sur les épaules. Je peins ici les Thébaines, les Nubiennes sont loin de partager les mêmes avantages physiques. Elles sont laides, sales, les traits delà figure très-prononcés, et l'enduit dont elles pommadent leurs cheveux, exhale une odeur très-désagréable. Le corps de l'Egyptien n'offre rien qui-le distingue d'une manière sensible de celui des Européens. On en trouve de toutes tailles, de plus ou moins bien conformés; leurs yeux sont comme ceux des femmes, très-vifs, très-animés et d'un beau noir. La couleur de la figure est également basanée.

La coquetterie n'est pas un sentiment étranger aux femmes arabes. Elles sortent constamment couvertes; les jeunes, à l'approche d'un Européen, tout en ayant l'air de cacher leur figure avec plus de soin, trouvent dans ce mouvement fictif le moyen de se montrer. Elles aiment aussi beaucoup la causerie. Obligées de rester chez elles pendant toute la journée, elles vont le soir puiser dans le Nil avec des vases nommés pallas, qu'elles rapportent à la maison. Ces vases sont trop lourds, pour qu'une femme puisse les placer elle-même sur la tête; l'heure arrivée, elles s'assemblent sur les bords du fleuve en deux ou trois groupes; et sous prétexte de s'entraider, elles passent un temps très-long à babiller, ce qui paraît être un grand plaisir pour elles. Si le Nil a cru dans le courant de la journée, elles entonnent pendant quelques minutes des chants religieux. Au moment du départ, elles attendent que chacune ait repris sa charge et s'acheminent lentement vers leurs demeures, en continuant leur caquetage. Dans cet état, les jeunes femmes sont admirables; leurs belles proportions, leur tenue gracieuse et élégante, le léger vêtement qui voile à peine des formes éclatantes de pureté et de fraîcheur, rappellent par une délicieuse réalité, ce que l'imagination et l'art peuvent se figurer de plus parfait.

Quant aux habitudes et au caractère particulier des femmes égyptiennes, comme elles se croient créées uniquement pour servir aux plaisirs des hommes et leur être agréables, leur plus ardent désir est de devenir l'épouse d'un homme assez riche, Turc ou Arabe, qui puisse les tenir renfermées. Les femmes auxquelles échoit cet heureux privilège, forment une catégorie à part. Le maître qu'elles se sont ainsi donné, prend tous les moyens imaginables pour les mettre dans l'impossibilité de le tromper; elles ne sortent que très-rarement et encore sont-elles complètement voilées par deux ou trois pelisses percées de deux trous seulement, qui leur permettent à peine de voir devant elles; mais il en est là comme partout ailleurs, des verrous et des grilles: elles trouvent encore le moyen de s'émanciper au moins une fois l'an; le jour de la fête des morts, elles ont fait admettre comme principe religieux qu'elles devaient aller seules au cimetière, pour rendre hommage à leurs parents et amis décédés. Ce jour-là, liberté tout entière; et il en est peu, dit-on, qui n'en abusent pas.

Les cérémonies du mariage présentent quelques pratiques assez curieuses que je crois devoir rappeler. Et d'abord, parmi les Arabes, la grande question de la dot reçoit une toute autre solution que parmi nous; au lieu de marchander sa fiancée, le futur donne aux parents de la fille une valeur en argent, en denrées ou en bestiaux, et s'engage devant le cadi, en cas de répudiation, à lui payer, par forme de dédommagement, une somme déterminée. Ces conditions acceptées de part et d'autre, on célèbre pendant plusieurs jours les approches du mariage. Une espèce de fourneau fixé au bout d'une perche, et dans lequel on a placé des morceaux de bois allumés, s'élève devant la porte de la maison du fiancé, en guise d'illumination et en signe de réjouissance. On se livre à différents amusements; on tire des coups de pistolet, et les aimées exécutent plusieurs danses qui font les délices des assistants. C'est la mère qui, en présence de quelques parents, déchire elle-même le réseau virginal de sa fille; le linge qui a servi à cette opération est porté en triomphe dans les rues du village, et placé comme un étendard à la fenêtre de l'épouse promise. De son côté, le jeune homme est dépouillé de ses habits et lavé à l'eau chaude avec du savon. Cette toilette terminée, les deux époux sont définitivement réunis. Il ne faut voir, dans ces pratiques, que l'expression grossière et barbare, mais respectable au fond (et c'est pour ce motif que nous les avons rapportées), de l'importance qu'attachent les Arabes à la pureté des mœurs; elles n'empêchent cependant pas qu'il ne se glisse, dans ces observances morales, certaines supercheries auxquelles l'affection maternelle se prête quelquefois.

J'ai parlé des aimées. On sait que l'on donne ce nom à des danseuses de profession, sorte de bayadères nomades, toujours accompagnées d'un ou deux hommes et de quelques vieilles femmes, qui jouent d'un violon à trois cordes et d'un tambour de basque. Elles vont ainsi donnant pour de l'argent des représentations dans les maisons particulières. Leur danse, leur jeu, leurs mouvements sont extrêmement lascifs, variés avec art, et peignent avec beaucoup d'adresse tout ce que peut imaginer la passion la plus effrénée. L'aimée tient dans ses doigts deux petites cymbales en cuivre de la grosseur d'un écu de six livres. Elle chante et danse quelquefois pendant toute une nuit. La quantité d'eau-de-vie qu'elle boit alors est incroyable; elle ne pourrait la supporter, si une agitation continuelle n'en facilitait la transpiration.

De toutes les sortes de danses que j'ai vu exécuter aux aimées, je me bornerai à rappeler quelques traits de celle qu'elles nomment danse de l'abeille.

L'aimée se présente revêtue d'un caleçon, d'une jupe par-dessus, d'un spincer et d'une ceinture; la tête couverte d'un grand voile qui descend jusqu'au bas de la jambe. La musique se fait entendre, l'artiste commence à danser et à chanter en agitant ses cymbales. C'est une espèce d'entrée qui n'a aucun rapport avec la scène principale. Les premiers mouvements sont languissants. La figure de l'aimée est inanimée; elle marche plutôt qu'elle ne danse. Ce préambule dure à peu près un quart d'heure; bientôt elle croit entendre le bourdonnement d'un insecte qui voltige dans la salle; elle prête l'oreille, regarde, feint de le chasser, continue ses pas et annonce ensuite par un cri douloureux qu'elle est poursuivie par une abeille. Alors les deux joueurs d'instruments et ses compagnes se rapprochent en criant à tue tête: Ak-ako ! la voilà, la voilà! Ses mouvements deviennent beaucoup plus vifs; l'aimée redouble ses plaintes, porte ses mains sur son corps, tantôt d'un côté, tantôt d'un autre, tourne et retourne dans tous les sens. Sa figure s'anime; des éclairs brillent dans ses yeux noirs et roulants; en proie à de violentes douleurs, elle s'accroupit, s'enveloppe de son voile, se roule par terre; tantôt poursuit le cruel animal qui la pique, tantôt cherche à lui échapper en prenant la fuite. Des exclamations réitérées, les plaintes les plus vives se mêlent aux clameurs des assistants, ak-ako, qui frappent en cadence dans leurs mains; le mouvement de la musique s'accélère de plus en plus; le tambour de basque et le son perçant des castagnettes accompagnent les mouvements désordonnés de l'aimée. Epuisée de fatigue, la voix éteinte, on n'entend plus que les cris aigus de ses compagnes: Ak-ako embeillaho: la voilà, la voilà l'abeille ! Le supplice qu'elle endure est insupportable. Enfin, elle perd toute retenue; elle se débarrasse de son voile; ses cheveux tombent en désordre sur ses épaules, mais le cruel animal persiste; il continue à la percer de son aiguillon; il s'est réfugié SOUS la ceinture; elle l'arrache avec violence; il passe sous le spincer, sous la robe, mêmes transports, même fureur, tout est rejeté; enfin sous le caleçon, dernier refuge de la pudeur; l'aimée y porte la main, et, partagée entre deux sensations, elle abandonne ce dernier vêtement et tombe évanouie sur le parquet. Un voile, lancé avec adresse et agilité par la matrone, cache à l'instant la nudité de la danseuse.

L'Arabe consomme peu; sa nourriture et son habillement ne coûtent que 15 fr. par an; trois petits pains de doura de la largeur de trois pièces de 6 livres, suffisent pour ses repas journaliers. Les plus industrieux y joignent des pastèques, des concombres, de la chicorée, quelques dattes, des ognons, et, ce qui est leur plus grand régal, des lentilles rouges. Dans la saison des pois pointus, afin d'économiser le doura, ils se traînent dans les champs et enlèvent quelques poignées de ce légume, qu'ils mangent avec une grande avidité. La vie de l'Arabe est très monotone; il se lève avec le soleil et se couche peu après sa disparition. Son état habituel, et celui qu'il affectionne le plus, c'est l'oisiveté: à certaines époques de l'année, il travaille, il est vrai, à la culture des terres; mais c'est sans ardeur et sans zèle. Ce n'est pas que l'Arabe soit incapable de faire preuve à l'occasion d'une grande activité; on doit bien plutôt attribuer cette nonchalance au peu de fruit qu'il retire de ses labeurs. Le soir, il rentre chez lui, où ses femmes s'occupent de lui procurer quelques distractions. Il est en général très-gai, résigné, bon, intelligent, excessivement adroit, susceptible d'instruction, peu irritable, causeur, toujours prêt à faire ce qu'on lui demande, surtout s'il est alléché par l'appât du moindre salaire; quoique vif, il supporte avec une patience étonnante la douleur et les mauvais traitements. C'est sous ce dernier rapport, comme je l'ai déjà fait observer, que consiste la différence la plus notable entre l'Arabe de la Thébaïde et celui de la Nubie. Ce dernier est plus indépendant et plus porté à se soustraire à la violence.

On sait jusqu'à quel point l'Arabe aime le merveilleux: la conception des Mille et une Nuits témoigne assez, à cet égard, du génie particulier de ce peuple; et l'Egypte a de tout temps été et est encore aujourd'hui le pays des contes, des fables et des sortilèges. Chaque Arabe porte à son col ou au bras, une amulette (c'est ordinairement un carré de drap attaché avec un ruban noir), qu'il considère comme un préservatif contre les maléfices des maugrabins. On donne ce nom à de très-habiles jongleurs qui parcourent l'Egypte en tout sens, en exploitant la crédulité du peuple. Ils passent pour avoir la faculté de sentir la présence des serpents, des scorpions, et d'enchanter ces animaux; ils se vantent surtout de prédire l'avenir, de voir à distance, ou plutôt de faire voir, car voici le moyen qu'ils emploient, pour arriver à ce dernier résultat: ils choisissent un jeune garçon, pur de mœurs, placent dans la paume de sa main un anneau en cire, qu'ils remplissent d'encre afin d'y former un miroir, dessinent sur son front quelques signes cabalistiques, puis prononçant la formule mystérieuse, projettent un parfum particulier dans une cassolette. Aussitôt, le petit garçon annonce qu'il voit le sultan ou le pacha assis sur son divan, et entouré des hauts dignitaires couverts de superbes diamants. Il dépeint ensuite la démarche, le costume, la physionomie de toutes les personnes que le spectateur lui désigne, etc.

Au reste, ces pratiques n'ont pas eu cours seulement en Egypte:

sous la régence, à l'époque où le philosophisme vint remplacer les croyances religieuses, on voyait aussi dans des miroirs, dans des verres d'eau, une foule de choses extraordinaires; peut-être ceci se lie-t-il aux effets plus ou moins prouvés, plus ou moins contestables, du magnétisme animal. Quoi qu'il en soit, les maugrabins dont l'astuce et la fourberie nous furent plus d'une fois démontrées, en imposent facilement à force d'adresse, aux populations arabes et quelquefois même à des Européens. Le médecin de Schérif-bey avait tant de foi dans ces jongleries, qu'il se flatta de me convaincre, en en faisant lui-même fessai devant moi. A cet effet, nous choisîmes parmi les cent cinquante enfants de tout âge qui travaillaient aux déblais, un petit garçon de huit ans, qui fut soumis à cette burlesque expérience. Déjà l'encens fumait, les paroles magiques avaient été prononcées, et j'attendais les révélations qui devaient sortir de la bouche du jeune oracle; mais en vain le docteur répéta-t-il les mots cabalistiques, en vain versa-t-il à pleines mains les parfums sur le feu; les yeux fixés sur sa main pleine d'encre, le petit bonhomme qui n'avait pas été stylé par les maugrabins, s'obstina à dire qu'il ne voyait qu'un anneau de cire rempli d'encre, ce qui était du reste l'exacte vérité.

Pendant notre séjour à Luxor, un de ces sorciers vint nous rendre visite. Déjà l'essai du docteur m'avait donné une assez pauvre idée de leur talent. Je l'engageai toutefois à me débarrasser de trois serpents, qui avaient fait élection de domicile sur la toiture de ma maisonnette. « A l'instant même, répondit-il, je vais les faire entrer dans ce sac de cuir. » S'étant en effet posé au centre de la chambre, en gladiateur, il proféra ou plutôt cria pendant un quart - d'heure des paroles mystérieuses, en agitant un long bâton qu'il tenait dans ses mains. Puis, tout à coup, comme s'il eût été saisi de mouvements convulsifs et soumis à un agent irrésistible qui l'entraînait dans une direction déterminée, il s'avança, par saccades et en agitant brusquement ses bras, vers la fenêtre dont le sommier était formé de deux troncs de palmiers en grume. C'était l'endroit qu'il avait choisi pour y déposer furtivement un énorme scorpion privé de son dard; mais il ne put si bien faire que je n'aperçusse son geste. Pris en flagrant délit, le pauvre maugrabin fut bien obligé d'avouer sa fourberie; je le récompensai toutefois, afin de le déterminer à nous montrer les reptiles qu'il employait dans ses jongleries. Mes instances restèrent d'abord sans résultat; mais la vue de l'or obtint plus de succès: le maugrabin se dépouilla d'une ceinture de cuir qui renfermait des serpents venimeux; comme les officiers du Luxor exprimaient le regret de n'y pas trouver une espèce qu'ils auraient volontiers payée plus cher, le psyle ne put résister à un appât aussi séduisant; il développa son turban dans lequel il avait, en terme de marine, lové un magasin de reptiles.

Dans presque tous les villages, il existe des sociétés de filles de mauvaise vie, qui sont très-respectées par les naturels. On regarde leur état, comme un métier d'obligeance et une voie pour arriver au paradis de Mahomet. Elles vont au devant des voyageurs européens et cherchent à les attirer par des manières agréables.

Leur résidence dans le même endroit n'est pas continue; elles forment une espèce de population nomade. Il ne faut pas croire, au reste, malgré le respect que l'on professe pour ces femmes, que le dérèglement des mœurs soit chose tolérée en Egypte ou même vu avec indifférence; le sexe y est scrupuleusement surveillé, et chacun, même les enfants, prend part à cette surveillance. Aussitôt qu'un étranger s'approche d'une femme égyptienne, elle est immédiatement suivie par un Arabe qui l'observe à distance. Quant aux jeunes filles, la perte de leur virginité avec un Européen est punie de mort. On lui tranche la tête et le cadavre est jeté dans le Nil. Le coupable, pris en flagrant délit, est forcé, disait notre interprète, de se faire musulman, s'il veut soustraire la jeune fille à ce supplice. Quoi qu'il en soit, il est certain que toute autre complaisance est tolérée et n'entraîne aucun danger. Toutes les femmes allaitent elles-mêmes leurs enfants; c'est la loi de la nature; elle n'est violée que dans les pays civilisés, où les citoyens sont divisés en classes en raison de leur fortune. Ils payent avec de l'or les jouissances que leur procure le travail des classes inférieures. Ici point de distinction; tout est égal, non point de cette égalité qui, comme aux Etats-Unis, par exemple, découle de l'exercice de droits égaux et d'une égale somme de bien-être social, mais de l'égalité de l'esclavage. Tout ici est esclave; le glaive qui se promène horizontalement a nivelé les têtes, et si l'on trouve quelques exceptions, si quelques individus arrivent à se créer une position supérieure, ce n'est le plus souvent qu'à des conditions que je n'ose indiquer. La plupart des Turcs qui les imposent s'y sont eux-mêmes, dès leur jeunesse, soumis d'avance, afin de parvenir aux fonctions qu'ils exercent.

Les débordements périodiques du Nil semblent entraîner une régularité générale dans les habitudes des animaux et même des phénomènes physiques. Le départ et le retour des oiseaux, la régénération des insectes sont coordonnés avec la croissance et la décroissance du Nil; les pigeons, qui sont excessivement nombreux en Égypte, partent du colombier pour chercher leur nourriture dans la campagne, quittent les champs pour aller boire dans le Nil, reviennent à la maison, font leur sieste pendant la plus grande chaleur du jour, retournent de nouveau dans la campagne et sur les bords du Nil, toujours ensemble et à la même heure. Les buffles et les chiens vont aussi à une heure fixe de la journée prendre un bain dans le fleuve. Ce dernier animal, bien que là comme ailleurs l'ami de l'homme, ne vit cependant pas dans l'intérieur des maisons. Il n'y entre que fort rarement, et campe toujours aux environs. Cette habitude semble innée chez lui: les matelots de l'expédition ayant recueilli un chien nouveau-né, l'élevèrent et le nourrirent dans l'intérieur du temple. Au bout de cinq mois, ayant été relâché, l'animal alla tout aussitôt s'établir en dehors comme les autres chiens du pays. Il fallut le ramener de force; on fit plusieurs autres essais dont les résultats furent les mêmes: dès qu'on le lâchait, il allait reprendre son poste aux environs.

Le degré de la force des vents suit graduellement l'élévation ou la baisse des eaux. Ceux du nord et du nord-ouest règnent pendant toute la durée de la crue; leur intensité est presque proportionnée à l'augmentation de la vitesse du courant. Cette combinaison permet aux barques de remonter et de descendre le fleuve à toutes les époques, en faisant usage des voiles ou en les serrant.[5]

-5- Hérodote mentionne, en ces termes, la manière dont on conduisait les barques, en descendant le Nil:

« On a une claie de bruyère tissée avec du jonc et une pierre percée pesant environ deux talents. On attache la claie avec une corde à l'avant du bâtiment, et on la laisse aller au gré de l'eau. On attache la pierre à l'arrière avec une autre corde. La claie emportée par la rapidité du courant entraîne le navire appelé Barri. La pierre qui est à l'arrière gagne le

Les vents du sud sont aussi périodiques; ils soufflent à diverses reprises pendant cinquante jours; ce qui leur a fait donner le nom de kanishin, mot arabe qui signifie cinquante.

Cette immuabilité dans les divers phénomènes dont nous venons de parler, dans l'état de l'atmosphère, qui, sauf quelques jours de l'année, conserve constamment la pureté la plus parfaite, devait inspirer aux Egyptiens cet esprit d'ordre, de régularité, de grandeur qui caractérise tous leurs ouvrages. On s'explique aussi, par les mômes motifs, l'excessive répugnance qu'ils éprouvaient pour toute innovation, pour tout ce qui était étranger à leurs coutumes, à leurs mœurs, à leurs lois; c'est peut-être là une des causes qui, en empêchant la nation égyptienne de s'assimiler les mœurs, les coutumes et les lumières des peuples qui l'ont successivement envahie, ont contribué à la tenir dans un perpétuel asservissement.

Pendant la saison des basses eaux, les chaleurs sont excessives et le kamshin, qui fort heureusement ne souffle que par intervalles, cause des maladies très dangereuses. Ce vent impétueux est toujours précédé de signes particuliers. L'air, les oiseaux et les animaux annoncent, par leur état d'être, un changement nuisible à l'organisation. Le beau ciel delà Thébaïde, ordinairement si serein, est obscurci subitement par des nuages d'une poussière qui, divisée en ses plus petits éléments, couvre et pénètre tous les objets. Les sables du désert, soulevés comme les flots d'une mer irritée, inondent les terres cultivables et y répandent la désolation. L'atmosphère, chargée de calorique, sèche la peau, oppresse les poumons, irrite les nerfs et s'attache à la gorge. Les mains sont brûlantes; on mouche et on crache le sable, les sentiments de plaisir vous abandonnent, la faiblesse s'empare de vos membres et provoque un malaise général, une mélancolie qui appesantit les esprits et consume le principe de la vie. La dilatation de l'air est si considérable, crue des aspirations multipliées sont insuffisantes pour fournir à la combustion raes poumons. De là, une respiration

___

fond et sert à diriger la course de la barque pour évoluer d'une rive à l'autre. »
De nos jours, on se borne à présenter alternativement les deux côtés de la barque au vent qui, par son action sur le gréement et sur la charpente, produit le même effet que la pierre dont parle Hérodote. Si le temps est calme ou si la brise est favorable, on se sert des avirons pour gouverner en gagnant de vitesse sur celle du courant.

courte, sèche, haletante, des mouvements involontaires, un changement continuel de place, pour chercher une zone de fluide moins échauffée et moins dépourvue d'oxygène. Un homme, placé à la bouche d'un four, n'aura qu'une idée imparfaite des sensations excitées par le kamshin. Cet état douloureux cesse aussitôt que le vent prend une autre direction; le soleil dévoilé, boit, comme disent les Arabes, les particules ignées qui tourbillonnaient dans l'espace, et les sables en ondes furieuses se retirent dans le désert. La transpiration, signe certain d'une bonne santé, se rétablit, et les forces vitales reprennent une partie de leur énergie; mais l'influence du climat agit sans cesse, les mine sourdement et un plus long séjour à Luxor aurait occasionné la mort d'un grand nombre de nos hommes; ils étaient devenus blêmes, faibles et languissants. On ne s'acclimate pas sous ce ciel d'airain, il faut y être né de parents arabes, pour respirer impunément cet air de feu. Le fils d'un Européen et d'une femme du pays y atteint rarement sa dixième année; les Mameloucks eux-mêmes qui habitaient et gouvernaient le Saïd n'ont pas laissé de descendants. Les enfants de la race pure résistent parfaitement et sans précaution à cet excès de calorique; on les voit, sous une température de quarante degrés, nus, la tête découverte, jouer, s'ébattre, courir, se précipiter dans le fleuve, reprendre leurs amusements, se rouler sur le sable, sans que leur santé en soit jamais altérée.

Les maladies qui attaquent plus particulièrement les Européens sont l'ophtalmie et la dysenterie; les effets de cette dernière sont terribles, et le seul remède qu'on puisse y opposer est le changement de climat.

Avant mon départ pour la Nubie, j'avais visité en courant les environs de Luxor. Au retour, je repris la suite de mes investigations. Je revis avec le même sentiment d'admiration et d'étonnement les ruines de Karnac, qui rappellent encore à une imagination poétique la reine des cités, la ville aux merveilles. Une attraction irrésistible vous pousse vers ces chefs-d'œuvre de l'art. Ils s'élèvent sur une butte factice, située au milieu d'une grande plaine qui pourrait être tout entière cultivée. Des temples, des palais, des massifs gigantesques, des enfilades de colonnes monumentales dont on ne se lasse pas d'admirer l'harmonieuse architecture, des colosses, des obélisques dont le fuselé est d'une pureté, on peut dire, inouïe, tel est le beau développement de grandeur et de magnificence qui s'offre à vos regards, qui électrise l'homme le moins impressionnable. Aucun peuple n'a entendu aussi bien que les Egyptiens, cette magie de l'art agissant sur l'âme par les sens, cette progression, pour ainsi dire, dramatique d'intérêt, qui ravit le spectateur à lui-même. C'est à tel point, qu'on ne peut pas croire, même après avoir vu, à l'existence de tant de constructions réunies sur le même point. La description en paraîtrait fantastique, elle semblerait un rêve des Mille et une Nuits, un conte de fée.

Bâtis avec des rochers, imposants par leur forme sévère qu'on ne retrouve nulle part ailleurs, ces édifices sont encore remarquables par l'excellence d'exécution, qui répond au grandiose des proportions. Ils portent en outre un caractère primitif, le cachet de leur destination, et d'une architecture qui a tout tiré de sa seule imagination et du sol où elle a pris naissance. L'ordonnance du plan en est simple, facile à concevoir; on n'y trouve pas de ces combinaisons savamment élaborées, qui fatiguent l'observateur sans lui plaire; tout est clair, net et précis, intelligible pour tout le monde; la vue se repose agréablement sur des forêts de colonnes, dont le nombre et les proportions sont en harmonie avec les immenses plafonds quelles supportent. Le talus, principe de solidité, est partout observé; toutes les grandes masses s'élèvent en pyramidant, et sont bordées d'un tore qui semble les cercler; mais ce qui étonne par-dessus tout, c'est l'effet magique que produisent le peu de membres dont se compose cette architecture. Toujours raisonnées, toujours d'accord, habilement calculées, les lignes architecturales se dessinent avec grandeur et pureté; des arêtes parfaitement droites régent sans interruption sur le pourtour de l'édifice; elles ne sont jamais coupées ni altérées par les autres ornements, qui font richesses de près sans nuire de loin à l'effet général. Ce n'est qu'à une petite distance que l'œil peut nettement distinguer la multiplicité des détails curieux et instructifs dont ces monuments sont couverts. Les murs, les plafonds et jusqu'aux plus petits réduits, en dedans comme en dehors, toutes les parois enfin sont couvertes de tableaux hiéroglyphés, accompagnés d'une notice explicative qui fait elle-même décoration. Ces tableaux, déjà si étonnants par la variété, la richesse et la vivacité des couleurs, fixent l'attention avec un intérêt sans cesse renaissant; ce sont d'immenses pages historiques où la morale et la science sont développées, où tous les arts sont professés. On y voit des cérémonies religieuses, des autels chargés d'oblation, des batailles sur terre et sur mer, le passage d'un fleuve par une armée, la prise d'une forteresse, les trophées du vainqueur, les tributs levés sur les vaincus, des systèmes complets d'astronomie, tous les produits de la terre, des arts, du commerce et de l'industrie, les coutumes du plus ancien peuple civilisé. Ces représentations, sculptées en relief, se combinent avec une merveilleuse facilité, pour nous faire connaître et nous montrer en action, les armes, les chars, les instruments de guerre, les traits les plus mémorables des combattants, le malheur des vaincus, la manière dont ils sont traités, les honneurs décernés aux vainqueurs, etc., etc., etc. Toutes les figures, à l'exception de celles des bas-reliefs sacrés, où la roideur et l'immobilité sont constamment observées, expriment par leurs attitudes les diverses passions qui les animent. La douleur surtout y est très-bien rendue; tout enfin a été calculé, disposé de manière à produire les sensations les plus profondes. Voilà ce qui leur donne ce charme si puissant, qui fait qu'on ne peut quitter ces ruines, sans éprouver le désir de les revoir encore.

Les caractères mystérieux dont ces majestueuses reliques sont couvertes, présentent un nouvel attrait à la curiosité du savant et de l'archéologue; sur toutes leurs surfaces est gravée en langage à peu près inconnu, la seule histoire du temps où ils furent érigés, et quels temps ! Ceux où la Genèse n'était point encore écrite, où Moïse entraînait sur ses pas, au désert, les tribus d'Israël (l'obélisque de Paris est contemporain de cette époque); où tout ce que nous nommons, enfin, Y antiquité, les Homère, les Lycurgue, les Alexandre étaient encore à naître. A ce dernier titre, elles sont précieuses surtout comme monuments historiques, depuis que, par de savantes et judicieuses études, Champollion jeune est parvenu à trouver l'explication de 1 écriture hiéroglyphique: mais que de richesses sont encore enfouies dans cette terre qu'il suffit de fouiller, pour mettre au jour de nouvelles découvertes sur ce peuple géant! Le déblai d'un tombeau dont on n'apercevait que la corniche, nous fit voir, sur les quatre faces, tous les arts de l'Europe sculptés en couleurs variées, avec une perfection de détails vraiment étonnants; des souffleurs de verre, des sculpteurs, des charpentiers, des cordonniers, des instruments d'agriculture, des lyres; des coupes ciselées, etc., etc. Ce tombeau est situé de l'autre côté du fleuve, près de la vallée de Biban-el-molouk. C'est là où les Egyptiens ont creusé une chaîne tout entière de montagnes, pour y loger magnifiquement les momies de vingt-trois Pharaons. Les abords de ces palais souterrains sont une preuve à citer à l'appui de ces grands principes d'ensemble et d'harmonie, dont les Egyptiens ne se sont jamais écartés dans toutes leurs conceptions; les comparant à ces lois immuables qui régissent la matière, sans lesquelles toute chose tomberait dans le désordre et la confusion. Ces hypogées sont creusées dans le roc vif, sur le pourtour d'un bassin insusceptible de culture et bordé de montagnes inaccessibles; on ne peut pénétrer dans cette enceinte, que par une ouverture pratiquée de main d'hommes. Tout y présente un aspect plus aride, plus sauvage et plus isolé que les plus affreux déserts; ici, la température est quelquefois rafraîchie par la brise de N.-O.; là, l'atmosphère n'est jamais agitée, les vents viennent se réfléchir sur la ceinture de grès qui borde la vallée, la chaleur s'y concentre et devient excessive, insupportable au moment où. le soleil darde ses rayons au fond de ce bassin. On marche sur un sable de feu, on respire sous un ciel de feu, le sentiment de la vie vous abandonne au milieu du silence, du calme, de l'immobilité parfaite, du néant de tout, qui entourent l'asile des morts. Dominé par ces impressions, le voyageur se dirige vers une porte verticale taillée dans le rocher; c'est l'entrée du tombeau d'un Pharaon. Il parcourt à la lueur des flambeaux une longue galerie, qui se dirige dans l'intérieur de la montagne suivant un plan incliné; de distance en distance se trouvent des chambranles taillés dans le rocher et destinés à recevoir des portes; cette galerie aboutit à des salles carrées ou oblongues, dont les piliers soutiennent le massif de la montagne; l'une d'elles, la plus grande de toutes, renferme ordinairement un beau sarcophage. Mais s'il y a. quelque chose de surprenant au monde, c'est cette prodigieuse quantité de tableaux qui décorent si richement toutes les parois de ces sombres demeures. Ils représentent des systèmes d'astronomie, toute la mythologie égyptienne, les actes les plus importants de la politique, de la législation, du culte et des mœurs, les cérémonies de la vie civile, les mariages, les enterrements, les diverses occupations domestiques, les produits des arts et de l'industrie, etc. Ces sculptures qui occupent plus d'une lieue carrée de surface, sont peintes et travaillées avec une pureté et une précision qui étonnent l'artiste; on y remarque jusqu'aux écailles les plus déliées de la peau des animaux. C'est à ne pas croire, je le répète, même après l'avoir vu. On est épouvanté de la pensée d'une pareille conception dont l'exécution a dû coûter tant de peines, tant de travaux, occasionner des dépenses incalculables et exiger une constance, une obstination surhumaine.

Ces diversions dissipaient un peu la mélancolie qui régnait parmi nous. Les jours sont bien longs et bien tristes, quand on est souffrant à mille lieues de sa patrie et privé de toutes nouvelles. Nos seules jouissances étaient de visiter la vallée de Biban-el-molouk et les ruines de Thèbes. Le soir, chacun racontait ce qu'il avait vu, les émotions qu'il avait éprouvées, ou rapportait de nouveaux cartouches[6] dont on cherchait à deviner le nom. Mais toujours la conversation se terminait par cette phrase: Le Nil a encore baissé de tant de centimètres, et nos regards se portaient tristement sur le navire, échoué, comme je l'ai dit, sur la plage, et ressemblant plutôt à une montagne de sable, qua un bâtiment destiné à nous transporter en France.

Avant la crue du fleuve, il fut décidé que nous nous rendrions avec le capitaine du Luxor, à Rosette, afin d'examiner l'état du Boghas, et s'il serait nécessaire de construire des chameaux[7] afin de faciliter le passage de la barre. Ce voyage ne présentant aucune particularité qui soit digne de remarque, je me bornerai à dire quelques mots de notre entrevue avec le pacha.

Mehemet me reçut avec les plus vifs témoignages de satisfaction, et m'adressa sur l'heureuse issue de notre entreprise, des félicitations qu'il me fut facile de lui rendre, en le complimentant

-6- Inscriptions hiéroglyphiques disposées de certaine manière, et mentionnant le nom d'un roi ou d'une reine. On reconnaît ces cartouches à l'ovale qui entoure constamment l'inscription.

-7- Bâtiments de charge destinés à soulever hors de l'eau d'autres bâtiments tirant plus d'eau qu'eux.

sur la prise de Saint-Jean-d'Acre, par son fils Ibrahim. Mehemet en avait reçu la nouvelle la veille. « Je suis assuré, me dit-il, de la conquête de la Syrie; j'ai examiné pendant cinq mois, nuit et jour, la carte de l'empire ottoman; j'ai fait le dénombrement des troupes qu'il pouvait m'opposer, et ces calculs m'ont démontré la supériorité de mon armée sur celle que j'aurai à combattre. » Il entra à ce sujet dans des développements qui me parurent annoncer de grandes vues. S. A. m'adressa ensuite diverses questions sur les qualités nautiques de ses navires et sur la tactique navale. « Je ne veux pas, me dit-il, livrer sur mer de batailles rangées; mes amiraux ont l'ordre de surveiller la flotte ennemie, et dans ses mouvements, d'écraser le premier navire, qui, par une fausse manœuvre, se trouverait séparé de l'es- cadre. Je les connais, ajouta-t-il, la prise ou la destruction d'un de leurs bâtiments, suffira pour mettre l'armée entière en fuite. » Ramenant la conversation sur l'obélisque, il me demanda combien il perdrait de son poids dans l'eau. Après que j'eus satisfait à sa demande, il répliqua: « Je me rappelle que dans ma jeunesse, je portais à un assez grande distance des pierres submergées que je n'aurais pas pu remuer à terre. Tel que tu me vois, j'étais destiné à être ingénieur; à quoi je répondis en plaisantant: Si votre altesse le désire, nous changerons de rôle. »

A notre retour à Luxor, quelques signes de hausse commençaient à se manifester. Le navire fut entièrement débarrassé du sable qui l'enveloppait, et qu'on avait soin de mouiller deux fois par jour, afin de le garantir de l'ardeur du soleil. Ce moyen de conservation avait parfaitement réussi, les étoupes de la carène n'avaient éprouvé aucune altération, tandis qu'on voyait le jour à travers les coutures de l'œuvre morte. Le limon du fleuve, déposé par la dernière inondation entre les cinq quilles, était encore humide, quoiqu'il ne fût pas atteint par l'eau jetée journellement. Il paraît qu'il en est de ces alluvions comme des glaises; exposés à une très-haute température, ils retiennent fortement les particules aqueuses dont ils sont imbibés.

Enfin, vers le 1er juin, la hausse du Nil commence à se faire sentir; les eaux perdent leur transparence; on remarque quelques mouvements d'oscillation. A cette nouvelle, l'agitation se manifeste parmi nous; on se précipite vers le fleuve, on regarde, on examine; on place des signes indicateurs. La joie et l'espérance animent toutes les figures. La nouvelle crue est publiée à la porte de la mosquée, et les femmes arabes la célèbrent le soir, sur les bords du fleuve, par des chants religieux. Les jours suivants, jusqu'au 30 juillet, l'eau monta assez rapidement. La nappe du fluide s'étendait de plus en plus sur les deux rives; une seule pensée nous absorbait la nuit et le jour; à chaque heure, à chaque minute, on venait rendre visite au nilomètre; quelques-uns, plus impatients de revoir la mère-patrie et tourmentés par une horrible incertitude, passaient une partie de la nuit à examiner les progrès du Nil. C'était un spectacle curieux de les voir se pencher sur les bords, chercher à tâtons des repères placés d'avance, se réjouir ou s'attrister suivant les résultats de leur observation. Enfin, le 5 août, le navire formait une île, qui n'avait besoin pour être flottante que d'un accroissement d'eau de 30 centimètres. Demain ou après-demain au plus tard, le grand problème sera résolu, le bâtiment flottera; mais le 6 août, le Nil, dès le matin, commença à baisser et continua son mouvement rétrograde jusqu'au 12 août.

Cet événement produisit sur tous les esprits une sorte de stupeur et nous inspira pendant quelques jours les plus vives inquiétudes. On s'informait auprès des Arabes s'ils avaient été témoins d'un pareil fléau, ou s'ils espéraient que le Nil reprendrait son ascension. Le prêtre le plus ancien de la mosquée, interrogé par nous, répondit à nos questions avec une gravité remarquable:

« Enfant, ne crains rien ! Mahomet est bon et grand, et les terres ne sont pas encore inondées; le Nil, semblable à un cheval fougueux, qui vient de faire une longue course, souffle pour prendre haleine;[8] dans peu de temps, il tetonnera par sa nouvelle vigueur. En attendant, fais une offrande de deux moutons à la mosquée. » La prédiction du vénérable ne tarda pas à s'accomplir.

-8- Le langage des Arabes est constamment rempli de métaphores et d'images, de comparaisons plus ou moins pompeuses et exagérées. De même que le prêtre de la mosquée comparait le mouvement ascensionnel du Nil à celui d'un cheval fougueux, le nazher de Luxor, en parlant de la plaine de Thèbes, après le retrait des eaux, nous disait: C'est une émeraude brillante des plus vives couleurs; et son lieutenant, à la vue d'une jeune fille bien conformée, s'écriait: Vois ce jeune et beau palmier qui se promène, chargé de toutes ses grappes.

Le 18, le bâtiment chargé de son précieux fardeau et porté sur le plus beau et le plus pacifique des fleuves, vint mouiller dans Taxe du courant.

Le départ du Luxor eut lieu le 25 août. Sa navigation sur le fleuve n'offrit rien de bien remarquable. Deux pilotes arabes étaient chargés de signaler les bancs de sable et le fil du courant. Nous marchions à très-petites journées; on s'arrêtait tous les soirs. Nous arrivâmes à Rosette le 1er octobre; douze jours plus tôt la barre du fleuve eût été franchie sans difficulté; mais dans ce moment le passage était impraticable, nous attendîmes vainement pendant tout le mois d'octobre. Je dus alors m'occuper de chercher le moyen d'alléger le navire, afin de diminuer d'autant son tirant d'eau. Ce bâtiment, construit en bois de sapin et d'un très-faible échantillon, ne présentait pas toute la solidité convenable pour supporter la poussée de deux pontons. Tous les moyens connus et usités en pareil cas étaient inapplicables.

Le plan VI donne une idée suffisante de l'appareil qu'on se proposait d'employer. Il consistait en deux pontons placés de chaque côté du Luxor, qui devaient agir sur l'obélisque, comme font les portefaix, lorsqu'ils transportent un fardeau attaché à plusieurs barres dont ils soulèvent les extrémités avec l'épaule. Par cette disposition, le navire n'aurait éprouvé aucune pression, et son tirant d'eau aurait été diminué en proportion de l'effort exercé par les chameaux sur la masse. Cette opération ne pouvait s'effectuer qu'à la belle saison, lorsque la mer est calme. Le pilote du Boghas perdant l'espoir de nous faire franchir la barre avant cette époque, nous engagea à rester à Rosette, où le navire fut entièrement désarmé. Notre séjour dans cette ville se serait prolongé jusqu'au mois d'avril ou mai, sans un accident qui arriva à une barque de Natolie, chargée d'oranges. Le pilote ayant été appelé pour relever ce navire, annonça à son retour qu'il s'était formé une passe dans la barre. Aussitôt on s'occupa de regréer le bâtiment; ce qui exigea trois jours de travail. Le 1er janvier, à onze heures du soir, le Luxor après avoir talonné plusieurs fois, entra enfin dans la mer. La manœuvre du pilote, secondé par ses quatre enfants, mérite le plus grand éloge, et prouve ce que j'ai dit ailleurs sur l'esprit d'observation et le coup d'œil d'exécution qui distinguent les Arabes.

A minuit, le Sphinx prit le Luxor à la remorque et le conduisit à Alexandrie, où il mouilla le 2 janvier à neuf heures du matin. La variabilité et l'impétuosité des vents nous retinrent dans ce port jusqu'au 1er avril. Ce jour-là nous appareillâmes pour retourner en France avec une brise favorable. Le beau temps ne dura qu'un jour, et bientôt des vents contraires, une mer houleuse, nous forcèrent à relâcher à Rhodes, à Marmara, Milo, Navarin, Zantes et Corfou. C'est dans ce dernier port que le bateau à vapeur trouva à renouveler son charbon qu'il avait épuisé. Nous partîmes de Corfou le 2 mai, et continuant notre route à la remorque du Sphinx, nous aperçûmes bientôt les côtes de Provence. Enfin le Luxor mouilla sur la rade de Toulon dans la nuit du 10 au 11 mai 1833, rapportant dans ses flancs, sur la terre française, le précieux monolithe témoin de la gloire des anciens Pharaons.

Apollinaire Lebas

TROISIEME PARTIE
TRAVAIL DE PARIS

Départ de M. Le Bas pour Paris. — Il est chargé par M. Thiers de l'érection de l'obélisque. — Construction de la cale d'échouage. — Disposition du système et manœuvre du halage à terre. — Premier déplacement du monolithe, passage sur la rampe du pont. — Deuxième déplacement, halage sur la place de la Concorde. — Troisième déplacement, halage jusqu'au viaduc. — Quatrième déplacement, arrivée de l'obélisque au niveau de son piédestal. — Disposition de l'appareil d'érection. — Erection de l'obélisque.

Après un mois de quarantaine, le Luxor entrait dans l'arsenal de Toulon; le lendemain, il venait s'échouer dans le bassin, où il ne devait séjourner que quelques jours.

Inspection faite du navire, on constata que toute sa charpente était en bon état de conservation; aucune déliaison ne se faisait remarquer dans la coupure par laquelle le monolithe avait été introduit dans le bâtiment. La longue et laborieuse navigation du Luxor sur le Nil et sur la Méditerranée, était déjà une garantie suffisante pour le reste de la route qu'il avait à traverser. On pouvait espérer avec confiance qu'en partant de Toulon le 11 juin, il arriverait vers la fin du mois d'août au Havre; il n'était pas douteux qu'on profiterait de la première crue de la Seine pour le faire remonter à Paris.

Pendant la quarantaine, j'avais reçu l'ordre de me rendre dans la capitale, aussitôt que nous serions admis à la libre pratique. M. Thiers, qui accordait aux arts et aux sciences une protection éclairée, était alors ministre du commerce et des travaux publics: arrivé à Paris, l'obélisque rentrait dans les attributions de son département, et ma mission se trouvait ainsi terminée; mais le ministre jugea que l'honneur d'ériger ce monument devait appartenir à celui qui l'avait abattu et embarqué à bord du Luxor, dans les sables de la Thébaïde; c'était justice. Le 10 août 1833, je reçus la décision suivante:

Monsieur,
« J'ai l'honneur de vous annoncer que M. le ministre du commerce et des travaux publics a décidé que vous seriez chargé des travaux relatifs à l'échouage, la conduite à pied d'œuvre, et à l'erection de l'obélisque de Luxor sur son piédestal.
L'habileté dont vous avez donné tant de preuves, en faisant arriver le monolithe jusque dans l'intérieur de la France, garantit le plein succès de la nouvelle opération que vous allez entreprendre.
Recevez, monsieur, l'assurance de ma considération très-distinguée,
Le maître des requêtes chargé de la direction des bâtiments civils,» Signé, Edmond Blanc.

Les opérations dont le monolithe devait être l'objet étaient nombreuses, compliquées, et exigeaient beaucoup de temps. Quelques-unes ne pouvaient être exécutées que dans la saison des basses eaux. Il y aurait eu danger à échouer un navire en bois de sap sur une surface non dressée, présentant un ou plusieurs points culminants. Il fallait de toute nécessité que les cinq quilles portassent sur des chantiers solides et parfaitement réglés, afin de prévenir la rupture de la carène, et peut-être celle du monolithe. Une cale d'échouage devenait donc indispensable. Sa position sur les bords de la Seine était subordonnée au choix de l'emplacement, où l'obélisque serait érigé. Tout était forcément suspendu jusqu'à ce qu'on fût fixé sur ce dernier article.

Le centre de la place de la Concorde, successivement occupé par divers monuments, avait été, sous la Restauration, affecté à Y apothéose de Louis XVI. Après la révolution de 1830, on eut l'idée d'y substituer un des trophées de Sésostris, qui s'acheminait vers la capitale à travers le vaste Océan.

Le bas de la rampe droite du pont de la Concorde, étant le point le plus voisin de la place, fut choisi pour y échouer le Luxor. On procéda immédiatement à l'extraction des déblais qui encombraient cette partie de la berge; pendant ce temps, les charpentiers travaillaient à la préparation de la cale en bois.

Cette cale se composait de traverses placées de mètre en mètre, et liées entre elles dans le sens de la longueur, par cinq files d'entremises correspondant aux quilles du bâtiment, planches VII et VIII. Son niveau devait être calculé de manière que le Luxor pût flotter par dessus, lorsque la profondeur du fleuve permettrait de faire remonter ce navire de Rouen à Paris.

Le sol régalé jusqu'au raz de l'étiage, on se proposait de le dresser suivant la pente de la rampe; mais les retards occasionnés par la coalition que formaient alors les charpentiers pour obtenir une hausse de salaires, empêcha de lui donner cette inclinaison. Pendant la suspension des travaux, la Seine monta de plusieurs pieds, il ne fallut plus songer à creuser un terrain inondé, encore moins à poser la charpente à sec. Des ouvriers, plongés dans l'eau jusqu'aux aisselles, assemblèrent toutes les parties de la cale sur un radeau de plat-bord, soutenu de distance en distance par des cordes fixées sur des pieux; puis on remplit avec des cailloux les vides ménagés entre les longrines et les entremises, afin de couler le système au fond de l'eau, ce qui fut effectué en filant les amarres de retenue.

C'est là que vint se placer le Luxor le 23 décembre 1833.

La cale terminée en octobre, mon premier soin fut de dresser le plan général des lieux sur lesquels nous devions opérer, et de combiner les moyens que je me proposais d'employer pour débarquer, haler l'obélisque, et le poser sur sa base.

L'étendue du terrain ne m'a pas permis de tracer ce levé sur une grande échelle, j'ai tâché cependant d'y représenter aussi clairement que possible l'ensemble des opérations. Les explications dans lesquelles je vais entrer suppléeront aux détails que le cadre du plan ne comportait pas.

Les travaux à exécuter étaient de deux sortes: il s'agissait d'abord de conduire l'obélisque au sommet du piédestal, sans changer son inclinaison; puis de lui faire décrire, en élévation, un quart de cercle pour le dresser sur le lit de pose, dont les dimensions étaient exactement les mêmes que celles de la base du monolithe.

Les plans VIF, VIII, IX, X, peuvent donner une idée exacte de la longueur et des diverses pentes du chemin que le monolithe avait à parcourir. La première partie de 30m00 de longueur était à peu près horizontale et se terminait au bas de la rampe, rapide de 6°; au-delà, se trouvait un chemin de pente différente et brisé en A, pour éviter l'angle du fossé F. Cette voie aboutissait en B à la naissance de la place, du côté du pont. Arrivé dans cette position, l'obélisque devait tourner à angle droit, et remonter ensuite sur un viaduc qui, partant de ce point, s'élevait suivant une pente de 8 centimètres par mètre jusqu'au sommet du piédestal. Là se terminait le premier travail, qui est, à proprement parler, le transport.

En août 1834, les eaux ayant laissé le Luxor à sec, on procéda à la démolition de son avant et à la construction d'une cale de glissement.

Cette cale se composait de deux files de longrines posées sur un plancher en chêne établi depuis l'ouverture du navire jusqu'à la hauteur du quai, eu suivant les inégalités du terrain, planche VIII. Ainsi il fallait d'abord traîner le monolithe en CC, intersection des deux chemins; puis lui imprimer un double mouvement pour le faire remonter sur le talus de la rampe.

A cet effet, on construisit un coin en charpente, ou, en style de marine, un ber abC, dont le dessus servait de prolongement au chemin horizontal, ou plutôt aux carlingues du bâtiment. Ce ber, destiné à porter le monolithe dans sa marche ascensionnelle, reposait sur les longrines de l'embarcadère, et devait monter en glissant sur ces pièces de bois.

Sa mise en place exigeait que l'on creusât, suivant la pente de la rampe et à partir de son intersection avec le plan supérieur des carlingues LL, une excavation de même longueur que l'obélisque; mais le terrain vaseux délayé par les eaux qui surgissaient du fond, ne permit pas de la prolonger au-delà de 15m50. Arrivé à cette distance, il était indispensable d'épuiser l'eau de l'excavation, pour continuer les déblais et raffermir le sol. Je reculai devant les dépenses qu'aurait occasionnées un semblable travail, il fut arrêté que le ber serait réduit de 5m50 dans le sens de la longueur; en sorte que le monolithe devait saillir de la même quantité en dehors de cette charpente, destinée à le supporter dans son mouvement ascensionnel sur le plan incliné.

C'est à l'aide de ces bers, dont l'angle variait en raison des inclinaisons du sol, qu'on est parvenu à conduire l'obélisque au sommet du piédestal, en lui conservant toujours la position horizontale qu'il occupait à bord du bâtiment.

Disposition du système et manœuvre du halage à terre (planche VIII).

Le câble-chaîne du bâtiment est passé en ceinture autour de

l'obélisque. Ses deux extrémités viennent saisir à un mètre de distance de la base un rouleau, qui porte cinq poulies d'apparaux à six brins. Les poulies fixes de ces mouilles sont aiguilletées sur un autre rouleau retenu par des chaînes, dont les bouts sont amarrés à des pieux battus en tête de la rampe.

Cinq cabestans sont disposés en échiquier sur la chaussée du quai de la Conférence; le parapet a été démoli pour laisser le passage libre aux chefs des garants qui viennent s'enrouler sur les cloches de ces moteurs. Chaque cabestan, attaché à deux pieux, est armé de seize barres, auxquelles s'appliqueront quarante-huit hommes.

La tension réelle, transmise par chacun d'eux au moufle correspondant, sera donc de 9,510 kil. pour un effort de 10 kil. exercé par chaque homme sur les bouts des leviers; comme chacun d'eux peut produire à la rigueur une action de 20 kil., il s'ensuit que les cinq cabestans tireront l'obélisque comme le ferait un poids de 95,100 kil., tandis que le maximum de la résistance à vaincre ne sera que de 52,000 kil.

Il semblerait, au premier abord, qu'on aurait pu réduire le nombre des apparaux, mais cette exagération dans l'intensité du moteur est plutôt apparente que réelle. Les résultats déduits de la théorie supposent que les surfaces de contact sont parfaitement dressées et bien suivées, qu'elles offrent une résistance égale dans toute leur longueur, qu'il n'y a ni compression dans les bois, ni tassement dans le sol, etc., mais l'expérience fait voir qu'il n'en est pas ainsi, lorsqu'on opère sur de lourds fardeaux, qui occupent peu d'espace relativement à leur poids. Le système se déforme plus ou moins sous la pression exercée par la masse. De là naissent des résistances beaucoup plus considérables que celles dont on a tenu compte dans les calculs. Elles sont souvent produites par des causes qui échappent à l'œil le plus exercé. C'est ainsi que par suite d'une légère compression dans les bois, l'extrémité du ber laboure une partie ou la totalité du suif dont on a enduit les longrines de la cale. Alors le frottement devient double, triple, quadruple, de celui qui aurait eu lieu, si le corps gras interposé entre les surfaces frottantes n'avait pas été enlevé.[1]

_____

-1- Nous avons tenté de remédier en partie à cet inconvénient par les dispositions

Il faut donc être en mesure de déployer un excès de force pour vaincre ces obstacles imprévus, il faut les vaincre vite et promptement, car plus vous tarderez plus la tâche deviendra difficile.

Premier déplacement du monolithe (planche VIII).

Le 9 août, tout étant disposé, comme nous venons de l'indiquer, les cabestans sont mis en activité par 240 artilleurs. Le monolithe, cédant à leurs efforts réunis, avance par petits bonds vers la rampe et vient se placer sur le ber. Dans cette position, son arête inférieure se trouvant en contact avec les longrines de l'embarcadère, le mouvement progressif et horizontal devenait impossible. Ce n'était plus sur l'obélisque, mais sur le chariot, qu'il fallait appliquer la force motrice. A cet effet, le rouleau qui portait les poulies mobiles fut détaché de la ceinture et fixé au ber à l'aide d'une chaîne passée en double entre deux de ses traversins. Celui-ci devait monter par glissement à la hauteur du quai, lorsque la puissance l'emporterait sur la somme des résistances dues au frottement et à l'effort du grave pour descendre sur le plan incliné.

Le lendemain le halage recommença. A quatre heures du soir le ber, surmonté
de l'obélisque, était parvenu au sommet de la rampe.

C'est seulement après cette opération qu'on se décida sur les dimensions des blocs qu'on emploierait pour la construction du piédestal. Ils devaient être extraits des carrières de Laber-ildut.

Le projet primitif comportait vingt-sept morceaux; dans le cours de l'exploitation, l'entrepreneur ayant mis à découvert un rocher situé dans l'anse même de laber, lequel pouvait fournir un monolithe de 4m580 de longueur sur 2m,00 de large, le nombre fut réduit à cinq; leur poids est équivalent à 240 tonneaux ou

---

suivantes: elles consistaient dans plusieurs entonnoirs placés sur les faces des longrines du ber; l'orifice de chacun d'eux venait s'adapter dans une lumière horizontale, percée dans l'angle inférieur de ces pièces; en sorte que, en versant du suif bouillant dans ces réservoirs, cette matière pénétrait entre les plans en contact, à mesure que le chariot avançait.

240,000 kil.

Ce sont les navires le Luxor et le Sphinx, qui furent employés au transport de ces granits, et l'on me chargea de les embarquer à bord du premier de ces bâtiments.

Cette opération eut lieu le 5 septembre 1836. Cinquante-cinq minutes suffirent pour conduire à la même place qu'occupait autrefois l'obélisque dans la cale du Luxor, les cinq blocs du piédestal réunis par ordre de pose sur un ber unique, comme s'ils ne composaient qu'une seule masse.

Le lendemain, six grands plateaux de plate-forme du poids de 70,000 kilog., complément du chargement, furent embarqués à bord du même navire.

Le 7 octobre, le Luxor, dont on avait démonté, rajusté et consolidé l'avant, par les mêmes procédés employés en Egypte, prit la remorque du Sphinx.

Le 15 décembre, il était mouillé à Paris en aval du pont de la Concorde.

Deuxième déplacement du monolithe (planches VIII et IX).

Après l'opération faite en août 1834, et dont le but avait été d'extraire l'obélisque du navire qui l'avait apporté de Thèbes, le monolithe, placé sur son ber de pente, était resté au sommet de l'embarcadère du pont de la Concorde. Comme la baisse des eaux pouvait permettre de débarrasser le Luxor de son chargement, dans le courant d'avril, il devint urgent de dégager la rampe et de travailler à haler le monolithe sur un autre point du quai, pour laisser la voie libre au transport des granits bretons.

La cale de glissement, posée sur les inégalités du terrain, comme dans la première opération, se divisait en deux parties situées dans deux plans différents; ainsi le mouvement qu'il fallait donner consistait d'abord à faire glisser le ber qui supportait l'obélisque, jusqu'à ce qu'il rencontrât un second ber établi pour passer de la pente de l'ancien chemin à celle du nouveau; puis à transporter le monument sur le second ber, lequel à son tour devait marcher jusqu'au point où provisoirement on voulait déposer tout le système.

Les travaux de charpentage furent mis en pleine activité le 25 mars. Le 16 avril, à quatre heures du soir, le monolithe, soumis à la traction de quatre cabestans, s'était dégagé de son ancien ber, et avait passé sur l'autre. On renvoya au lendemain la suite de l'opération, dont la partie la plus difficile restait encore à faire. Pour la première fois, il s'agissait de changer la direction de l'obélisque, de dévier son axe.

La figure 1, planches VIII et IX, donne une idée suffisamment exacte du système de charpente construit en D et C. C'est sur ces deux éventails que l'obélisque devait glisser pour se placer dans l'axe du nouveau chemin.

Cette manœuvre s'exécuta de la manière suivante: des épontilles ou étais, placés en pointe sur la tête du monolithe, tendaient à pousser cette partie du côté des Champs-Elysées, quand l'autre extrémité marchait vers la place de la Concorde.

Un palan frappé à la base, et dont le chef était garni à un cabestan, modérait à volonté ce mouvement; et quatre cabestans virant tous ensemble et successivement faisaient avancer, dévier, redresser, arrêter ou marcher, selon le besoin, cette masse imposante. A onze heures, l'obélisque se trouvait en parfaite direction, trois heures après il était arrivé au terme de son voyage, c'est-à-dire à l'angle du fossé voisin du pont.

Dans cette position, le monolithe ne gênait pas la circulation, et laissait le passage libre au transport des granits, destinés à la construction du piédestal. Le halage fut donc suspendu, pendant qu'on procédait au débarquement et à la superposition de ces blocs.

Troisième déplacement du monolithe (planches VIII et IX).
Le 1er août, les travaux furent repris et poussés avec activité. On prolongea la cale en bois sur laquelle reposait l'obélisque; en

même temps, les maçons élevaient le viaduc qui venait aboutir au centre de la place, de manière que le point culminant de ce plan incliné se trouvât à la hauteur précise de la dernière assise du piédestal. La maçonnerie fut préférée à la charpente, comme étant plus économique, plus stable, et occupant moins d'espace sur la voie publique.

On voit, par l'inspection des planches auxquelles nous renvoyons, qu'après avoir traîné le monument jusqu'à l'intersection des deux chemins, il fallait ensuite lui faire faire un quart de conversion dans l'axe du pont. Le même dessin indique clairement le système de charpente employé afin d'atteindre ce but. Il consistait dans un ber mobile autour d'un pieu battu au point de rencontre des axes des deux cales. Ce ber, dont le dessus servait de prolongement au chemin qui portait le monolithe, reposait sur une plate-forme horizontale; elle se composait de quatre longrines ll, l', l' et de plusieurs rangs de solives placées dans les deux angles opposés par le sommet que les longrines formaient entre elles; en sorte que le ber en passant de la position x à celle y, devait être soutenu de distance en distance par les pièces intermédiaires M, N, qui étaient polies et suivées, afin de faciliter le mouvement giratoire autour du pieu.

Le 16 août, tous ces travaux préparatoires étant terminés, on procéda à l'installation des moufles et des cabestans. Comme à l'ordinaire, je comptais sur le concours des artilleurs, lorsqu'on vint me prévenir qu'ils ne pourraient pas participer à cette manœuvre, qui exigeait un grand nombre de bras et des bras exercés et intelligents. Pris au dépourvu, au moment où l'appareil était prêt à fonctionner, où toutes les dépenses étaient faites, je fis appeler les maçons qui travaillaient au viaduc. Pour la première fois, ces hommes vinrent se ranger sur les barres d'un cabestan.

A midi et demi, le système de forces fut mis en jeu; au bout de dix secondes, plusieurs spectateurs, qui suivaient la manœuvre avec beaucoup d'attention, me signalèrent une avarie majeure; le point fixe des moules avait Cédé sous l'effort de traction; les pieux, plantés dans un terrain mouvant qu'une pluie battante avait délayé, ne tenaient plus dans le sol; il devenait indispensable de se créer un nouveau point d'appui. J'avais à peine indiqué au maître, l'installation dessinée planches VIII et IX, figure 2, que les charpentiers, quittant les barres des cabestans, s'élancèrent dans le fossé avec quelques pièces de bois et, les outils nécessaires pour les travailler; une demi - heure après tout était terminé, et l'obélisque avançait vers sa destination: il fallait d'abord le transporter sur le ber et l'arrêter dans une position telle, que son centre de gravité correspondit verticalement au-dessus du pieu, ce qui fut effectué en moins de trois heures, et avec une précision rigoureuse.

Arrivé à ce point, les travailleurs durent changer les apparaux et lier le monolithe avec le ber tournant. Ce travail terminé, deux palans garnis à deux cabestans et dont les poulies mobiles étaient attachées au sommet et à la base de la pyramide firent tourner tout le système à angle droit. Le mouvement giratoire était déterminé parle choc de deux béliers frappés en sens inverse sur les extrémités du ber.

Il devint alors nécessaire de préparer un nouveau ber pour retrouver la différence de niveau entre celui qui portait le monolithe et le nouveau chemin de pente, NN. L obélisque vint s'y placer le 8 septembre

Quatrième déplacement du monolithe (planches VIII, IX, X).

Dans ces diverses manœuvres, on avait fait usage de quatre cabestans et de deux béliers qui frappaient à l'arrière du ber; mais pour le monter sur le viaduc et l'élever sur son piédestal, il avait été arrêté que la force motrice serait fournie par une machine à vapeur.

Nulle occasion ne pouvait s'offrir plus brillante et plus solennelle, de faire éclater aux yeux de tout un peuple assemblé, la puissance de ce merveilleux agent. C'eût été un spectacle bien imposant que de voir un fardeau de 500 milliers s'élever majestueusement dans l'espace, sans le secours d'aucune force animale, et se dresser sur sa base à l'aide d'une des plus puissantes inventions des temps modernes, la seule peut-être dont l'antiquité ne soit pas fondée

a. réclamer la priorité. Malheureusement l'avarie survenue à la machine, pendant qu'on en faisait l'essai pour imprimer quelques mouvements à l'obélisque, força de renoncer à l'emploi de ce moteur;[2] il fallut immédiatement prendre de nouvelles mesures, établir d'autres points fixes, etc., etc.; avoir recours enfin au même système de halage pour lequel rien n'avait été prévu. Il importait cependant que ces travaux préparatoires fussent exécutés avec la plus grande promptitude. La saison avançait, le moindre retard aurait obligé de renvoyer l'opération à l'année suivante; aussi trois jours après, l'appareil était-il prêt à fonctionner.

Quatre cabestans avaient été installés à la naissance du viaduc. A chacun venait s'enrouler le chef d'un moufle. Les poulies de ces apparaux étaient attachées à deux solives, dont l'une était fixée au ber; l'autre, placée sur le piédestal était retenue par huit

---

-2- Ces réflexions nous amènent à citer quelques lignes d'un article remarquable sur l'érection de 1 obélisque de Luxor, dû à la plume de M. Michel Chevalier, et inséré dans le Journal des Débats du 16 octobre 1836:

«...Dans l'origine, il avait été arrêté que la force motrice serait fournie par une machine à vapeur. Malheureusement les chaudières de celle qui avait été posée se sont trouvées insuffisantes. Elles ne fournissaient pas assez de vapeur pour que la machine exerçât tout l'effort dont elle est capable. D'après l'expérience qu'on en a faite en acheminant l'obélisque vers son piédestal sur le plan incliné, il a paru prudent de l'abandonner. Il est à regretter que toutes les précautions n'aient pas été prises d'avance par le constructeur pour que sa machine jouît de toute sa puissance: il est permis de dire que c'était chose facile. C'était une heureuse idée que d'inaugurer La machine à vapeur dans une occasion aussi solennelle. Pour une partie du public, la machine à vapeur est de l'inconnu, une sorte de création mystérieuse et formidable, sujette à éclater comme le tonnerre. Il était bien d'associer les monuments des arts antiques avec l'un des plus beaux produits de l'esprit inventif des temps modernes. Il était bien de montrer à deux cent mille personnes une de ces machines si mal à propos redoutées du vulgaire, saisissant sans embarras l'obélisque de Sésostris, et le soulevant peu à peu, sans fracas, avec une régularité parfaite, sans le secours d'aucun être vivant, sauf un chauffeur, chargé d'alimenter de charbon le foyer, âme de la machine. Les machines sont destinées à affranchir le genre humain de tous les travaux qui n'exigent que de la force brutale, et même, tant elles sont perfectionnées, d'une partie de ceux qui semblent réclamer l'intermédiaire d'un être intelligent. La machine à vapeur est une des plus belles conquêtes de l'homme sur la nature; c'est la nature asservie, travaillant pour l'homme, et à sa place. C'est la nature faite esclave; et c'est le seul esclave, le seul serf de l'avenir. La substitution des machines à vapeur aux bras de trois ou quatre cents hommes, eût renfermé tout un enseignement. Il est fâcheux qu'une imprévoyance de détail ait mis l'autorité dans l'obligation d'y renoncer. Au reste, les partisans de la mécanique moderne ont, pour se consoler de l'échec que vient d'éprouver la vapeur, les triomphes dont elle poursuit le cours sur la terre et sur mer. La mécanique moderne figurera d'ailleurs dans l'installation de l'obélisque, par les ingénieux appareils qu'elle a imaginés, à la place des échafaudages compliqués dont on s'était servi avant elle. »

chaînes, cmi, partant du côté opposé au chemin de pente, venaient s'amarrer à des pieux fichés en terre.

A dix heures, cent vingt hommes de l'artillerie, répartis sur les cabestans, faisaient avancer le monument sur le plan incliné. Dans sa marche ascensionnelle, Cette masse énorme flottait pour ainsi dire, sur la cale; l'effort de trois hommes poussant à l'épaule, la base ou le sommet de la pyramide, suffisait pour la redresser, la faire obliquer à droite ou à gauche, selon le besoin, de manière à la maintenir exactement en parfaite direction. C'était là un point capital. La position de l'obélisque sur le piédestal dépendait évidemment de celle qui lui serait donnée au sommet de la rampe.

En moins de cinq heures, l'obélisque avait parcouru la longueur du viaduc; il était arrivé à 2 centimètres près du point où on voulait l'amener. Jusque là, il avait avancé sur le plan incliné par sauts de 4° centimètres de longueur, qu'il fallait réduire, dans cette circonstance, à 2; à cet effet, après avoir fait roidir les moufles, on suspendit l'action des moteurs, et à l'aide des béliers on lui imprima, à deux reprises différentes, ce dernier mouvement. L'arête de la base coïncidait mathématiquement avec le côté du carré qu'elle devait occuper sur l'acrotère, et les axes du piédestal et du monolithe étaient situés dans le même plan vertical.

De ces deux conditions dépendait nécessairement le succès de la dernière manœuvre, qu'on regardait comme la plus difficile et la plus périlleuse. A mon avis, cependant, le problème était résolu. La principale difficulté, celle dont on s'est le moins occupé, consistait à conduire l'obélisque, sans accident, du navire jusqu'au sommet du piédestal, et dans une situation telle qu'il n'y eût plus qu'à le faire tourner autour de l'une des arêtes de la base, pour qu'il fût à sa place définitive.

Disposition de l'appareil direction (planches XI, XII, XIII).

En rendant compte de l'abattage de l'obélisque, nous avons décrit la manière dont la charnière en bois avait été établie (voir planche XI, fig. 1). L'opération inverse exigeait des dispositions analogues; ainsi il fallut scier une partie de l'acrotère, enlever le fragment F pour y loger le tourillon et son support.

J'avais proposé deux moyens afin d'éviter cette section dans la dernière assise du piédestal; on les a rejetés préférant un procédé plus simple qui présentait plus d'économie et surtout plus de sécurité. Au reste, je dois dire que si le monolithe n'avait pas été traversé par une fissure, l'acrotère n'aurait pas été coupé, et l'un des deux moyens proposés aurait certainement été adopté.

La charnière étant placée, comme nous l'avons indiqué planche XI, il s'agit de faire tourner l'obélisque autour du rouleau R pour le dresser sur sa base.

L'appareil qui doit imprimer le mouvement giratoire se compose des parties principales que nous avons employées dans celui de Luxor. Sans revenir sur ces détails, nous nous bornerons à les rappeler succinctement, et à donner quelques explications sur les dispositions spéciales au levage du monolithe.

L'obélisque est couché sur le ber de pente qui a été construit pour le conduire au sommet du piédestal. Un chevalet formé par la réunion de dix mâts ou bigues, élevées cinq d'un côté et cinq de l'autre, repose sur un mur en moellons, dont l'axe est perpendiculaire à celui du viaduc. La base de ce chevalet peut tourner sur elle-même comme une espèce de charnière. Sur la moise supérieure MM sont attachés dix câbles ou haubans, qui viennent passer en cravate sous le monolithe à 1m,50 du sommet. A l'opposite de ces câbles, elle est sollicitée par dix moufles, dont les poulies mobiles ont été frappées à la tête de chaque mât. Ces palans sont garnis à sept brins, les chefs des garants, après avoir passé dans une poulie de retour fixée à terre, tout près du sol, vont s'enrouler sur les cloches de dix cabestans disposés dans une enceinte elyptique.

Lorsque ces moteurs fonctionneront, le chevalet cédant à leur action se penchera vers eux, en soulevant la tête de l'obélisque à laquelle il est lié d'une manière invariable par les haubans. Le monolithe le suivra en tournant lui-même autour de sa charnière, sur laquelle il reposera pendant toute la durée de la rotation.

Arrivé à la position où la verticale du centre de gravité va dépasser la base, la difficulté ne sera plus de dresser le monolithe, elle consistera au contraire à se mettre en mesure de le retenir, à l'aide d'un système qui l'empêche de se précipiter dans la direction inverse à celle qu'il vient de suivre.

Cet appareil consistait en quatre chaînes de retenue, prenant en cravate le sommet de l'obélisque par-dessus les haubans. Ces câbles en fer venaient saisir un rouleau, placé à l'extrémité du plan incliné, et soumis à l'action de quatre moufles dont les poulies fixes étaient frappées sur des pieux battus au bas de la rampe.

La longueur des chaînes et des cordes était calculée de manière, à ce que les palans fussent tendus au moment précis, où le grave atteindrait sa position d'équilibre sur le tourillon. A partir de cet instant, les chefs des garants devaient être filés peu à peu, et avec beaucoup de mesure, afin d'empêcher toute accélération fâcheuse dans le mouvement.

Maintenant, nous allons discuter ce plan, énoncer les résultats déduits de la théorie, énumérer les moyens d'exécution, indiquer où sont les difficultés et les mesures prises pour les surmonter.

A cet effet, considérons l'appareil en équilibre dans l'une des positions, quelle qu'elle soit, qu'il doit prendre pendant la rotation.

Nous remarquerons d'abord que le grave est retenu dans l'espace par un système de cordages qui tirent son sommet sous un angle aigu. Il résulte de là une pression sur la charnière, dont une partie s'exerce sur l'acrotère, comme le ferait une force horizontale qui solliciterait cette assise à marcher du côté opposé au grave, c'est-à-dire eu égard à la disposition des lieux, du côté de la Madeleine. C'est afin de prévenir ce mouvement, qui aurait entraîné des dangers sérieux pour le monolithe comme pour les assistants, qu'on a moisé ce bloc entre deux forts madriers. Ces madriers sont boulonnés avec le ber qui est lui-même lié à la cale fixe par des croix de Saint-André, dans le but de rendre tout le système solidaire. Cette assise est en outre solidement appuyée par deux énormes épontilles. Le pied de ces étais repose sur un point fixe A. Leur sommet est maintenu par des moises pendantes qui forment, avec d'autres pièces dont les extrémités sont engagées sous le piédestal, un triangle indéformable. On conçoit toute la solidité d'un pareil système, et cependant il n'offrait tout juste que le degré de résistance nécessaire à l'effort qu'il avait à supporter, effort qui était mesuré par plus de 100,000 kil.

Si l'on réfléchit à l'intensité de cette force, qui devait solliciter un bloc de faible dimension simplement posé sur la corniche, et élevé de 9 mètres environ au-dessus du sol, on reconnaîtra sans peine que c'était le point de l'appareil le plus important et le plus difficile à consolider, puisqu'il devait être parfaitement fixe dans toute l'acception du mot. Il n'est pas besoin de dire qu'on aurait pu se créer à moins de frais des arrêts plus solides, dans la construction même du piédestal; mais dans l'état actuel, il ne fallait pas y songer.

L'action combinée des moufles et des haubans devait produire sur la base du chevalet une pression, qui tendait à pousser la charnière du côté de la rivière. Mais cette pièce, liée solidement et indestructiblement avec tout le système au moyen des sapines qui encadraient la maçonnerie et le piédestal, était en état de résister à une force beaucoup plus considérable, comme il est facile de le concevoir en examinant les planches XI, XII et XIII.

Passons au calcul des forces et de la résistance. Le poids de l'obélisque est évalué à 2 50,000 kil.; pendant toute la durée de la rotation, il reposera sur le piédestal, une partie du poids sera donc supportée par ce point d'appui; le reste qui constitue la résistance à vaincre, dépend évidemment de son inclinaison et de l'angle sous lequel il sera tiré par le collier de haubans. Il résulte des dispositions prises que, pour surmonter cette résistance, il sera nécessaire de transmettre aux haubans des tensions successives, représentées par 124,000k— 121,800k— 120,000k — 114,000k — 100,000k— 76,000k— 42,400k, à l'instant où la verticale du centre de gravité de la masse, coïncidera avec les points de l'espace,

1,2, 3, 4, 5, 6, 7. Ces tensions, en raison des angles que forme la direction des cordages avec le plan du chevalet, correspondent pour les mêmes positions, à une traction des apparaux, mesurée par 104,000k— 89,600k— 88,000k—86,200k—80,000k — 66,000k— 38,000k. Ainsi l'effort que les moteurs auront à développer, ne sera que de 104,000 kil., et il ira graduellement en diminuant. Chaque cabestan est mu par quarante-huit artilleurs, en évaluant la force d'un homme à 12 kil, les dix cabestans réunis tireront la moise supérieure du chevalet, comme le feraient 115,000 kil., ce qui dépasse le maximum d'effort de 11,000 kil.; comme un homme vigoureux peut exercer une action de 15 kil. et même de 20 kil. au lieu de 12 kil. que j'ai supposés, il s'ensuit qu'à la rigueur trois cents hommes auraient pu suffire à l'opération.

Deux points fixes sont établis en arrière du piédestal: le premier est composé de deux files de pieux moisés entre deux plançons; le second, placé à quelques mètres plus loin, est formé par une seule rangée de pieux moisés aussi entre deux solives.

Afin de diminuer l'angle sous lequel le chevalet est tiré, et par suite la tension des apparaux; les poulies fixes des moufles sont disposées sur un chevalet dont la base repose sur le premier point d'appui. L'œil en corde ou estrope de chacune d'elles est aiguilleté sur les deux plates-formes, qu'on s lestées de 104 tonneaux de fer.

On estime que chaque pieu, pris isolément, résisterait à un tirage de 3,000 kil.; leur ensemble, y compris le lest, est donc en état de supporter au moins un effort de traction équivalant à 194,000 kil., ce qui dépasse la puissance qui sollicite ces deux points fixes de 90,000 kil.

Il résulte du même appendice que les grosseurs des cordes sont plus que suffisantes pour supporter les tensions auxquelles elles seront soumises, pendant toute la durée de la rotation du monolithe.

Tels sont les principaux résultats déduits de la théorie.

Le travail le plus important, le plus difficultueux, consistait dans le levage du chevalet. Comme le transport et l'érection d'une telle masse, à 8 mètres au-dessus du sol, n'aurait pu s'effectuer qu'à l'aide d'une machine compliquée, on a placé séparément les éléments dont il se compose. La réunion du pied des bigues sur le demi-cylindre s'est opérée au moyen de deux chèvres placées, l'une sur le terrain, et l'autre sur le mur lui-même. La première saisissait le mât et portait son centre de gravité au niveau du mur, puis la seconde élevait son emplanture au dessus de la mortaise correspondante. Il était alors aisé de déplacer le tenon, à droite et à gauche, de manière à le faire entrer dans la cavité préparée à l'avance sur la pièce demi-circulaire.

Le chevalet élevé et haubané provisoirement, les marins procédèrent à l'installation des cordages. Ces hommes suspendus en l'air, au sommet des bigues, ont travaillé pendant quinze jours à passer les haubans, à faire les amarrages, etc., etc.; et, hâtons-nous de le dire, sans qu'il soit jamais arrivé le moindre accident.

Nous voici arrivés au 24 octobre: l'appareil est terminé, il ne reste plus que d'en faire l'essai et de convenir des signaux, pour régler la marche des cabestans.

A midi, trois cents cinquante artilleurs, leurs chefs en tête, sont répartis sur les barres des cabestans. Le capitaine Meunier, ancien élève de l'école Polytechnique, se place au centre de l'enceinte elyptique; cet officier est chargé de transmettre les commandements, qui doivent s'exécuter au son de la trompette.

Quelques minutes après, je donne le signal de la marche lente. Aussitôt les clairons sonnent, les cabestans tournent sur leur axe, les palans roidissent, la tension s'accumule, et bientôt le chevalet des bigues, un peu incliné du côté de la Seine, se redresse d'une façon presque imperceptible, par suite de l'enroulement sept fois répété des garants, et entraîne le sommet du monolithe. Le maître charpentier placé en vigie s'écrie: « L'obélisque est parti! » Le monument avait en effet quitté son ber, et ne portait plus que sur les haubans et sur le tourillon de la base.

Tout marchant bien, je voulais continuer la manœuvre, que

favorisait une belle journée d'automne, la dernière peut-être de l'année; mais, à mon grand regret, des ordres supérieurs me forcèrent de renvoyer au lendemain la suite de l'opération.

Erection de l'obélisque.

Le 15 octobre, dès le matin, plus de deux cent mille spectateurs répandus sur la place de la Concorde, à toutes les issues, sur les terrasses des Tuileries, dans l'avenue des Champs-Elysées, attendaient avec une avide curiosité l'érection de l'obélisque. Depuis huit jours elle était annoncée, et il semblait que toute la population parisienne voulût assister au dernier acte du drame commencé, trois ans auparavant, sur les ruines de la Thébaïde.

Ce drame pouvait ne pas être exempt dune terrible péripétie; car un ordre mal compris, un amarrage mal fait, une pièce de bois viciée, un boulon tordu ou cassé, un frottement ou une résistance mal appréciés, enfin mille accidents imprévus pouvaient amener une catastrophe épouvantable: l'obélisque brisé, des millions perdus; et plus de cent ouvriers infailliblement écrasés par la chute de l'appareil. Telles étaient les conséquences qu'aurait eues l'insuccès de cette opération. C'était assez sans doute pour inquiéter l'esprit le plus ferme; et, malgré la sécurité que m'inspiraient les moyens d'exécution, j'avoue que je ne pouvais, sans une sorte d'anxiété, penser à la grave responsabilité qui pesait sur moi.....

Le temps était sombre, mais sans apparence de pluie, c'était là un point capital.

Avant de procéder à la grande manœuvre, on plaça dans une cavité creusée au centre de l'acrotère, une boîte de cèdre contenant des monnaies d'or et d'argent ayant cours, plus deux médailles à l'effigie du Roi, et portant cette inscription: « Sous le règne de Louis-Philippe Ier, roi des Français, M. de Gasparin étant ministre de l'intérieur, l'obélisque de Luxor a été élevé sur son piédestal le 25 octobre 1836, par les soins de M. Apollinaire LeBas, ingénieur de la marine. »

A onze heures et demie, les artilleurs commencent au son

du clairon leur marche circulaire et cadencée; alors la pointe de l'aiguille quitte le ber, s'élève progressivement et décrit un grand arc ascendant, tandis que le chevalet, de vertical qu'il était, s'incline peu à peu du côté de la puissance, et décrit un arc contraire à celui de l'obélisque. Le tourillon de la base roule sur lui-même d'une façon presque imperceptible, en faisant jaillir le suif, et même le suc du bois, à travers ses gerçures; tant est grande la compression qu'il éprouve dans son encastrement.

A midi, le Roi, la Reine el, la famille royale se montrent à l'hôtel du ministère de la marine, et viennent se placer au balcon qui avait été richement décoré et disposé pour les recevoir. Des vivat saluent l'arrivée de leurs majestés.

Pendant cet intervalle, le monolithe avait parcouru un arc d'environ 38°. Il était tout près du point, où la pression exercée sur la charnière et dont l'intensité avait augmenté graduellement avec l'inclinaison du monolithe, allait atteindre son maximum, pour diminuer ensuite en raison de l'arc décrit par le centre de gravité. Monté sur l'acrotère d'où je pouvais suivre de l'œil toutes les manœuvres, j'éprouvais, depuis quelques secondes, un mouvement de trépidation que j'attribuai d'abord à une illusion causée par le déplacement des objets environnants; mais à cet instant précis, le mouvement vibratoire devint assez prononcé, pour me donner la certitude qu'il était produit par l'ébranlement du bloc sur lequel j'étais placé. Cette découverte n'était rien moins que rassurante, lorsqu'un craquement, causé par le resserrement des bois, se fit entendre. Aussitôt je donnai le signal d'arrêter, afin de chercher la cause de ce bruit et d'examiner une à une toutes les parties du point d'appui. « Rien n'a bougé, s'écrie M. Lepage, inspecteur des travaux, vous pouvez continuer. »

Tout était en effet en bon ordre; seulement la tension des deux moises F,F était si considérable, qu'elles résonnaient au plus petit choc comme une corde de violon. L'adenta s'était incrusté de 5 millimètres sur la traverse du ber, les boulons commençaient à se tordre, enfin la compression se manifestait sur toutes les surfaces en contact, à tel point que du bois debout avait pénétré de 3 millimètres dans du bois debout; c'est à ne pas le croire.

Dans cet état, si le point fixe avait cédé, ou plutôt si les liens qui retenaient l'acrotère dans une position invariable s'étaient brisés sous l'action de la puissance, l'obélisque, le chevalet, la moitié du piédestal et tout le système auraient été lancés avec violence du côté de la Madeleine; et l'imagination se figure facilement l'épouvantable catastrophe qui en fût résultée pour tous les travailleurs qui prenaient part à l'opération. Quoi qu'il en soit, malgré cet avertissement, malgré cette suspension subite et inattendue de la manœuvre, dans le moment même où toutes les forces de l'appareil étaient en jeu, nulle appréhension ne parut éveillée parmi les ouvriers; il y avait chez chacun d'eux comme un oubli complet de leur personnalité: « Les bois se sont assurés, disaient les charpentiers, mais voilà tout. » L'ordre, l'harmonie, l'attention la plus soutenue continuèrent de présider à l'opération, et personne ne songea un seul instant à quitter son poste. Je repris immédiatement le mien sur l'acrotère, et la manœuvre recommença.

Afin de franchir promptement ce passage un peu inquiétant, que j'appelais le point vulnérable du système, je fis le signal de la marche accélérée. Alors on a vu l'obélisque, continuant son évolution, s'élever majestueusement sans secousse, sans bruit, comme un fardeau ordinaire, et parcourir en moins de quarante minutes un autre tiers de son chemin. Il était près de la position, où il devait tendre naturellement à reposer de lui-même sur sa base. L'action des cabestans fut donc suspendue, pour préparer la dernière phase de l'opération.

Dès la veille, j'avais prescrit de refaire l'amarrage provisoire qui bridait les chaînes près du pyramidion. L'heure avancée n'ayant pas permis de s'occuper de ce détail, l'ordre donné fut complètement oublié. C'était une omission qu'il était urgent de réparer avant de faire fonctionner l'appareil. Si ce cordage, qui était d'ailleurs hors de service, se fût brisé sous l'action des chaînes qu'il déviait de leur direction naturelle, sa rupture aurait pu occasionner un choc, un ébranlement dans le système, et par suite compromettre le succès d'une manœuvre aussi délicate.

Cet inconvénient était à peine signalé que deux marins grimpaient au sommet de l'obélisque pour larguer la bridure.

En décrivant l'appareil des retenues, nous avons annoncé que la longueur des chaînes était calculée de manière à ce qu'elles fussent suffisamment tendues, au moment où la verticale du centre de gravité de la masse dépasserait la charnière.

La théorie indiquait que, dans cette position, l'arête de la base parallèle au tourillon serait élevée de 0m,50 au-dessus du plan supérieur de l'acrotère, et qu'à partir de cet instant, l'obélisque, qui jusque là avait été soutenu par les haubans, serait retenu par les câbles en fer. Ce changement devait s'opérer très-lentement, centimètre à centimètre, afin d'éviter un choc, un ébranlement qui aurait entraîné de graves accidents. C'est dans cette prévision que je fis demander au charpentier spécialement chargé de me donner ces indications, quelle était la hauteur précise de l'arête de la base au-dessus du lit de pose. Cette distance relevée avec un pied, l'ouvrier veut la convertir en mètre, se trompe dans le calcul, et accuse 1,10 au lieu de 0m,75, qui était la véritable distance. En partant du premier nombre considéré comme exact, il devenait nécessaire de dégager le tourillon du chevalet, dont l'angle de rotation ne correspondait qu'à une hauteur de 0m,95. On se mit immédiatement à l'œuvre. Dix bisaigues, maniées par des bras vigoureux, faisaient sauter une tranche horizontale de la pièce creuse, lorsqu'on s'aperçut de l'erreur qui donnait lieu à ce travail pénible et laborieux.

Tout étant disposé pour cette opération importante, la marche des cabestans fut réglée ainsi qu'il suit: on fit faire d'abord trois tours, ensuite deux, puis un, puis un demi, etc., etc., jusqu'au moment où le point d'équilibre étant dépassé, on vit les chaînes se tendre et les palans se roidir. C'est alors qu'en filant peu à peu et avec beaucoup de mesure les chefs des palans, on a, par degrés, lâché les câbles, et l'obélisque qui, cinq ans auparavant, descendait de la base où il avait reposé trente-trois siècles, est venu se placer lentement et sans secousse sur le rocher breton qui formait son nouveau piédestal.[3]

-3- Les retenues étaient servies par les marins attachés au service du Roi, sous les ordres de M. Rolland, lieutenant de vaisseau.

Toute l'opération dura trois heures et demie, ou plutôt deux heures et un quart, déduction faite du temps perdu à un travail complètement inutile.

Il n'est arrivé aucun accident, personne n'a été blessé, tout s'est passé conformément à nos prévisions et aux résultats déduits de la théorie. Nous avions, au reste, vivement combattu le projet qu'on avait d'abord conçu, de barricader la place de la Concorde, afin d'empêcher le public d'y pénétrer; cette mesure impopulaire aurait rappelé le bando publié par le pape à l'occasion de l'érection de l'obélisque du Vatican.[4] Du reste, l'autorité n'a pas eu lieu de se repentir d'avoir cédé à nos instances; car la journée n'a été signalée par aucun désordre. Plus de cent cinquante mille personnes sont restées debout pendant quatre heures sans que l'anxiété que chacun éprouvait se soit manifestée par le plus léger signe d'impatience.

Pendant tout ce temps, le chantier offrait le beau spectacle de trois corps spéciaux obéissant à la voix d'un seul, se prêtant un mutuel appui, ne formant plus qu'une unité pour coopérer au succès de la manœuvre. Aussi quels ne furent pas la joie, le contentement de tous les travailleurs, l'enthousiasme qu'ils firent éclater, au moment où la foule leur adressa les justes applaudissements qu'ils avaient mérités, et dont Sa Majesté avait donné le premier signal. Qu'il me soit permis de témoigner de nouveau ma gratitude personnelle à ces habiles auxiliaires; les charpentiers, qui ont parfaitement exécuté un travail nouveau, difficile, périlleux, et secondé à merveille toutes mes intentions; les marins, dont le public parisien a pu apprécier le zèle, l'agilité, le courage et l'habileté; les artilleurs, qui ont prêté leur force intelligente à une manœuvre de précision dont peu d'hommes sont capables; tous se sont acquittés de leur tâche avec un zèle admirable; et, pour moi, j'aime à le proclamer ici, c'est à leur dévouement si cordial, si affectueux, si complet, que je suis redevable du plus beau jour de ma vie.

Pendant que je traversais la place de la Concorde pour me rendre

-4- Voir à la quatrième partie, intitulée Fontana

au ministère de la marine où le Roi m'avait fait appeler, quatre de nos braves avaient déjà gravi sur le sommet de l'obélisque, et y attachaient des drapeaux tricolores et des branches de laurier. Les milliers de témoins qui assistèrent à cette scène, savent avec quel enthousiasme électrique ce signal fut accueilli par la multitude; surtout lorsque le chef vénéré de la grande nation, le roi Louis-Philippe, se découvrit pour saluer ces glorieuses couleurs que, trente-sept ans auparavant, l'armée française avait arborées, en battant des mains, sur les ruines de la Thébaïde.

Après le dîner du Roi, où j'eus l'honneur d'être invité, S. M. me fit remettre une somme de 3,000 fr. pour les travailleurs qui avaient concouru au succès de la manœuvre. Du château des Tuileries, on apercevait la base et le pyramidion de l'obélisque, que les charpentiers avaient illuminés.

Il est de mon devoir de nommer ici les personnes qui se sont empressées de me seconder dans une tâche toujours difficile, celle de faire quelque chose qui sort de la routine ordinaire, et en présence d'une foule immense.

Je citerai en première ligne M. Lepage, inspecteur des travaux. Prodigue de ses peines pour le bien du service, possédant des connaissances pratiques et théoriques étendues, cet agent dévoué, modeste et laborieux, a puissamment contribué au succès d'une entreprise qu'il avait prise à cœur avec une chaleur digne de grands éloges; son zèle ne s'est jamais démenti, et c'est au moment du danger qu'il a montré le plus d'intelligence et de sang-froid.

M. Heurteloup, deuxième inspecteur, n'a coopéré qu'à la dernière partie du travail dont le monolithe a été l'objet. Je n'ai eu qu'à me louer de son zèle et de son activité. Chargé de prendre des mesures précises, de relever avec beaucoup d'exactitude la position de l'obélisque, par rapport à l'axe du piédestal, il ne m'a donné que de bons résultats. Les plans relatifs à l'érection ont été dessinés par cet architecte avec un soin minutieux. Les plus petits détails y sont clairement indiqués, les manœuvres parfaitement senties.

M. Pouillet, entrepreneur de charpente, nous a fourni d'excellents matériaux et des ouvriers très-intelligents. Cet entrepreneur n'a pas reculé devant les difficultés d'exécution, et, hâtons-nous de le dire, ce n'était pas chose facile que de construire un chemin de pente de cent vingt mètres de longueur qu'il fallait dresser, régler, raboter avec une précision aussi parfaite que possible.

Aucun genre d'assistance ne m'a manqué dans les bureaux du ministère de l'intérieur, grâce au zèle éclairé et désintéressé de M. Dénoue, ancien élève de l'Ecole polytechnique, aujourd'hui chef du bureau des travaux. Doué d'un sens parfaitement juste, d'une conception prompte, d'une instruction solide qui le mettait à même d'apprécier les difficultés, ce fonctionnaire avait parfaitement compris qu'un travail de ce genre ne pouvait être soumis aux formes rigoureuses de l'administration. C'est ainsi, pour ne citer qu'un seul fait, que M. Dénoue, avant d'avoir reçu le rapport relatif à l'avarie survenue à la machine à vapeur, s'était empressé de parer à cet inconvénient. Le même jour, une dépêche télégraphique ordonnait au chef maritime du Havre d'envoyer à Paris les cinq cabestans laissés en dépôt dans ce port. Je lui dois aussi d'avoir obtenu que ces moteurs fussent mus par des soldats, et c'est lui qui a eu l'heureuse idée de faire concourir à la manœuvre l'arme de l'artillerie, dans laquelle il avait déjà servi en qualité d'officier.

Je tenais à payer ici ma dette de gratitude... Je me tairai maintenant sur les procédés de quelques esprits jaloux, fort peu nombreux du reste, qui ont visiblement cherché à entraver notre opération. Tout au plus, ces tracasseries exciteraient-elles sur le public, comme elles l'ont fait en moi, quelque sourire de pitié; j'aime mieux ne pas lever ce voile, et parler des récompenses qui furent accordées à mes collaborateurs.

Le 11 novembre je reçus la dépêche suivante:
« Monsieur,
L'érection de l'obélisque de Luxor a obtenu les suffrages unanimes du Roi et du public. C'est avec une véritable satisfaction que je vous adresse mes félicitations sur le succès de cette importante opération. Une médaille ayant été frappée pour en consacrer le souvenir, je vous en envoie deux épreuves, l'une en argent, l'autre

en bronze.

J'ai l'honneur de vous annoncer en même temps que j'ai décidé qu'il vous serait alloué, à titre d'indemnité, pour les soins que vous avez apportés à la direction des travaux, une somme de 4,000 fr.

Je n'ai pas oublié, Monsieur, le compte favorable que vous m'aviez rendu des personnes qui ont été chargées, sous vos ordres, de la surveillance et de l'exécution des ouvrages de détail, des gratifications proportionnées à leurs services leur sont accordées, savoir:

A M. Lepage, deuxième inspecteur   1,500fr.
A M. Heurteloup, premier inspecteur   1,000
A M. Labrie, contremaître charpentier   300
A M. Dacheux, contremaître marinier   300
A M. Card, gardien garde-magasin   3 00
A M. Morel, contremaître marinier   200
A M. Mosqueron, idem.   200
A M. Monot, contremaître charpentier   200

Je vous prie de donner connaissance de ces allocations à ceux qui en sont l'objet, et de les prévenir qu'elles seront prochainement ordonnancées en leur faveur.

Recevez, etc.

Signé, Gasparin. »

A ces faveurs, je dois ajouter celle que reçut M. Lepage après l'entier achèvement des travaux; cet inspecteur fut décoré de la croix de la Légion-d'Honneur, en récompense de ses services et de sa bonne gestion.

QUATRIEME PARTIE
FONTANA

« Mouillez les cordages ! » appréciation de la tradition relative à ce mot. — Examen de l'ouvrage de Fontana. — Détail sur l'érection de l'obélisque de Rome, et description du château de Fontana.

L'érection de l'obélisque de Luxor devait naturellement reporter la pensée vers les faits analogues que présentait le passé; aussi plusieurs publicistes conçurent-ils l'idée de rapprocher cette opération de celle qui, en 1586, avait été exécutée à Rome par Dominique Fontana. Ils publièrent même divers extraits de l'ouvrage rédigé par cet habile architecte, mais ces extraits ne s'accordent pas sur les points principaux du problème: suivant les uns, la longueur de l'obélisque était de 111 palmes, suivant d'autres, de 113 et demi, de 115, etc., etc.

La même divergence se fait remarquer dans l'évaluation du poids de ce monolithe; dans le nombre des hommes affectés à la manœuvre des cabestans, lequel varie de six cents à neuf cents hommes; enfin quelques-uns, confondant l'abattage du monolithe avec son érection, mettent sur le compte de la deuxième opération les avaries survenues pendant la première. Et, chose remarquable, presque tous s'accordent en ce point qu'il y eut un moment où. Fontana faillit échouer dans son entreprise; cette circonstance donna naissance à une particularité plus que douteuse, que les générations acceptèrent depuis comme un fait notoire et authentique: l'obélisque, disent-ils, étant parvenu à une certaine hauteur, les cordes se distendaient sous le poids énorme qu'elles avaient à supporter, quand un ouvrier confondu dans la foule s'écria, malgré les ordres de Sixte-Quint, qui avait commandé sous les peines les plus sévères le plus profond silence: « Mouillez les cordages! » On ajoute même que le pape accorda à cet ouvrier, en récompense de son heureuse inspiration et de son dévouement, le privilège exclusif et héréditaire de vendre des rameaux les jours où- l'on célèbre cette fête, privilège dont ses descendants, dit-on, seraient encore en possession.

Je sens très-bien tout ce qu'il y a de grand, d'admirable, de poétique, dans cette soudaine inspiration d'un homme qui devine une loi physique, dans cette voix forte, puissante et courageuse, qui se dévoue à la mort pour la réussite d'une grande opération, pour conserver à son pays un monument précieux. Je serais le premier à jeter un voile sur cette anecdote, à la regarder comme un fait authentique, quoiqu'elle soit en opposition avec la théorie et la pratique, si elle ne portait pas une grave atteinte à la réputation de Fontana. Ce fameux aqua (de l'eau !) devenu populaire prouverait, sans réplique, que ce directeur serait resté, dans ses combinaisons, en arrière du but, et qu'il ne dut le succès de son opération qu'à un heureux hasard. Hâtons-nous de le dire, ce n'est là qu'un conte ingénieux, une fiction de poëte, d'autant plus facile à accréditer, qu'elle parle à l'âme, l'échauffe, la pénètre, et inspire une vive émotion qui nous empêche de réfléchir.

Toutes les fois que j'ai voulu combattre, détruire cette assertion historiquement suspecte et mathématiquement absurde, on m'a accablé de citations poétiques auxquelles je ne pouvais opposer que le froid raisonnement de la théorie et les résultats de l'expérience. Cette manière de discuter m'a valu et me vaudra encore la qualification dédaigneuse de triste algébriste, d'homme trop positif; je m'en consolerai: j'ai dû traiter en mécanicien une question qui est du domaine du mécanicien.

Le chef d'un moufle, destiné à élever un fardeau, étant garni d'up cabestan, si l'on met cet appareil en jeu, les cordes s'allongeront jusqu'à ce qu'elles soient suffisamment tendues pour soulever la masse attachée à la poulie mobile; l'allongement et la tension sont deux effets conjugués dont l'un est toujours la conséquence de l'autre. Cela posé, le poids sur lequel on opère étant invariable, quelle que soit son élévation au-dessus du sol, les cordes n'auront jamais à supporter qu'un effort identiquement le même qu'à l'origine du mouvement; une nouvelle extension, comme on le suppose, serait donc un effet sans cause. A la vérité, les cordages peuvent résister momentanément à une traction dont l'action, continuée pendant un certain temps, finirait par en déterminer la rupture; ainsi, de ce qu'une masse a été soulevée de quelques centimètres au-dessus du sol, au moyen de moufles ou palans, il ne s'ensuit pas toujours qu'on puisse l'élever à une hauteur plus considérable. Si, dès l'origine, les cordes ont été trop tendues; si l'on a dépassé la limite de la force élastique du chanvre, leurs propriétés physiques seront bientôt détruites, et les fils dont elles se composent se briseront successivement; mais, dans ce cas, toute l'eau de la Seine ne les rétablirait pas dans leur état primitif; je dis plus, il y aurait une absurdité réelle à les mouiller; vous amèneriez un résultat contraire à celui que vous vous proposez.

Le raccourcissement produit par le liquide déterminerait dans la tension, déjà trop considérable, un accroissement qui ne ferait que hâter le moment de la rupture. On s'exagère, d'ailleurs, les effets produits par le changement hygrométrique du chanvre: ces effets n'ont généralement été observés que sur des cordes non tendues, dont la longueur peut varier de quelques pieds; mais si elles sont préalablement soumises à une forte tension, comme l'étaient celles de Fontana, tous leurs éléments ne formeront plus alors qu'une masse presque impénétrable à l'eau; le liquide n'agira que sur les fils de la circonférence dont le raccourcissement partiel n'aura pour effet que de détruire l'harmonie de l'ensemble, sans changer sensiblement la longueur totale du filin.

A ces raisons démonstratives, on opposait d'autres objections qui ne méritent pas d'être réfutées sérieusement.

Persuadé cependant que je devais avoir tort contre l'avis de tout le monde; je me proposais de lire l'ouvrage de Fontana aussitôt que j'aurais terminé les travaux dont jetais chargé. M. Villain, un des architectes les plus distingués de la capitale, a eu la bonté de mettre ce livre à ma disposition. Je me suis mis à l'œuvre; j'ai traduit littéralement le texte, mot à mot, en commençant par l'avis au lecteur, afin de ne rien laisser échapper. A chaque feuillet que je tournais, je m'attendais à trouver l'explication de l'anecdote dont on m'avait tant parlé: mon attente a été trompée; je suis arrivé à la fin du livre, sans avoir pu découvrir la moindre chose qui eût trait à ce conte. Et qu'on ne croie pas que Fontana ait cherché à dérober à la postérité la connaissance d'un fait authentique, qui se serait passé en présence de tout un peuple: la simplicité, la franchise naïve avec lesquelles il rend compte des avaries survenues pendant l'opération, ne laissent aucun doute sur la véracité de son rapport. Cet architecte ne nous fait pas même grâce d'un boulon tordu, d'une clavette brisée. Tout y est indiqué, énuméré avec un soin minutieux.

Des plans curieux sont joints au texte. Ces dessins nous donnent une idée assez précise des détails de construction. Les bois sont travaillés, chevillés, liés entre eux d'après les mêmes règles suivies de nos jours. Les poulies, cabestans, etc., sont, à la perfection près, les mêmes instruments dont nous nous servons dans les manœuvres de force.

Enfin, Fontana avait parfaitement senti, apprécié toutes les difficultés; il marchait dans la bonne voie. Vainement objectera-t-on que cet artiste avait élevé sur la place du Vatican un château gigantesque dont les colonnes principales avaient plus d'un mètre d'équarrissage, véritable forêt descendue des Apennins sur la place du Vatican; que le garant ou chef des moufles passant par trois et quelquefois quatre poulies de retour, il en résultait une perte de force évaluée à près de la moitié de l'effort total; qu'il employa pour dresser le monolithe, quarante cabestans mus par neuf cents hommes et cent quarante chevaux; que l'ajustage de la base sur le piédestal exigea sept jours de travail, de tâtonnement, etc.; toutes ces objections, quoique justes et parfaitement fondées, n'infirment en rien l'opinion que nous avons émise sur les talents de Fontana. Si l'on veut être juste, impartial, il faut se reporter à une époque où la théorie et les arts mécaniques étaient presque dans l'enfance, où la science n'avait pas encore donné les moyens de calculer les frottements et la roideur des cordes, où le praticien ne pouvait pas s'inspirer du passé, profiter des études de l'expérience, des erreurs mêmes de ses devanciers.

Telle était la position de Fontana, et cependant, n'en déplaise aux amateurs du merveilleux, cet habile architecte n'a point eu besoin pour réussir, et réussir complètement, du secours fabuleux de quelques gouttes d'eau. A vrai dire il y avait bien longtemps que je le soupçonnais, mais aujourd'hui ma religion est sur ce point complètement édifiée.

Je n'avais entrepris la traduction de l'ouvrage de Fontana que pour éclairer un fait historique. Plus tard, j'ai réfléchi qu'elle pourrait intéresser le public sous le rapport de l'art et des mœurs comparés à des époques différentes. J'ambitionnais aussi de rétablir Fontana dans toute sa gloire. Ces considérations mont déterminé à présenter un résumé succinct, mais fidèle, du mémoire publié par cet architecte en 1590, intitulé: Délia transporlatione dell obelisco Vaticano et délie fabriche di nostro signorepapa Sisto V, Jatte dal cavalière Domenico Fontana architecto di sua santita.

Apollinaire Lebas

J'y ai joint les plans explicatifs nécessaires à l'intelligence du texte. Dans son avis au lecteur, Fontana expose les motifs qui déterminèrent le pape à faire transporter l'obélisque du Vatican sur une des places de Rome. Sixte-Quint, dit-il, le meilleur et le plus sage des princes, était à peine intronisé qu'il résolut de détruire, d'effacer jusqu'aux traces de l'idolâtrie, de purifier les obélisques, les colosses et tous les monuments superbes élevés par les païens en l'honneur de leurs dieux. Animé d'un zèle ardent pour la sainte religion, notre saint père résolut de commencer cette entreprise pieuse sur le monolithe de Saint-Pierre. Il voulut purger cette aiguille consacrée à la superstition payenne de Cette tache d'infamie, en la faisant servir de support à la sainte croix, simulacre abhorré des gentils, comme l'instrument du plus honteux supplice, et devenu, par la mort du Christ, le signe triomphant des rois et des empereurs. Il voulut enfin transformer la colonne de Sésostris en un monument chrétien, en faire un des trophées de Jésus-Christ.

On ne trouve dans cet exposé aucune pensée profane. La translation du monolithe n'est motivée que sur des idées religieuses. Pas un mot qui ait trait à l'art, à la science, à la convenance de placer l'obélisque devant tel ou tel édifice. De nos jours, on a discuté sur le lieu où il convenait d'ériger l'obélisque de Luxor à Paris; mais les points sur lesquels a roulé la discussion sont complètement étrangers à ceux qui ont fait l'objet de la relation précitée. Ce rapprochement m'a paru assez curieux.

Après ce préambule, Fontana entre dans quelques explications sur le plan de son ouvrage; il ne l'a entrepris, dit-il, que pour suppléer au silence de l'antiquité, pour laisser quelques documents utiles aux mécaniciens qui seraient chargés de remuer de grands fardeaux.

Nous trouvons dans les autres chapitres les détails suivants:

De tous les obélisques que Rome avait enlevés à l'Egypte, un seul était resté debout et tout entier, au milieu des ruines de son antique magnificence. Il s'élevait dans l'ancien cirque de Néron sur un socle enseveli dans des décombres; son axe penchait de deux palmes du côté du chœur de Saint-Pierre. Cette place était boueuse, peu fréquentée, et tellement éloignée du centre de la circulation, que la plupart des curieux qui venaient dans la capitale pour en admirer les monuments, s'en retournaient quelquefois chez eux sans avoir vu cette merveille. Dès les premiers temps du christianisme, on avait conçu l'idée de déplacer ce monolithe; mais les premiers architectes et ingénieurs de notre ère, pocco valenti (peu habiles), comme dit Fontana, dépourvus de renseignements, de toute espèce d'indication sur les procédés suivis par les anciens, reculèrent devant les difficultés d'une entreprise dont l'exécution tenait alors du prodige. Plus tard les papes, et particulièrement Nicolas V, Paul II, Paul III, Grégoire XIII, s'emparèrent de cette idée, mais les mêmes obstacles s'étant représentés, on ne trouva personne qui voulût se charger de ce travail extraordinaire, et assumer sur sa tète une aussi grande responsabilité. Sixte-Quint, plus audacieux, plus tenace que ses devanciers, persuadé que le moment était venu d'accomplir cette œuvre gigantesque qui devait immortaliser son pontificat, résolut de la mettre à exécution.

Une commission composée des savants les plus distingués, d'architectes, d'ingénieurs et de praticiens, fut chargée de déterminer l'emplacement où il convenait de placer l'obélisque, et plus particulièrement de combiner, d'arrêter un projet à l'abri de toute objection pour en opérer le transport. Cette commission se réunit le 24 août 1585. Aucun des membres n'ayant présenté un plan d'ensemble et de détails sur lequel la discussion pût s'engager, on émit quelques idées, on parla, on discuta longtemps, chacun chercha à faire briller son érudition, et l'on finit par se séparer sans avoir rien conclu. Sixte-Quint ne se laissa pas rebuter par ce premier échec. Il fit un nouvel appel à tous les talents, à toutes les lumières du siècle; plus de cinq cents artistes de différents pays se rendirent dans la seconde réunion qui eut lieu le 25 septembre. Les uns vinrent de Milan, de Venise, de Florence, les autres de Lucques, de Corne, de Sicile, et même de Rhodes et de la Grèce. Chacun présenta un plan, un modèle ou un mémoire.

Malgré la divergence des opinions émises pour arriver à la solution d'un problème aussi important, la majeure partie des concurrents s'accordaient sur ce point; qu'il était plus sûr, plus facile, plus prudent, de transporter l'obélisque debout que de l'abattre, et de l'élever ensuite sur un nouveau socle; quelques – uns proposèrent de le transporter, non seulement debout, mais avec son piédestal.

D'autres avaient adopté un terme moyen; ils voulaient haler le monolithe, non droit ou couché à terre, mais incliné de 45° à l'horizon; ceux-ci donnaient le moyen de le soulever avec un seul levier en guise de fléau de balance; ceux-là avec le secours des vis ou d'une roue, etc., etc.; nouvelle preuve que dans tous les temps, dans tous les pays, l'érection d'un obélisque donnera lieu à une foule d'idées absurdes.

Fontana figurait au nombre des concurrents; il se servit d'un modèle en bois avec un obélisque de plomb, réduit sur une échelle proportionnelle, afin d'exécuter en présence de cette assemblée solennelle, les deux opérations dont le monolithe devait être l'objet. Son avis était qu'il fallait le coucher horizontalement, le traîner ensuite sur des rouleaux jusqu'au sommet du piédestal, puis l'ériger sur sa base au moyen de moufles et de cabestans. Cette opinion, d'abord vivement combattue, finit toutefois par l'emporter: la commission décida à l'unanimité que le moyen proposé par Fontana était préférable à tous les autres. Cependant quelques membres, un peu trop préoccupés des difficultés dont ils avaient acquis la preuve pendant la discussion, trouvèrent que Fontana était encore trop jeune[1] pour diriger l'exécution d'une machine aussi compliquée.

Ils proposèrent d'en confier la construction à deux architectes habiles dans l'art de remuer les fardeaux, ils devaient se concerter avec l'auteur du projet afin d'aviser aux moyens d'exécution. Cette proposition fut approuvée. Fontana rentra chez lui enchanté d'avoir remporté le prix.

Toutefois, sa joie et sa satisfaction ne furent pas de longue durée. Dès le lendemain et après de mûres réflexions, il nous apprend qu'il évita pendant sept jours de se présenter au saint père, en

-1- Fontana était alors âgé de quarante-deux ans.

attendant qu'on se mît à l'œuvre. Profitant ensuite d'un prétexte que lui fournirent ses deux collègues, il se rendit avec eux à Monte-Cavallo.

Le pontife l'ayant questionné sur l'obélisque, il répondit qu'il se trouvait dans l'impossibilité de raisonner sur un problème qui réclamait toute sa présence d'esprit. «Dans ce moment, ajouta-t-il, une seule idée me préoccupe, absorbe mes facultés intellectuelles; je crains qu'on n'apporte à mon système quelques modifications qui pourraient occasionner de graves accidents, dont je serais en partie responsable. En vérité, plus j y pense et plus je suis convaincu qu'on m'a fait une injustice, car personne ne peut mieux exécuter une invention que l'inventeur lui-même. »

Sixte-Quint, frappé de la justesse de ses observations, ordonna qu'il serait seul et exclusivement chargé de cette opération. Fontana se rendit immédiatement sur la place du Vatican. Il était accompagné de vingt-cinq ouvriers qui commencèrent à creuser les fondations du nouveau piédestal.

On jeta dans ces fondations plusieurs médailles commémoratives. Deux cassettes en treventino, renfermant chacune douze médailles, furent principalement consacrées à cette inauguration. Chacune d'elles offrait d'un côté l'image de Notre-Seigneur, de l'autre différents symboles; on y avait représenté les sujets suivants:

Un homme endormi sous un arbre, avec cette inscription: *Perfecta securitas*; Trois montagnes surmontées, celle de droite d'une corne d'abondance, celle de gauche d'un rameau de laurier, et celle du milieu d'une épée dont la pointe tournée vers le ciel servait de support à une balance; on lisait au bas: *Fecit in monte convivium pinguium;*

Saint François, agenouillé devant l'église en ruines, portant un crucifix à la main avec cette légende: *Vade, Francisée, et me repara;*

Enfin, sur les faces de quelques-unes, on voyait le portrait de

Sixte-Quint, et au revers la Religion et la Justice.

Impatient de voir enfin résolues des difficultés que, dans sa confiance, il n'avait jamais considérées comme insurmontables; Sixte-Quint délivra à Fontana un bref par lequel il l'autorisait à démolir toutes les maisons qui gêneraient ses opérations, à prendre dans Rome et dans les villes du Saint-Siège les matériaux et instruments de toute espèce, vivres, etc., dont il croirait avoir besoin, sauf à donner plus tard une indemnité aux propriétaires. Ce bref le dispensait des droits de gabelle et des formalités administratives qui occasionnent toujours des retards. Il enjoignait à tous les employés sans exception, sous peine d'encourir la disgrâce du souverain pontife, d'aider, de seconder l'architecte, et de lui obéir s'il réclamait leur assistance. Enfin, il donnait à Fontana la faculté de faire tout ce qu'il jugerait convenable pour assurer le succès de son entreprise, et mettait à sa disposition les ressources du gouvernement.

Muni de ces pleins pouvoirs, Fontana expédia aussitôt sur divers points des agents dévoués et capables; ils étaient chargés de préparer et d'expédier, sur la capitale et dans le plus bref délai, tous les matériaux nécessaires à l'exécution de son projet. Il tira delà forêt de Campo-Morto, située à vingt milles de Rome, d'énormes poutres qui furent transportées sur des charrettes à grandes roues, traînées par sept paires de bœufs.

Fontana voulut surveiller lui-même l'exécution de toutes les parties de son appareil, et particulièrement la confection des cordages qui devaient jouer un si grand rôle; il prit si bien ses mesures, que les travaux furent mis en activité dans le même temps et.sur tous les points à la fois. Tout fut arrangé, distribué, coordonné de manière que, sans qu'aucun retard vînt entraver son opération, le même jour en vit terminer tous les préparatifs.

Avant d'entrer dans les détails de construction, il convient de préciser les données du problème.
Nous avons annoncé que l'aiguille posait sur quatre dés en fonte scellés sur la face supérieure du piédestal, qui était entièrement enfoui dans les décombres.

Voici les dimensions principales de ce monolithe extraites de l'ouvrage de Fontana:

Longueur mesurée depuis la base jusqu'à la naissance du pyramidion   107 palmes 1/2.[2]

Longueur du côté réduit de la base	12 palmes 1/12
Idem du côté réduit du carré supérieur	8 palmes 1/12.
Hauteur du pyramidion	6 palmes.
Hauteur totale	113 palmes 1/2.

De ces dimensions, on déduit que le volume de l'obélisque est équivalent à 123 mètres cubes; ce qui donne pour poids total 332,100 kil., en prenant le nombre abstrait 2,70 pour la densité du granit de Syenne, comme nous l'avons fait pour le monolithe de Luxor.

Comparant la hauteur du pyramidion avec les dimensions de sa base, Fontana en conclut, avec Pline, qu'il fut en partie brisé lors de 1 érection du monument. Il cite à l'appui de son assertion les mesures prises sur les autres monolithes. Dans tous, la hauteur du pyramidion est égale à une fois et demie le côté du carré supérieur; l'aiguille de Saint-Pierre est la seule qui s'écarte de cette règle de proportion. En second lieu, on voit évidemment que cette partie de la pyramide n'a pas été taillée par le même ouvrier, ses faces sont rugueuses et pour ainsi dire rustiques, tandis que celles du fût ont reçu un poli parfait.[3]

Après avoir calculé le poids de l'obélisque, Fontana crut devoir faire quelques essais afin de déterminer exactement la puissance de chaque cabestan; ces expériences avaient aussi pour but de coordonner, de régler leur armement de manière que le maximum d'effort, transmis au filin par l'action des hommes et des chevaux, fût toujours inférieur à la force élastique du chanvre. Par cette sage prévision, il devenait impossible qu'un chef ou garant de moufle se brisât pendant la manœuvre. C'est ce que ne comprirent pas quelques praticiens, qui firent mille objections à ce sujet; persuadés qu'il est impossible de faire agir simultanément

-2- Un palme est égal à 0m,223.
-3- L'obélisque de Luxor présente, quant aux dimensions du pyramidion et à l'exécution de ses faces, les mêmes défectuosités.

plusieurs moteurs, de leur imprimer une vitesse uniforme, ils ne se donnaient pas la peine d'examiner, d'analyser les dispositions prises pour obvier à cet inconvénient, et persistaient dans l'erreur où cette idée fixe les avait fait tomber. Avec des mots on prouve tout ce qu'on veut, et rien n'est plus flexible à cet égard que la théorie; mais, fort des faits qu'il a expérimentés, un bon architecte ne se laisse pas influencer par des réflexions souvent inspirées par la jalousie, il poursuit son œuvre; c'est ce que fit Fontana.

Partant des données positives fournies par l'expérience, cet architecte calcula qu'au moyen de moufles garnis à 40 cabestans mus par 907 hommes et 75 chevaux, de cinq grands leviers manœuvres chacun par 53 hommes, et de coins frappés sous la base du monolithe, on devait produire une quantité d'action capable de le soulever. « Si, contre notre attente, ajoutait-il, le déplacement de » cette masse exigeait un effort plus considérable, on pourrait augmenter le «nombre des moteurs.» Avant d'incliner l'obélisque, Fontana se proposait de l'élever verticalement de trois palmes au-dessus du piédestal, afin de pouvoir engager sous sa base une plate-forme à rouleaux sur laquelle il devait être abattu.

Bien fixé sur ce premier point, il ne restait plus qu'à se créer dans l'espace des appuis pour y frapper les 40 poulies fixes des moufles. C'est là ce qui donna lieu à la construction d'un échafaudage immense, qu'on est convenu d'appeler le Château de Fontana.

Les détails dans lesquels nous allons entrer ne peuvent être bien compris qu'avec le secours des plans dessinés dans les planches XIV et XV. Le dernier représente la coupe horizontale de la place Saint-Pierre, faite au raz du piédestal. Les deux autres donnent une idée du château qui servit tour à tour pour abattre et élever l'obélisque.

Description du château.

Afin d'éviter les tassements, on établit, entre les côtés prolongés du carré inférieur du piédestal, deux rangs de madriers superposés en croix. Les quatre plateformes construites par ce procédé devaient supporter tout l'appareil.

Le château, non compris le toit, avait 123 palmes de hauteur au-dessus des fondations. Les parties principales de ce vaste échafaudage consistaient dans huit colonnes ou antennes élevées verticalement devant l'obélisque, quatre d'un côté et quatre de l'autre. Pour que ces colonnes se tinssent parfaitement droites, il fallut les étayer par quarante-huit jambes de force ou étais, liés entre eux et aux antennes par des croix de Saint-André, des traverses, des colliers de fer, des roustures, etc., etc.

Chaque colonne, à cause de ses dimensions, se composait de plusieurs pièces de bois. C'était un véritable mât d'assemblage, formé en grosseur par quatre poutres posées à plat sans tenons ni mortaises, qui avait pour section transversale un carré de quatre palmes et demi de côté. Ces poutres mises bout à bout étaient réunies en faisceau quadrangulaire au moyen de chevilles à goupille, colliers en fer et en cordes, répartis convenablement dans le sens de la longueur. On serrait fortement tout ce système, en frappant des coins dans les vides que laissaient entre eux le mât et les liens dont nous venons de parler. Ces détails d'exécution sont indiqués dans la planche XIV, figure i. Le même motif obligea de suivre un procédé semblable pour la construction du premier et du second rang d'épontilles.

Huit fermes ABC reliaient le sommet des antennes. Elles étaient armées de six pannes *p, p, p*, de plus de trois palmes d'équarrissage. C'est sur ces pièces de bois qu'on aiguilleta[4] les poulies fixes des moufles.

Les antennes ainsi étayées ne pouvaient, dans aucun cas, plier à l'extérieur; mais pressées de dehors en dedans dans les points correspondants aux sommets des jambes de force, elles tendaient à fléchir en sens inverse. Afin d'obvier à cet inconvénient, Fontana fit consolider cette partie, au moyen de traverses clouées sur les colonnes et arc-boutées par des étais horizontaux e, e. Enfin, par un excès de précaution que l'importance seule de l'opération justifie, on frappa à l'extrémité du château huit gros haubans à

-4- Aiguilleter, attacher une poulie avec une corde qu'on nomme aiguillette.

caliornes.

Lorsque cet échafaudage fut terminé, Fontana, enchanté de son ouvrage, le comparait, sous le rapport de la solidité, à un rocher ou à un massif construit ad hoc pour supporter une grande construction.

Pendant que le château s'élevait dans l'espace, on nivelait la place, on abattait les maisons qui gênaient l'installation des cabestans, on travaillait aussi au revêtement de l'obélisque. Déjà son fût avait disparu sous un double rang de nattes et d'épais madriers. Des barres de fer, qui se croisaient à angle droit sous la base du monolithe, le prenaient en ceinture et venaient s'appliquer sur chacune des faces de l'enveloppe extérieure; elles portaient de distance en distance des talons sur lesquels buttaient neuf cercles en fer. Ces cercles, en même temps qu'ils étaient destinés à serrer l'armature contre le granit, devaient servir de points d'appui aux poulies mobiles des quarante moufles. Par ces dispositions, tout le système était solidaire et lié invariablement à la masse; cette condition était de rigueur, comme nous le verrons par la suite.

Les préparatifs de l'abattage furent terminés le 28 avril 1585.

La curiosité publique, vivement excitée par une opération aussi importante, avait attiré à Rome un grand nombre d'étrangers. L'autorité publique crut devoir prendre des précautions, afin d'éviter les désordres inséparables d'une immense multitude rassemblée sur le même point. Elle fit barricader toutes les rues qui aboutissaient sur la place. Un bando du pape, publié l'avant-veille de l'érection, punissait de mort quiconque franchirait la barrière du chantier. Les peines les plus sévères étaient portées contre ceux qui empêcheraient les ouvriers de travailler, de quelque manière que ce fût. Il était défendu également de parler, de discuter, de faire du bruit, enfin de troubler le silence. Le chef des sbires avait reçu l'ordre de se placer, avec ses familiers, dans un des coins de l'enceinte, pour sévir immédiatement contre les coupables.

Le 30 avril, deux heures avant le jour, il fut célébré deux messes pour implorer les lumières du Saint-Esprit. Fontana, avec tous

238

les travailleurs, communia; la veille, il avait reçu la bénédiction du Saint-Père.

Avant le jour, les ouvriers étaient rassemblés dans le chantier, Fontana les exhorta à faire leur devoir, à exécuter avec précision et intelligence les commandements qui leur seraient transmis, et leur rappela les signaux convenus. Au premier son de la trompette, tous les cabestans doivent tourner d'une manière uniforme; le temps d'arrêt sera annoncé par le tintement de la cloche du château. Après cette courte allocution, il voulut lui-même placer, distribuer les travailleurs à leur poste, examiner pour la dernière fois toutes les parties de l'appareil, qui devait, comme nous l'avons annoncé, élever l'obélisque de trois palmes au-dessus du piédestal.

Au nombre des dispositions prises pour assurer le succès de cette manœuvre, nous nous bornerons à rapporter qu'une escouade de charpentiers était chargée de battre constamment des coins de bois et de fer sous la base du monolithe. « Tout le monde connaît, dit Fontana, la puissance des coins; je les employais dans le double but de seconder les efforts des apparaux par l'action d'une force vive, et de me créer quatre points d'appui qui permettaient de soulever la masse, sans la suspendre en l'air aux cordons des moufles. Pendant toute la durée de l'opération, l'obélisque reposera sur les coins, comme sur les dés du piédestal. »

Chacun des ouvriers était armé d'un casque en fer pour le garantir contre le choc des morceaux de bois ou de fer, qui pouvaient tomber de la partie supérieure du château. Pendant que ces préparatifs s'exécutaient, le temps était devenu très-beau; cette paisible sérénité du ciel semble être pour l'architecte le présage d'un heureux succès.

Tout ce que Rome comptait de personnes valides, d'hommes distingués par la naissance et les talents, s'étaient donné rendez-vous sur la place Saint-Pierre; les toits des maisons, les édifices publics qui encadraient l'enceinte, étaient hérissés de spectateurs; la foule se pressait immense dans toutes les rues, sur tous les points qui avaient vue sur l'obélisque.

Un silence de mort régnait parmi les flots de la foule. Tout était prêt; les hommes et les chevaux n'attendaient plus que le signal d'action. Ce fut dans ce moment solennel que Fontana, placé sur une éminence d'où il pouvait être aperçu de tout le monde, rappela d'une voix forte et sonore les motifs religieux qui avaient donné lieu à la translation du monolithe.

« L'ouvrage que nous allons entreprendre est consacré à la religion, à l'exaltation de la sainte croix. Implorez avec moi l'assistance de Dieu, du souverain » moteur; demandons-lui son appui, sans lequel tous nos efforts seraient impuissants. » Et tous-les assistants, nobles, bourgeois, prêtres, étrangers, tombent à genoux, et récitent avec Fontana un pater et un ave.[5] L'architecte se relève, il agite le drapeau qu'il tient à la main. Le son de la trompette vibre pour la première fois dans les airs; alors tout s ébranle, les cabestans tournent sur leurs axes, les palans se tendent, l'extrémité des leviers s'abaisse, les coups de masse retentissent sourdement sur la tête des coins, et l'obélisque qui penchait de deux palmes du côté de Saint-Pierre, vient prendre une position verticale. Au son de la cloche, tout rentre dans une immobilité parfaite.

Dans ce premier mouvement, dit l'architecte, on aurait cru que la terre tremblait. Le château lit entendre un craquement effroyable.

Ce bruit provenait des joints et des assemblages qui s'étaient resserrés par l'effet de la pression; mais aucune des parties n'avait cédé. Seulement les ouvriers, préposés à la surveillance des apparaux, signalèrent la rupture du premier cercle en fer du revêtement, à partir du sommet. On le remplaça par une rousture en corde maintenue sur deux points par des aiguillettes qui passaient sous la base du monolithe. Cette réparation était à peine terminée, qu'à un second signal, de nouveaux efforts furent

-5- S'il est quelque chose d'imposant, c'est assurément de voir ainsi tout un peuple associer l'œuvre du génie humain au sentiment religieux et à l'intervention de la divinité. Ici, ce n'est plus seulement le savant et l'artiste qui suivent avec intérêt, avec amour, l'érection d'un monument. S'ils y président par leurs lumières, le peuple y prend part aussi par ses vœux, et le culte chrétien rappelant, là encore, son éternel et admirable dogme d'égalité, confond tous les assistants dans une même prière. Il y a là quelque chose de vraiment populaire et de national.

tentés et couronnés d'un plein succès. Les mêmes signaux se répétèrent douze fois et furent suivis des mêmes effets. Enfin à la vingt-deuxième heure du jour, l'obélisque était soulevé de deux palmes trois-quarts. Cette hauteur était suffisante pour le but que se proposait l'architecte. Quelques boîtes tirées du château annoncèrent cet heureux résultat. Toute l'artillerie lit alors une salve de détonations en signe d'allégresse. Jusqu'à ce moment, les ouvriers étaient restés à leur poste; on leur avait apporté à manger sur les lieux mêmes.

La matinée du lendemain fut consacrée à visiter les apparaux; tous les cercles du revêtement s'étaient brisés ou tordus; quelques-uns avaient arraché ou plutôt coupé, comme des couteaux, les arrêts contre lesquels ils buttaient. Cette expérience nous prouve, observe Fontana, qu'il ne faut pas se fier entièrement aux liens métalliques; les cordes offrent plus de sécurité. C'est pour cette raison que j'avais pris la précaution de lier ces points fixes avec des cordages qui passaient sous la base de l'obélisque. »

Les dés du piédestal furent enlevés et portés au Saint-Père qui témoigna, à plusieurs reprises, sa joie et sa satisfaction.

Après cette opération, l'obélisque reposait sur les coins qu'on avait burinés sous les quatre angles inférieurs. A ces points d'appui, on substitua une plate-forme ou ber à rouleaux AB; une de ses extrémités fut engagée sous la base, dans le vide qui existait entre les coins. C'est sur ce ber que le monolithe devait être abattu.

L'architecte regardait cette manœuvre comme plus difficile et beaucoup plus périlleuse que la première; elle exigeait de nouvelles dispositions, un nouvel arrangement dans les apparaux. D'abord, il devint nécessaire de frapper sur d'autres points du fût les poulies fixées sur la face d'abattage, et, par suite, de déplacer les moteurs correspondants. En second lieu, on installa quatre moufles horizontaux dont les poulies mobiles étaient attachées au pied de l'obélisque. Les chefs des garants venaient s'enrouler sur les cloches de quatre nouveaux cabestans. Enfin pour parer à la rupture des cordages et à des accidents imprévus, l'architecte fit placer vers le milieu de la longueur du fût un système de béquilles mobiles autour d'un axe fixe, et dont les deux extrémités étaient saisies par un collier en fer qui embrassait les trois autres faces du monolithe. Elles étaient destinées à étayer la pyramide dans le cas probable, où on serait obligé de suspendre l'opération. A cet effet, le pied de ces épontilles comprenait dans leur écartement un treuil ou rouleau mobile ab. Deux cordes, fixées à ses deux bouts, s'enroulaient chacune de plusieurs tours sur la surface de ce cylindre, et venaient ensuite s'amarrer sur les colonnes du château; par cette disposition, le pied des béquilles devait s'écarter de l'axe du piédestal à mesure que l'obélisque s'inclinerait vers l'horizon, tant que le treuil serait libre de tourner; mais si l'on empêchait sa rotation à l'aide d'un levier introduit dans une des mortaises pratiquées dans ce rouleau, alors les cordes ne pouvant plus se défiler, devaient retenir le système dans une position invariable.

Tous ces préparatifs furent terminés le 7 mai.

Comme dans la première opération, la trompette réglait la marche des cabestans; le système restait immobile au premier son de la cloche du château.

La vue de la planche XIV, et quelques mots d'explication, suffiront pour donner une idée exacte du procédé suivi par Fontana.

Imaginons qu'on ait roidi convenablement les quarante moufles qui sollicitent le fût de la pyramide, le frottement, déterminé par la pression de la masse sur la plate-forme AB, sera diminué en proportion de la tension transmise aux cordons des caliornes. D'après les dispositions prises, cette résistance sera aisément vaincue par l'action des quatre palans horizontaux. Lorsque ces moteurs fonctionneront, la base du monolithe tendra à s'écarter du piédestal; si, en même temps, on dévire lentement et avec précaution les cabestans, le sommet du monument s'abaissera vers l'horizon, pendant que le pied s'éloignera de sa position primitive, entraînant avec lui le ber à rouleau sur lequel il repose.

Fontana avait l'intention de régler ce dernier mouvement de manière à conserver aux apparaux supérieurs une direction toujours verticale. Mais il n'en fut pas ainsi; l'arc décrit par le sommet de l'obélisque n'était pas en rapport avec l'espace parcouru par la base; il en résulta que la composante horizontale des palans, qui retenaient le fût sous un angle de plus en plus aigu, devint assez puissante pour faire glisser le ber sur les rouleaux sans le secours des moufles horizontaux. On fut même obligé de modérer la vitesse de ce mouvement, au moyen d'un nouveau palan qui agissait en sens contraire des quatre premiers.

Afin d'éviter un choc, une secousse, au moment de l'arrivée du fardeau sur la plate-forme, Fontana fit installer à la tête de la pyramide cinq nouveaux palans dont les poulies fixes étaient attachées à la voûte de la sacristie de Saint-Pierre. Ces palans que Fontana compare aux brides d'un cheval, avaient pour but d'empêcher toute accélération fâcheuse dans le mouvement du grave.

Ces diverses manœuvres, le déplacement des arcs-boutants du château e, e, qu'il fallait enlever pour laisser le passage libre à l'obélisque, nécessitèrent des temps d'arrêt qui motivent jusqu'à un certain point l'emploi des épontilles mobiles dont nous avons parlé.

Enfin, à la vingt-deuxième heure, l'obélisque était couché sur la plate-forme sans avoir éprouvé la moindre avarie.

Sixte-Quint fut enchanté de ce premier succès; des bravos s'élevaient de tous les points de la place; Rome entière salua Fontana de ses acclamations. Les trompettes et les tambours de la ville l'accompagnèrent chez lui en jouant des fanfares, au milieu de l'allégresse générale.

Nous venons de placer l'obélisque sur un ber à rouleau; il s'agissait maintenant de le haler sur la place Saint-Pierre; le trajet en ligne droite qu'il avait à parcourir était de 113 cannes environ; ce transport devait s'opérer sur un chemin presque horizontal (la différence de niveau entre le point de départ et d'arrivée n'étant que de 3 palmes). Cette pente, quoique très-minime, était du reste favorable à la translation du fardeau. Ce chemin ou viaduc qui aboutissait au sommet du nouveau socle et l'entourait de toutes parts, avait 37 palmes de hauteur sur 100 palmes de largeur à sa base et 50 au sommet. Mais autour du piédestal les deux dernières dimensions étaient mesurées, la première par 125 palmes, et la seconde par 95.

La chaussée fut construite avec du sable; ce remblai fait avec des terres fraîchement remuées, n'aurait pu résistera la pression exercée par un poids aussi considérable, sans le revêtement latéral dont il était armé. Ce revêtement se composait de planches jointives appliquées sur les talus, de trois cours de longrines horizontales, contre lesquelles s'appuyaient de distance en distance des montants arc-boutés chacun par deux étais; les espaces intermédiaires étaient consolidés par des poutres transversales et obliques qui reliaient les deux flancs du chemin. Dans la partie correspondante au piédestal, on avait établi un système de charpente dont la coupe planche XIV nous fait connaître les détails. Il était destiné à supporter le pied des épontilles du château.

Cet ouvrage une fois réglé et mis en pleine activité, on s'occupa de l'extraction des cinq assises de l'ancien piédestal, du désarmement des apparaux, de la démolition de la charpente et du transport de tout ce matériel sur la place du Vatican.

Des médailles semblables aux premières furent jetées dans les nouvelles fondations; deux de ces médailles frappées en or représentaient, d'un côté, l'effigie de Pie V et de l'autre l'image de la justice et de la religion. On inséra entre deux des trois morceaux de marbre dont se composait le socle ou assise inférieure, une plaque de la même pierre, sur laquelle étaient gravés en latin le nom de Sixte-Quint, celui de Fontana, de sa ville natale et un historique succinct de l'opération à jamais mémorable exécutée par cet architecte. C'est sur le lit supérieur du socle qu'on plaça les médailles à l'effigie du pape Sixte-Quint.

Tous ces préparatifs exigèrent un assez long délai. Il fallut ensuite superposer les blocs du piédestal et l'encadrer dans l'immense château qui avait déjà servi à l'abattage du monolithe, et mettre la dernière main au chemin de hallage. Ce ne fut qu'après l'entier achèvement de ces travaux qu'on put s'occuper de la translation de l'obélisque. Il était resté sur son ber à rouleaux placé au même niveau que le dessus du nouveau socle. On le fit avancer vers la place Saint-Pierre à l'aide de quatre apparaux garnis à autant de cabestans; il fut traîné de cette manière jusqu'au point où on voulait l'amener; c'est-à-dire à faire correspondre verticalement l'extrémité du pyramidion avec l'axe du piédestal, planche XV. Ainsi la plate-forme ou ber à rouleaux qui le supportait, se trouvait comprise entre la dernière assise et le grave.

Les palans, les moteurs, les hommes et les chevaux, tout fut disposé, arrangé comme dans la première opération; seulement les quatre moufles horizontaux fixés à la base étaient installés de manière à agir en sens inverse; ils devaient amener la base du monolithe sur son lit de pose.

Il ne nous reste que peu de choses à dire sur l'érection, qui eut lieu le 10 septembre1586. Cette opération fut précédée des mêmes cérémonies religieuses et des mêmes préparatifs. Elle s'exécuta par un procédé semblable à celui que nous avons décrit, lors de l'abattage du monolithe; la planche XIV va encore nous servir pour en rendre compte. A mesure que le sommet de la pyramide, sollicité par l'effort réuni de quarante cabestans mus par huit cents hommes et cent quarante chevaux, s'élevait dans l'espace, les palans horizontaux, soumis à l'action de quatre moteurs semblables, faisaient avancer la base et la plate-forme qui lui servait d'appui vers l'axe du château. La vitesse de ce mouvement était réglée de manière à conserver, autant que possible, aux cordons des apparaux supérieurs une direction sensiblement verticale.

Lorsque l'axe du monolithe eut atteint, l'angle de 45°, les ouvriers, accablés de fatigue et de faim, demandèrent qu'on suspendit la manœuvre pour reprendre haleine. Pendant cet intervalle, le monument reposait sur les épontilles dont le pied était fixe, au moyen du levier qu'on avait introduit dans le treuil. Le repos terminé, on se remit à l'œuvre; l'évolution continua; après cinquante deux mouvements, l'obélisque s'élevait verticalement sur son piédestal, mais sa base portait sur la plate-forme à rouleau, qu'elle avait entraînée sous elle pendant la rotation.

L'enthousiasme fut à son comble quand on vit l'obélisque debout sur la place du Vatican. Des détonations d'artillerie annoncèrent ce grand événement. Tout un peuple fit entendre de joyeuses acclamations et salua l'architecte d'unanimes applaudissements. L'opération dura depuis le lever jusqu'au coucher du soleil, environ treize heures. Pendant tout ce temps, les spectateurs restèrent sur la place sans prendre aucune nourriture.

Le lendemain, on procéda à l'extraction de la plate-forme à rouleaux sur laquelle posait le monolithe; elle s'effectua, comme nous l'avons décrit, au moyen de quarante moufles disposés sur le fût, et garnis à autant de cabestans, de deux systèmes de leviers et de coins frappés sous les parties de la base qui étaient à découvert. Le grave, sollicité à la fois par l'action de tous ces moteurs, ne portait plus que sur les coins; ce qui permit de dégager le ber qui était dessous, et de sceller des dés en fonte, aux quatre angles de l'espace qu'il occupait sur le plan supérieur du piédestal. Tout étant ainsi disposé, on fit descendre l'obélisque sur ces supports métalliques, en mollissant peu à peu les moufles et les leviers, à mesure qu'on retirait les cales. Ce travail difficultueux exigeait beaucoup de précaution; il fallut opérer lentement, avec ordre et mesure.

Aussi ce ne fut que huit jours après l'érection, que l'obélisque se trouva en parfait équilibre sur ses quatre points d'appui.

Tel est l'exposé fidèle des faits racontés par Fontana dans l'ouvrage précité. S'il était resté quelques doutes, dans l'esprit des lecteurs, sur l'assertion que nous avons émise, ces faits suffiraient pour prouver la fausseté de ce cri devenu historique: Mouillez les cordes. L'obélisque n'a jamais été suspendu entièrement à des cordes ! Il a constamment reposé sur sa base ou sur une de ses arêtes inférieures. Comme, dans ce dernier cas, la rupture des cordages et d'autres événements possibles pendant l'abattage et l'érection, auraient pu entraîner la chute du grave; Fontana avait pris la précaution d'armer le monolithe d'un système d'épontilles qui devaient le soutenir dans une position quelconque: *Acciò ché essa guglia non posasse mai su le corde, ma restasse sempre appuntellata.*

APPENDICE

Coup d'œil sur l'art mécanique chez les anciens et chez les modernes. — Calculs relatifs à l'abattage et à l'érection de l'obélisque de Luxor.

I
Coup d'œil sur l'art mécanique chez les anciens et chez les modernes.

L'érection de l'obélisque de Luxor a donné lieu à des recherches sur les procédés suivis par les Egyptiens dans de semblables opérations. Avant de clore ce travail, il ne sera peut-être pas hors de propos de jeter un coup d'œil sur les conjectures qu'a fait naître, à cet égard, l'esprit d'investigation.

On peut croire qu'alors comme aujourd'hui, on employait des machines qui permettaient de déplacer, avec un effort relativement faible, des masses extrêmement lourdes. Mais nous ignorons quels sont les moyens que l'imagination avait suggérés à ces peuples, et dont l'expérience leur avait fait connaître la puissance.

Nous n'avons sur ce point, il faut le reconnaître, ni certitudes, ni probabilités; s'il est vrai de dire que l'histoire du passé est en général fort obscure et souvent fabuleuse, il est constant que celle de la mécanique en particulier est complètement inconnue.

A défaut d'histoire écrite, on devait espérer de retrouver dans le nombre immense de sujets sculptés ou peints sur les édifices de cet antique pays, la représentation de quelque appareil mécanique; sur ce point encore, nos espérances ont été déçues. L'Egypte montre au voyageur le résultat de ses œuvres: des obélisques, des colonnes, des colosses, des rochers tout entiers, transportés, dressés dans les principales villes, depuis Sienne jusqu'à Alexandrie; mais elle ne nous a laissé aucune indication sur les moteurs, aucune trace des éléments d'une science, qui les aidait probablement à ériger ces monuments, objets de leur gloire et de leur vénération. On a cherché à suppléer à ce silence de l'histoire par des conjeci88 tures, par des inductions plus ou moins plausibles, qui ont fait éclore deux systèmes diamétralement opposés.

Suivant les uns, les Egyptiens ont représenté dans les bas-reliefs des temples et des tombeaux, tous les emblèmes ou attributs de la religion, des sciences et des arts, de l'agriculture et du commerce, de la navigation, des industries et métiers de toute espèce; on y voit jusqu'aux jeux récréatifs de l'enfance et de l'âge mûr; on y distingue les outils, l'attitude des ouvriers qui en faisaient usage. Et cependant en vain chercherait-on dans ce grand nombre de représentations, quelque indice de ce que nous appelons Y art mécanique, un appareil quelconque, enfin, destiné à élever des fardeaux ou propre à remuer de grandes masses. Que conclure de ce silence ? Dira-t-on que c'est oubli, négligence, mais ces tableaux ne sont pas de la même époque, et ce qui serait échappé à un premier dessinateur, aurait-il également échappé à tous ceux qui sont venus après lui? Les dessins n'ont pas été calqués l'un sur l'autre, on remarque entre eux des différences dans la disposition, dans la marche, dans la configuration des objets sculptés sur tous les tableaux. N'est-ce pas qu'on n'avait rien à représenter sous ce rapport, rien à transmettre à la postérité ? et ne doit-on pas en conclure, avec Diodore de Sicile, que les opérations se faisaient à force de bras, à l'aide de montagnes de sable, que c'était un travail de manœuvre, un travail sans forme déterminée, et variable suivant les localités?

Les faits sont patents, disent les autres, les monuments égyptiens existent; des colosses, des obélisques sont encore assis sur leur base, les effets attestent la supériorité des moyens qui les ont produits, et donnent une très-haute idée des connaissances de ce peuple dans les arts mécaniques. D'ailleurs, ajoutent-ils, comment croire que clans un pays industriel, et dont la population ne s'élevait pas au-dessus de sept millions d'âmes, on n'eût pas cherché à inventer des machines pour économiser les bras dans les manœuvres de force?

Enfin, portant plus loin encore cette conjecture, quelques enthousiastes, frappés de la grandeur des monuments antiques, soutiennent que les Egyptiens avaient surpris à la nature tous ses secrets; que, pour eux, l'érection d'un obélisque était un jeu d'enfant. Ils vous disent par quelle analogie ils ont été conduits à démontrer que toutes nos inventions, nos découvertes mêmes les plus modernes, étaient connues de l'antiquité et consignées dans les livres de la fameuse bibliothèque d'Alexandrie. A les en croire, on serait tenté de supposer que la flotte de Sésostris fut remorquée au large par des bateaux à vapeur.

Ces écrivains ont basé leur opinion sur des faits matériels dont personne ne conteste la vérité; mais cette vérité, considérée sous le rapport des causes et des moyens qui l'ont produite, n'en est pas moins une vérité conjecturale, une simple induction enfin, puisque ces causes et ces moyens nous sont inconnus.

Du silence de la tradition sur ce point, faut-il conclure, avec les premiers, que les Egyptiens ignoraient les arts mécaniques? IN on assurément, et sans adopter l'opinion tout exclusive des seconds, il faut cependant bien reconnaître l'existence de la science, là où l'on en rencontre des effets savamment combinés. Force nous est donc de chercher ailleurs le motif du silence signalé. Peut-être se l'expliquera-t-on, si l'on se reporte à la constitution politique et religieuse de ce peuple.

En Egypte, les prêtres s'étaient réservé le droit de conserver, de lire, d'interpréter les livres sacrés, où se trouvaient consignées toutes les connaissances révélées, disaient-ils, par les dieux eux-mêmes. Ces hommes, qui semblaient se poser en demi-dieux sur la terre, devaient fasciner les yeux des populations ignorantes soumises à leur pouvoir, à l'aide de quelques croyances soi-disant religieuses et attestées par de prétendus prodiges, tels que les sons de la statue de Memnon. Et l'on peut présumer que la caste théocratique, seule dépositaire alors de la science, seule initiée à ses mystères, et soigneuse d'en dérober les causes à l'œil de la multitude, avait pris le parti d'exclure des représentations symboliques tracées sur les monuments, tout ce qui eût pu expliquer les phénomènes qu'elle produit, et porter ainsi atteinte à la puissance sacerdotale, en diminuant le prestige dont elle était entourée. Mais ceci, je dois le reconnaître, n'est qu'une hypothèse; pour appuyer cette assertion, je n'ai pas de ces preuves convaincantes, qui, en pareille matière, me semblent indispensables.

Ce qui me frappe par dessus tout, c'est que l'expérience a dû suggérer à des hommes constamment occupés à opérer sur des fardeaux énormes, les moyens qui en facilitent le transport et le placement. Cette probabilité devient une certitude, si l'on compare les dimensions des blocs avec leur poids; il serait physiquement impossible d'y appliquer le nombre d'hommes nécessaires pour déplacer ces masses, et lors même que cette difficulté n'existerait pas, comment faire agir simultanément un millier d'ouvriers sans le secours de quelque appareil? Ainsi, de ce que les Egyptiens ont érigé des monuments gigantesques, il s'ensuit qu'ils ont employé dans ces sortes d'opérations des procédés plus ou moins ingénieux; mais nous ne saurions partager l'avis de ceux qui exaltent les machines antiques aux dépens des nôtres. Leur raisonnement consiste à dire que dans un pays dont la population n'était pas considérable, on a dû porter au plus haut degré de perfection les instruments destinés à économiser le nombre des bras. Cette assertion me paraît très-contestable: en effet, une nation, qui sans motif d'utilité réelle, entreprend de construire tant de monuments de simple apparat, dont le nombre, la grandeur, la solidité, le luxe, la perfection des ornements multipliés à l'infini, surpassent tout ce que l'ancien monde nous a légué en ce genre, et tout ce que le monde moderne a pu produire, cette nation, dis-je, peut-elle être regardée comme un peuple qui cherchait à économiser les bras ? N'est-il pas évident, au contraire, d'après cet excès de prodigalité, que son but principal, son but essentiel, était de les occuper?

En second lieu, l'esprit humain ne juge et ne peut juger que par comparaison; pour apprécier la supériorité d'un objet sur un autre, il les met en parallèle, examine leurs propriétés réciproques, le degré de perfection, les avantages et les inconvénients qui peuvent résulter de leur usage et de leur application. Or, dans le cas dont il s'agit, les moyens employés par les anciens étant totalement inconnus, comment déterminer la préférence? On ne peut mettre en rapport ce qui est avec ce qui n'est pas. Le rien placé sur le plateau de la balance ne dérange pas l'équilibre.

A ces observations, on oppose des faits, on cite le colosse d'Osimondyas, du poids de 800 tonneaux environ, qui a été transporté de la cataracte d'Assouam à Thèbes. Voilà tout ce que la science antique nous offre de plus saillant en ce genre.

L'objection n'est vraiment pas sérieuse, et la conclusion qu'on en tire me semble peu conforme aux règles d'une saine logique. Je pourrais citer telle opération exécutée sur un lourd fardeau, à l'aide de procédés qui rappellent l'enfance de l'art; mais pour arriver directement au but, je ferai remarquer qu'on n'a pas examiné si la mécanique, avec les moyens dont elle dispose, reculerait devant les difficultés d'une pareille entreprise.

Qu'il me soit permis de suppléer à ce silence, et de démontrer qu'on a déplacé, et qu'on déplace encore, des masses plus considérables que celle d'Osymondias, ce qui, dans le système que je réfute, conduirait infailliblement à cette conséquence, que la science moderne est supérieure à celle des anciens.

Sans parler du transport du rocher de Saint-Pétersbourg, du levage de la colonne Alexandrine, de l'abattage et de l'érection de l'obélisque de Luxor, qui ont prouvé du moins que la science moderne pouvait défaire et refaire l'ouvrage des Egyptiens, nous nous bornerons à citer un exemple puisé dans la marine.

Ce n'est pas un colosse de 800 tonneaux, mais un vaisseau du poids de 2,500 tonneaux, que Tart naval va saisir au milieu de la mer, pour le faire remonter en quelques heures sur un plan incliné d'un douzième à l'horizon.

Seize cabestans, qui agissent directement sur autant de câbles-chaînes attachés au bâtiment, font tous les frais de cet immense travail. Je doute que l'on puisse imaginer un mécanisme plus simple, plus puissant et plus économique tout ensemble.[1]

Maintenant, si vous étudiez la construction de cette forteresse flottante, l'opération du lancement, celle plus remarquable encore de l'abattage en carène, qui consiste à incliner cette masse énorme pour émerger graduellement toutes les parties de sa carène jusqu'à la quille; si vous cherchez à vous rendre compte de la manière dont on guindé[2] les mâts de hune et de perroquet, de la manœuvre des ancres, des embarcations et de tous les poids

-1- C'est à M. l'Evêque, ingénieur de la marine, que nous devons la combinaison de cet appareil, qui a été appliqué au hallage à terre du vaisseau à trois ponts le Majestueux.
-2- Guinder, élever.

qui composent l'armement; si vous suivez ce même navire au milieu du vaste océan, lorsqu'il lutte victorieusement contre les lames et la tempête, à l'aide de ses immenses voiles qu'on expose et qu'on soustrait à la force du vent avec une promptitude qui étonnerait le machiniste de l'Opéra; si vous réfléchissez en outre que toutes ces manœuvres s'exécutent sur un corps tourmenté par les éléments; vous serez porté à croire qu'un vaisseau doit être rempli de machines très-compliquées, pour vaincre tant d'obstacles imprévus, pour produire des effets qui écrasent l'imagination. Cependant il ne renferme que des moufles, des cabestans, des mâts et des cordes. Ces instruments suffisent à toutes les opérations dont il est l'objet, dans une multitude de circonstances variables.

La simplicité des moyens, la grandeur des résultats, la promptitude d'exécution, tout concourt à prouver que l'art naval, cette science d'observations, de mesures et de calculs, est parvenu à un très-haut degré de perfection.

En présence de pareils faits, et de mille autres que je pourrais citer, comment décider la question de prééminence des anciens ou des modernes ? N'est-il pas plus rationnel de conclure que l'art mécanique n'est point une science de nouvelle création; qu'il a été cultivé et pratiqué dans les siècles les plus reculés, et que, comme tout ce que Dieu a fait pour l'usage et le développement de la race humaine, il a passé par une série de progrès successifs. Mais il est impossible, et l'on doit vivement le regretter, de présenter un tableau comparatif des mécanismes employés en différents temps et en divers lieux pour déplacer de grandes masses: les monuments historiques nous manquent, on en trouve cependant quelques traces dans Vitruve et dans Ammien Marcelin. Le premier nous apprend que les poulies, les cabestans, les grues étaient connues de son temps; le second rend compte de l'érection d'un obélisque à l'aide des mêmes machines. Ainsi, à toute époque connue, on a mis en jeu, dans les manœuvres de force, des leviers, des moufles et des cabestans. Ces instruments sont simples, puissants, économiques, faciles à installer, à réparer, à faire agir sur un point quelconque du fardeau, et dans une direction donnée. Tels sont les avantages qui ont dû déterminer les praticiens à les employer dans les grandes opérations, où il s'agit de déplacer, avec un effort relativement faible, des masses extrêmement lourdes.

Quand on s'est rendu compte par le calcul, ou par une expérience, de la puissance de ces moteurs employés isolément ou associés entre eux, il semble tout d'abord que rien ne soit plus facile que de déplacer les plus lourds fardeaux. C'est en effet fort simple sur le papier, mais il n'en est pas de même dans l'application.

La manœuvre des grandes masses est toujours une entreprise très-difficile. Le théoricien raisonne sur des hypothèses, il suppose que toutes les parties de son appareil sont indestructibles et indestructivement liées à des points fixes, que les plans sur lesquels il opère sont indéformables, que le mouvement est uniforme, etc. Or, c'est là de la fiction toute pure. Lorsqu'il s'agit, qu'on me passe l'expression, de mettre hache en bois, de réaliser sur le terrain toutes ces hypothèses, du moins autant que possible; c'est alors qu'apparaissent mille obstacles imprévus qui forcent à modifier, quelquefois même à abandonner un projet dont la réussite ne paraissait pas douteuse.

Ce n'est qu'en scène, sur le chantier, et en présence des objets, qu'on peut apprécier la valeur des difficultés; elles ne consistent pas précisément dans la conception de l'idée qui, dans certains cas, est tout, mais dans les détails d'exécution. La question est d'abord de se créer des points dont la fixité soit en état de résister au poids de la masse, d'approprier les moteurs aux localités, au mode d'action que l'on veut produire, et de prendre les dispositions les plus convenables pour empêcher les pertes d'efforts. Ensuite il faut déterminer la résistance absolue des diverses parties des appareils qui seraient infailliblement brisés, s'ils n'étaient pas composés des meilleurs matériaux, exécutés avec précision, et de dimensions assez amples; tenir compte du tassement du sol, de la compression des bois, de l'élasticité du système, et d'une multitude de circonstances variables que le calcul ne saurait saisir qu'à l'aide de l'expérience. On conçoit combien ces détails sont difficiles, et combien, cependant, ils ont de l'influence sur les résultats définitifs.

C'est faute d'avoir étudié cette partie pratique de la science, que des théoriciens ont échoué, quelquefois, dans leur entreprise. « La théorie sans pratique, a dit un ancien auteur, est comme un vaisseau. Sans voile ni gouvernail, il reste immobile, on ne saurait courir la mer sans faire naufrage. On doit aussi penser que la pratique sans théorie est comme un vaisseau sans compas, sans instruments nautiques, qui ne saurait naviguer sans se perdre. »

Il est constant que la théorie et la pratique sont également nécessaires pour composer une bonne machine. Le théoricien est arrêté à chaque pas, faute de données relatives à la qualité, à la résistance des matériaux et aux détails de construction et d'installation. Ces données résultent d'une suite d'observations et d'expériences, auxquelles le talent et l'esprit de pénétration ne sauraient suppléer. D'un autre côté, il est des principes généraux qui sont indispensables au praticien, et sans lesquels l'usage qu'il fait des machines est un acte hasardé, une tentative que le succès seul peut justifier, tandis que le calcul lui donne la certitude que ses vues seront réalisées. L'imagination et la pratique sont d'excellents guides pour inventer un appareil, mais l'appareil une fois combiné, il faut le soumettre à l'épreuve rigoureuse de la théorie, pour la garantie des résultats. En un mot, la théorie doit être fondée sur la pratique, celle-ci la soutient et lui sert de base, l'autre la perfectionne et la fait agir sûrement.

Ne rien livrer au hasard, c'est manquer de courage, selon les uns; selon nous, c'est prudence, surtout lorsqu'il s'agit d'élever un obélisque amené à grands frais au sein d'une capitale, d'exécuter, en présence de milliers de spectateurs, une manœuvre dont l'insuccès entraînerait des accidents déplorables, la perte de plusieurs centaines d'ouvriers.

C'est ainsi que nous avons dû procéder dans les trois opérations qui avaient pour but d'abattre, de transporter et d'ériger l'obélisque de Luxor.

Je vais exposer succinctement les principes sur lesquels repose la théorie appliquée des machines que nous avons employées, je donnerai ensuite une indication rapide des calculs qui ont fait connaître numériquement l'intensité des forces. A l'aide de ces résultats, j'amènerai le lecteur à conclure avec moi que nous étions maîtres du mouvement, que les tractions ou les pressions plus ou moins considérables supportées par les cordes ou par les autres parties du mécanisme, étaient insuffisantes pour rompre les appareils ou arracher les points fixes auxquels on s'était cramponné.

II

Calculs relatifs à l'abattage et à l'érection de l'obélisque de Luxor.

Les détails arides dans lesquels nous allons entrer, nous forceront inévitablement de faire usage de quelques mots techniques, qu'il est nécessaire de bien définir pour l'intelligence du texte.

Soient p et p' deux poulies à plusieurs rouets (planche XV, fig. 3). Le cordage *cdba*, qui ceint la caisse en bois dans laquelle tournent les rouets, se nomme estrope.

La bague ab qui en fait partie sert à amarrer la poulie à un point fixe ou à la résistance.

Cela posé, si l'on attache au talon b de la poulie inférieure le bout d'une longue corde, et si l'on fait passer l'autre bout alternativement sur chacun des rouets des deux poulies, en allant successivement de bas en haut et de droite à gauche; on composera un appareil que les géomètres appellent un moufle et les marins, un palan.

En style de marine, on donne le nom de garants aux cordons compris entre les deux poulies. Celui qui est attaché en b prend le nom de dormant. La partie de la corde qui sort du dernier rouet s'appelle improprement le courant ou tirant. Le courant ne court ni plus ni moins que les autres garants, mais c'est sur lui qu'agit la force motrice; d'où résulte, ainsi que nous allons le démontrer, 1° que le mouvement et la puissance d'un palan sont subordonnés à son action; 2° que ce cordon supporte la plus forte charge et commande celle des autres. C'est donc avec raison que Fontana l'appelait le chef des garants (*il capo*), nous adopterons cette dénomination, qui nous paraît plus rationnelle.

On distingue les palans par le nombre de cordons dont ils sont garnis; on dit un palan à quatre, cinq, six cordons ou brins. Les plus forts et les plus gros s'appellent caliornes.

La fonction d'un palan est très-simple; supposons qu'il s'agisse de transporter une masse M de A en B, à l'aide de cet appareil. Après avoir frappé[3] la poulie p à un point C situé dans la direction AB, on amarre la résistance à l'estrope de l'autre poulie; puis il suffit d'exercer sur le chef *ef* une tension suffisante pour faire dérouler les garants, ce qui détermine le mouvement progressif de la masse vers le point, où on veut l'amener.

On démontre en mécanique un principe connu sous le nom de principe des vitesses virtuelles, qui peut être traduit en langage ordinaire ainsi qu'il suit:

Quels que soient les appareils mis en jeu, leviers, cabestans, moufles, soit qu'on les emploie isolément, soit qu'on les associe entre eux, il y a toujours compensation entre l'intensité des forces et les espaces parcourus dans le même temps par leur point d'application. En sorte que la petite force se donne beaucoup de mouvement, pour en imprimer fort peu au lourd fardeau contre lequel elle lutte.

Ainsi un effort de 10 kil. peut triompher d'un poids de 10,000 kil., mais à la condition de se déplacer et de faire mille fois autant de chemin que lui. Voilà tout le secret des effets produits par ces appareils mécaniques, ils permettent de déplacer, avec un effort relativement faible, des masses extrêmement lourdes; non qu'ils multiplient la puissance des hommes qui y sont appliqués; mais parce qu'ils la dépensent sous une forme nouvelle. Théoriquement parlant, le résultat est toujours le même, c'est de la force ou de l'espace, ou encore du temps et de la force qui se compensent réciproquement. En effet, il résulte de la construction même d'un palan à six brins, par exemple, qu'un homme qui exerce une

---

-3- Frapper ou attacher.

action de 10 kil. sur le chef, peut surmonter une résistance six fois plus grande attachée à la poulie mobile p, parce que l'espace parcouru par cette masse ne sera que le sixième de la longueur de corde déroulée par la force motrice. En général, l'effort transmis à chacune des deux poulies est égal à la puissance qui agit sur le chef, répétée autant de fois qu'il y a de cordons sur la poulie mise en mouvement.

Supposons que le chef de ce même palan soit garni à un cabestan mu par 50 hommes, qui exercent chacun un effort de 10 kil. à l'extrémité des barres, et en tout de 500 kil.; le cercle qu'ils décriront aura 10 mètres de diamètre, par exemple, tandis que le chef n'en décrira qu'un de 2, si tel est le diamètre du corps du cabestan. La masse attachée à la poulie p ne marchera, avons-nous dit, que du sixième de la longueur de corde enroulée autour du cabestan, ce qui correspond au trentième de l'espace parcouru par chacun des hommes; d'où il suit que 50 hommes, dont les efforts réunis ne représentent que 500 kil., peuvent triompher d'une résistance trente fois plus grande, c'est-à-dire de 15,000 kil., à l'aide d'un cabestan et d'un moufle.

Ces résultats théoriques sont loin d'être confirmés par l'expérience; la raison en est que les divers organes d'un appareil, quel qu'il soit, ne sauraient être mis en jeu sans des pertes d'efforts plus ou moins considérables.

Dans un moufle, une partie de la force est absorbée par la roideur des cordes et par les frottements des rouets sur leur axe. Ces résistances empêchent que le chef ne transmette, en entier, son action sur le deuxième cordon; il en est de même de celui-ci par rapport au suivant, et ainsi de suite; en sorte que la tension des garants décroît progressivement à partir du chef jusqu'au dormant qui supporte le *minimum* de traction.

Il résulte de nombreuses expériences faites par Coulomb, que la résistance qu'une corde oppose à son enroulement autour d'un cylindre, se compose de deux termes; le premier exprime l'effort qu'il faut faire pour plier la corde et l'enrouler avant qu'elle ne soit tendue. Cet effort, comparé à la puissance qui sollicite le cordage, étant très-petit, peut être négligé sans inconvénient. Le second est proportionnel au produit d'une certaine puissance du diamètre de la corde, par la tension qu'elle supporte, et en raison inverse du diamètre du cylindre ou du rouet sur lequel elle s'enroule. Cet énoncé traduit algébriquement donne la formule suivante:

$$\alpha T d^{\mu} / D$$

d, diamètre de la corde.
D, diamètre du cylindre ou du rouet
T, tension de la corde.
α et μ, constantes dont la valeur dépend de la grosseur et de la nature du cordage.

En partant de ces données, on démontre que, dans un palan en équilibre, les tensions des garants forment une progression géométrique décroissante, d'où l'on déduit les deux équations:

$$(1) \qquad T_n = \frac{q^{n-1}(q-1)}{q^n-1} \cdot M.$$

$$(2) \qquad T_1 = \frac{q-1}{q^n-1} \cdot M.$$

T_n est la tension du chef, T_1 celle du dormant, n le nombre de cordons attachés à la poulie mobile, M la masse à mouvoir, et q, ou la raison de la progression, représente la quantité

$$(3) \qquad \frac{D+d+2rf'+ad^{\mu}}{D+d-2rf'},$$

dans laquelle on a remplacé par $f/\sqrt{(1+f^2)}$ par f', f représente le rapport du frottement à la pression que les rouets exercent sur l'essieu, D le diamètre des rouets, $2r$ celui de l'essieu, d le diamètre de la corde, et α et μ les constantes dont nous venons de parler.

Si le chef de ce palan est garni à un cabestan mu par des hommes dont nous représenterons les efforts réunis par une force F, on aura pour l'équation d'équilibre:

$$(4) \qquad 2RF = (D_1 + d + 2rf' + a\,d^\mu)\,T_n.$$

R est le rayon de la circonférence décrite par la force F; D_1 le diamètre du cabestan à la hauteur de l'enroulement; les autres lettres comme dans les formules précédentes.

Appliquons ces équations aux apparaux qui ont servi à déplacer l'obélisque.

Puissance des moteurs

Coulomb a trouvé que pour un cordage blanc et neuf de 0m,02 de diamètre et au-dessus, on peut faire $\mu=2$ et $\alpha=24$ dans la formule $\alpha T d^\mu / D$ qui exprime la résistance qu'oppose une corde à son enroulement sur le cylindre D. Quant à la valeur de f ou du rapport du frottement à la pression exercée par un arbre en fer dans des boîtes en cuivre, l'expérience a appris qu'il était égal à 0,135.

	Diamètre commun des rouets.	$D = 0^m,35$
	Diamètre de l'essieu sur lequel ils tournent.	$2r = 0,05$
	Rapport du frottement à la pression.	$f = 0,133$
	Nombre de cordons qui sollicitent la poulie mobile . . . $n=$	$\begin{cases} 6 \\ 7 \end{cases}$
PALAN.	Diamètre de ces cordons ou garants.	$d = 0,05$
	Les garants étant blancs et neufs, nous ferons.	$\begin{cases} \mu=2 \\ \alpha=24 \end{cases}$
	Substituant ces nombres dans les équations (1), (2) et (3), on trouve $q=1,186$ et.	$\begin{cases} T_o = 0,245.M \\ T_1 = 0,104.M \\ T_2 = 0,225.M \\ T_3 = 0,080.M \end{cases}$
CABESTAN. . . .	Diamètre du cabestan à la hauteur de l'enroulement. . .	$D_1 = 0,80$
	Diamètre moyen de l'axe en fer de ce moteur.	$2r = 0,13$
	Pour tout ce qui a rapport au frottement et à la roideur des cordes, comme ci-dessus.	" "
	Substituant dans (3) il vient.	$2RF = 0,927.T_n$

De ces calculs résulte, 1° que l'effort à exercer sur le chef d'un palan à 6 brins, pour vaincre une résistance attachée à la poulie mobile, est égal à 0,245 de cette résistance, tandis qu'abstraction faite du frottement et de la roideur des cordes, il ne serait que le sixième; 2° que la tension du chef est plus que double de celle du dormant.

Cette inégalité de tension dans les garants produit des pressions différentes sur l'axe de la poulie; la partie de cet arbre, qui correspond au rouet sur lequel agit le chef, supporte la plus forte charge. C'est pour ce motif que, dans la pratique, le palan est installé de manière que ce cordon sollicite toujours le rouet du milieu de la poulie supérieure.

Supposons maintenant que la poulie p' étant fixe, une puissance M sollicite l'estrope supérieure pour éloigner la poulie p' du point d'appui, en faisant dérouler les garants de bas en haut. Comme dans le cas précédent, cette force se répartira inégalement sur ces cordages, dont les tensions formeront encore une progression géométrique; seulement la progression sera décroissante à partir du dormant, en sorte que le chef supportera le *minimum* de traction. Nous aurons pour les équations d'équilibre d'un palan à 6 brins:

$$(4) \quad T_n = \frac{q-1}{q^n-1} \cdot M = 0,104 \cdot M$$

$$(5) \quad T_1 = \frac{q^{n-1}(q-1)}{q^n-1} M = 0,245 \cdot M$$

Si le chef passe par une poulie de retour k qui change sa direction à angle droit, le frottement du rouet sur l'essieu et la roideur de la corde empêcheront que son action ne se transmette en entier sur le cordon kk'.

Soit X la tension du cordon kk', on aura:

$$T_n(D+d) = X(D+d+ad^\mu) + 2rf''\sqrt{T_n^2 + X^2}$$

substituant à la place de D, d, a, μ, r, f leur valeur numérique tirée du tableau précédent, on trouve, toute réduction faite:

$$(6) \qquad 0{,}85\,T_n = X.$$

Si ce même cordon s'enroule d'un double tour sur un cylindre fixe C'C', s'il passe ensuite dans une nouvelle poulie de retour R', pour se diriger sur un autre cylindre fixe VV, sur lequel il vient s'enrouler d'un simple tour, cette combinaison de frottement et de résistance dus à la roideur des cordes, diminuera encore l'action transmise par la puissance à l'extrémité u de ce cordon.

Désignons par Y la tension de la partie de cette corde comprise entre C' et R'; par Z celle de la portion qui va de la poulie de retour au cylindre fixe VV; et par u l'effort qui sollicite son extrémité. Nous aurons successivement:

$$0{,}85.\,T_n = X$$
$$X = Y\left(\varepsilon^{\frac{ms}{r}} + \frac{ad^\mu}{2r+d}\right)$$
$$Y = \frac{Z}{0{,}85}$$
$$Z = u\left(\varepsilon^{\frac{ms'}{r'}} + \frac{ad^\mu}{2r'+d}\right)$$

Multipliant ces équations membre à membre, on obtient pour résultat final:

$$(7) \qquad (0{,}85)^2 T_n = \left(\varepsilon^{\frac{ms}{r}} + \frac{ad^\mu}{2r+d}\right)\left(\varepsilon^{\frac{ms'}{r'}} + \frac{ad^\mu}{2r'+d}\right) u.$$

m est le rapport du frottement à la pression que la corde exerce sur chacun des cylindres fixes; r et r' leur rayon moyen; s et s' les arcs enroulés; ε la base des logarithmes népériens; les autres lettres comme ci-dessus.

La quantité m prend des valeurs différentes suivant la forme et la nature du bois sur lequel la corde est enroulée. Si ce bois est tendre et mou, comme celui que nous avons employé à Luxor, le cordage soumis à une forte tension pénètre dans l'intérieur, en creusant sur la surface des sillons raboteux qui augmentent le frottement, surtout si la pièce n'est pas parfaitement ronde. Ces considérations nous ont engagé à déterminer, par des expériences directes, la valeur de ce coefficient; nous avons trouvé que, dans le cas le plus défavorable, il ne dépassait pas 0,223. Les résultats, déduits d'après ce nombre, seront donc plutôt trop forts que trop faibles; substituant dans (7) et observant que: $s=4\pi r$, $s'=2\pi r'$, ε $=2{,}718$ et $n=6$, on a pour un palan à six brins:

$$(8) \qquad u = 0{,}001084 . M.$$

Ainsi un palan à six brins étant installé comme nous venons de l'indiquer, si l'on tire, de bas en haut, l'estrope de la poulie p, comme le ferait un poids de 20,000 kil., par exemple, cette force ne transmettra à l'extrémité du chef qu'un effort de 21k,68, c'est-à-dire, environ mille fois plus petit; le reste sera absorbé par les frottements et la roideur des cordes.

A l'aide de ces formules, il est facile de résoudre toutes les questions relatives aux mouvements des fardeaux; elles sont de deux sortes. S'il ne s'agit que de déplacer une masse sans l'exhausser, en la faisant glisser sur un plan horizontal, la seule résistance à vaincre consiste dans le frottement et l'adhérence des surfaces en contact; ces résistances peuvent être considérablement réduites en graissant les corps, ou en faisant porter le fardeau sur des rouleaux, comme dans la translation de l'obélisque du Vatican, ou encore sur des boulets placés dans des ornières, comme dans celle du rocher de Saint-Pétersbourg. C'est à l'aide du même artifice, c'est-à-dire, en substituant au frottement des roues sur des pierres ou sur la-terre, celui d'une bande de fer, qu'on est parvenu à réduire le frottement d'une voiture, qui est d'un seizième de son poids sur un empierrement ordinaire, à un deux centième.

Si la surface sur laquelle glisse le corps est inclinée, on aura à surmonter les résistances dues au frottement et à l'adhérence, plus une petite portion du poids qui sera proportionnelle à la pente. En effet, soit M une masse placée sur un plan incliné DE, fig. 6, DH=h et HE=b, l'on aura, pour le parallélogramme des forces:

$$R = \frac{h.M}{\sqrt{b^2+h^2}}$$

R est la composante de la masse parallèle au plan incliné DE.

Ainsi h.M/√(b² + h²) exprime l'effort du grave pour descendre, qui varie, comme il est facile de le voir, avec l'inclinaison du plan DE; si le corps est en équilibre, il mesure le frottement et l'adhérence des surfaces en contact. Or, nous savons qu'un vaisseau, placé sur une cale dont la pente est égale à un douzième, part seul, même après avoir reposé pendant quelques jours sur son ber, d'où il suit que la composante du poids suivant la pente, qui est sensiblement m égale à M/12, est capable de vaincre le frottement et l'adhérence. En sorte que, en prenant M/12 pour la mesure de ces résistances, les valeurs qu'on en déduira seront des limites supérieures, puisque l'inclinaison de un douzième est plutôt au-dessus qu'au-dessous de celle qui convient à l'équilibre. D'après cette donnée, l'effort F à exercer parallèlement au plan DE, pour faire monter la masse M, sera exprimé par:

$$(9) \qquad F = \frac{M}{12} + \frac{h}{\sqrt{h^2+b^2}} . M.$$

Si la pente est douce, la quantité h/√(h² + b²) sera très-petite, et par suite on déplacera, avec un effort relativement faible F, un fardeau très lourd M. Il résulte de là que l'un des moyens les plus simples pour exhausser de grandes masses, consiste à les faire monter sur des plans inclinés. C'est par un plan incliné que l'obélisque a été conduit à bord du bâtiment, c'est encore par des plans inclinés qu'il a été transporté du niveau de la Seine à celui de son piédestal. Il était placé sur un ber qui glissait sur une cale en bois rabotée et suivée, comme celle d'un bâtiment. Ainsi la formule (9) est applicable au halage de l'obélisque. La plus grande pente que ce monolithe ait eue à remonter est celle de la rampe du pont de la Concorde; elle était égale à un dixième. La masse à mouvoir, y compris le poids du ber et des apparaux, était évaluée à 283,636 kil. Faisant donc dans la formule précédente M=283,636 kil. Et h/b = 1/10, on trouve que la résistance à vaincre est équivalente à 52,000 kil. Ainsi faire gravir à l'obélisque le plan incliné, revenait à soulever verticalement un poids de 52,000 kil. suspendu à une corde. Cinq moufles à 6 brins garnis à autant de cabestans , mus chacun par 48 artilleurs, y ont suffi. En effet, la puissance d'un cabestan, calculée d'après les formules 2FR=0,927 T_6 et T_6 = 0,245 M, donne, en supposant que l'effort exercé sur un rayon moyen de 2m,25 par chaque artilleur, soit égal à 12 kil., un effet réel de 11,412 kil.; l'effort transmis à l'obélisque sera donc de 11,412 kil. par cabestan, et les cinq cabestans tireront comme 57,060 kil. On peut regarder ce résultat comme une limite inférieure, car un homme robuste est en état de développer pendant quelques heures une action de 20 kil., au lieu de 12 que j'ai supposés.

DETERMINATION DU POIDS ET DU CENTRE DE GRAVITE DE LA MASSE A DEPLACER.

Dimensions principales de l'obélisque (planche XV, figure 5).
Côté réduit de la base   AB = 2m425
Côté réduit du carré supérieur   ab = 1m54
Hauteur du tronc   h = 20m90
Hauteur du pyramidion   h' = 1m94

Si par les quatre arêtes ab, bc, cd, de du carré supérieur abcd, nous imaginons des plans verticaux, ces plans décomposeront le fût du monolithe en neuf solides qui auront pour hauteur commune celle du tronc, savoir: le parallélépipède abcd, quatre pyramides égales à Anao, et quatre prismes triangulaires équivalant à nida. Ainsi V étant le volume du tronc, on aura:

$$V = abcd \times h + 4 \times Anao \times \frac{h}{3} + 4 \times nida \times \frac{h}{2}.$$

Effectuant les calculs, et y ajoutant le volume du pyramidion qui est égal à abcd. h'/3, on trouve que le volume total est équivalant à 85 mètres cubes, qui donnent pour poids 229,500 kil. (La pesanteur spécifique du granit déduite de plusieurs expériences étant égale à 2,7.) Avec le revêtement, le poids total de la masse à mouvoir est équivalant à 250,000 kil.

Quant à la hauteur de son centre de gravité, que nous désignerons par X, on la déduira de l'équation suivante, qui exprime que la somme des moments, pris par rapport au plan de la base, des dix solides dont se compose l'obélisque, est égal à celui du volume total:

$$X = \frac{abcd.h.\frac{h}{2} + 4.Anao.\frac{h}{3}.\frac{h}{4} + 4.nida.\frac{h}{2}\frac{h}{3} + abcd.\frac{h'}{3}\left(\frac{h'}{4} + h\right)}{V + abcd.\frac{h'}{3}} = 9^m,16.$$

Calculs relatifs à l'appareil d'abattage, des retenues et d'érection.

L'appareil d'abattage et des retenues étant installé comme nous l'avons indiqué (planche II), imaginons par l'axe de l'obélisque et celui du chevalet un plan Q (planche XV). Ce plan, divisant le système en deux parties symétriques, renfermera les résultantes de toutes les forces. La résultante des trois palans qui sollicitent le câble d'abattage, se trouve aussi dans un plan mené par l'axe de ce cordage perpendiculairement au premier; leur intersection A'B' déterminera donc cette droite. Ainsi les trois cabestans, à l'aide des moufles, tirent à eux le sommet du monolithe, comme le ferait une force unique dirigée suivant A'B', et appliquée en A'; de même si, par l'axe de la moise supérieure du chevalet (planche II), nous faisons passer trois nouveaux plans HH', RR' et CC' perpendiculaires au plan Q, ces plans diviseront le système des haubans, celui des retenues et le chevalet, en deux autres parties symétriques, et couperont le premier suivant trois droites HH', RR', CC' (planche XV). La droite HH' coïncidera avec la direction de la résultante des haubans, la seconde avec celle des moufles de retenue, et c'est sur la troisième que se trouvera le centre de gravité du chevalet.

Joignons le centre de rotation o au centre de gravité G de l'obélisque et au point A', nous pourrons considérer chacune de ces droites comme deux verges rigides et inextensibles, encastrées dans le tourillon de la base, ou plutôt comme deux barres d'un treuil horizontal qui aurait pour arbre le cylindre en bois oc. La première est sollicitée en G par le poids M du grave dirigé suivant la verticale GV, la seconde est sollicitée en A' par la résultante des apparaux d'appel et par la tension des haubans. Il en est de même de la droite Ro' par rapport au cylindre o', celle-ci est tirée de haut en bas par le poids du chevalet, dont le centre de gravité est situé en o», et à l'opposite par la résultante des haubans. Nous n'avons pas à nous occuper de la force RR', qui ne sera mise en action qu'au moment où la verticale du centre de gravité dépassera la charnière. Ainsi le problème est ramené à établir les conditions d'équilibre des deux treuils o et o.
Soit P le poids du chevalet, p sa distance au centre o du mouvement, H la tension des haubans, et h sa distance au point o'; A la tension du cordage A'B', M le poids de l'obélisque, et a m et H la longueur des trois perpendiculaires abaissées du point o sur la direction de ces deux forces et de la ligne HH', nous aurons pour l'équation d'équilibre du treuil o'd:

$$H h = P p + r f' R \qquad \text{R est la résultante des forces P et H.}$$
$$R = \sqrt{P^2 + H^2 + 2 P H \cos . \alpha} \qquad \text{α l'angle qu'elles forment entre elles.}$$

et pour l'équilibre du treuil oc:

$$Aa = Mm + Hh' + r' f' R'$$

$$R'' = \sqrt{H^2 + M^2 + 2MH \cos. 6}$$

$$R' = \sqrt{R''^2 + A^2 + 2AR'' \cos. \gamma}.$$

R'' est la résultante des deux forces M et H qui forment entre elles un angles, et R' est la résultante de R'' et A, qui se coupent sous l'angle f, r et r' les rayons des cylindres en bois qui servent d'axe de rotation; f' pour $1/\sqrt{(1+f^2)}$ expression dans laquelle f représente le rapport du frottement à la pression exercée par les tourillons dans leur encastrement. Ces tourillons étant en chêne et suivés, nous avons vu plus haut que $f = 1/12$.

Le poids de chaque bigue qui compose le chevalet, y compris la poulie à trois rouets aiguilletée à son sommet, est évalué à 2,800 kil., et son centre de gravité est situé à 7m,90, à partir du gros bout. Ainsi P=22,400 kil., et o'o''=7m,90.

Remplaçant dans ces formules les autres lettres par leur valeur numérique relevée sur le plan (XV), on en déduira celles de H, R'', R', et finalement A. Tout calcul fait, on trouvera que A=23,612 kil. Il est facile de voir, par l'inspection de la figure à laquelle nous renvoyons, que cette valeur ira en diminuant à mesure que l'obélisque s'inclinera vers l'horizon. Ainsi le *maximum* de tension à transmettre au câble d'abattage sera mesuré par 23,612 kil.

Nous avons trouvé pour la puissance d'un de nos cabestans 2RF=0,927 (voir puissance des moteurs). Chaque cabestan est garni de 16 barres auxquelles s'appliquent 4 hommes, en tout 64. Le rayon moyen à l'aide duquel chaque homme agit est de 2 mètres; ainsi R=2, en évaluant l'effort d'un homme à 10 kil., l'effort total ou F=640 kil., d'où l'on déduit pour la tension transmise au cordon qui s'enroule autour de ce moteur T_n=2,76i kil. Comme ce garant passe par une poulie de retour m (planche II), le frottement du rouet sur l'essieu et la roideur de la corde empêcheront son action de se produire en entier sur le cordon suivant T_6. L'angle qu'ils forment entre eux étant très-petit, peut être considéré comme nul, nous aurons donc:

$$T_n = q.T_6, \text{ d'où } T_6 = 2{,}329 \text{ kil.}$$

La poulie sur laquelle agit ce garant portant six cordons, faisons $n=6$ dans la formule (1), il vient $T_6 = (q-1).q^5.M/(q^6-1) = 0{,}245$ M = 2,329 kil. 1 et par suite M=9,506 kil.

Ainsi chaque cabestan tirera la poulie mobile du moufle correspondant, comme le ferait un poids de 9,506 kil. L'effort communiqué au câble d'abattage par les trois cabestans sera donc trois fois plus considérable, et équivalant à 28,518 kil., ce qui dépasse le maximum de la résistance d'environ 5,000 kil. Si des circonstances imprévues avaient nécessité un plus grand développement d'effort, nous l'eussions trouvé dans le même appareil, car l'action d'un homme sur une barre de cabestan peut être évaluée à 15, et même 20 kil., au lieu de 10 que j'ai supposés. Il peut soutenir cette fatigue pendant plus de deux heures.

Lorsque la verticale du centre de gravité de la masse aura atteint la charnière, l'obélisque tombant de lui-même, le rôle des cabestans sera fini. Considérons le système en équilibre, dans une quelconque des positions que prendra le centre de gravité entre les points G et (5). Le dernier correspond au terme extrême de la chute du grave.

Il est évident que, pendant la rotation, l'extrémité des deux droites oG et ok' supposées inflexibles, décriront dans l'espace des circonférences de cercle qui auront pour centre commun le point o; l'angle qu'elles forment entre elles étant invariable, il s'ensuit que lorsque le centre de gravité coïncidera avec (4), la droite oA» sera déterminée par la condition que l'angle A'oG=A»o (4). La distance du point A» au sommet des bigues étant mesurée par la longueur des haubans, si de ce point comme centre avec un rayon égal à RA', on trace un arc de cercle, son intersection (4) avec la circonférence décrite par le point R, déterminera la position de ce dernier point correspondant à A». Tirant o'(4'), (4')A» et (4) R', la première droite représentera l'axe du chevalet, la seconde la direction de la résultante des haubans, et la troisième celle des palans de retenue qui aboutit au centre de la plate-forme, où sont frappées les poulies fixes des moufles; comme dans le cas précédent, le problème est ramené à établir les conditions d'équilibre des deux mêmes treuils. Nous aurons pour le premier oc:

$$Mm = Hh' + r f' R_1$$
$$R_1 = \sqrt{H^2 + M^2 + 2HM \cos \alpha}$$

- M poids de la masse.
- H résultante des haubans.
- R_1 résultante des forces M et H.
- α l'angle qu'elles forment entre elles.
- h', f', r, m, comme ci-dessus.

et pour le second o'd:

$$Hh = R r'' + r' f' R'$$
$$R' = \sqrt{H^2 + R^2 + 2HR \cos \delta}$$

- R résultante des moufles.
- r'' sa distance au point o'.
- R' résultante des forces R et H.
- δ l'angle qu'elles forment entre elles.
- h et r' comme ci-dessus.

Substituant dans ces formules, on en déduira la valeur numérique des forces H, R_1, R et R'.

Connaissant H ou la résultante des haubans, il sera facile d'en conclure la tension supportée par chacun d'eux. En effet, ils sont au nombre de 16, et se coupent deux à deux sur la résultante HH', suivant des angles que l'on peut considérer comme étant tous égaux à leur moyenne φ. Ainsi, en désignant par T la tension de chacun d'eux, on aura:

$$T = \frac{H}{8\sqrt{2(1+\cos\varphi)}} = \frac{H}{8 \cdot 2\cos\frac{\varphi}{2}}.$$

Les palans de retenue étant parallèles entre eux, la poulie mobile de chaque moufle sera tirée de bas en haut par une force exprimée par d'où il suit, d'après la formule (8), que l'effort transmis à l'extrémité du chef sera égal à 0,001084.R/8.

En opérant sur l'appareil d'érection comme sur le précédent, on obtiendra la figure 2 dans laquelle AB représente la direction de la résultante des moufles que nous désignerons par R, BG celle de la résultante des haubans, Bo› l'axe du chevalet, et o(1) la ligne qui joint le centre de gravité de la masse au centre du mouvement. Lorsque le centre de gravité coïncidera avec (4), chacune des lignes dont nous venons de parler sera déterminée de position par une construction semblable à celle que nous avons faite sur la fig. 1, et le système sera ramené, comme dans le cas précédent, à établir les conditions d'équilibre des treuils o et o›. Le premier est sollicité en (4) par le poids de la masse qui agit verticalement à l'extrémité du levier o(4), et en (4') par la tension des haubans, nous aurons donc pour l'équilibre de ces forces:

$$(a) \begin{cases} Hh'=Mm+r f'' R, \\ R_,=\sqrt{H'+M'+2MH\cos.\, c} \end{cases}$$

$$\begin{cases} M = \text{poids de la masse.} \\ H = \text{résultante des haubans.} \\ R, = \text{résultante des forces M et H.} \\ 6 = \text{l'angle qu'elles forment entre elles.} \\ r = \text{le rayon du treuil } om. \\ h' \text{ et } m \text{ sont les longueurs des perpendiculaires abaissées du point } o \\ \qquad \text{sur chacune des forces M et H.} \end{cases}$$

L'équilibre du treuil o' nous fournira pareillement les équations:[4]

$$(b) \begin{cases} Rr''=Hh+r'f' R' \\ R'=\sqrt{R'+H'+2RH\cos.\, x} \end{cases}$$

$$\begin{cases} R = \text{résultante des moufles.} \\ R' = \text{résultante des forces R et H.} \\ x \text{ l'angle qu'elles forment entre elles.} \\ r = \text{le rayon du cylindre } o'. \\ r'' \text{ et } h = \text{la longueur des perpendiculaires abaissées du point } o' \\ \qquad \text{sur H et R.} \\ f' \text{ pour } \dfrac{f}{\sqrt{1+f^2}}, \text{ dans laquelle } f \text{ représente le rapport du frotte-} \\ \text{ment à la pression.} \end{cases}$$

Les équations (a) feront connaitre les valeurs de H et de $R_,$, c'est-à-dire, la résultante des haubans et la pression exercée sur le tourillon de l'obélisque; substituant dans (b), on en déduira R et R'. La première force représente l'effort à transmettre aux apparaux pour vaincre la résistance; la seconde, la pression supportée par la base du chevalet. Ces quantités une fois connues, il est facile d'en conclure la tension de chaque hauban ou garant, etc., etc. dû faire pour apprécier à leur juste valeur l'intensité des forces qu'il fallait mettre en jeu, ainsi que les efforts de traction ou de tension

-4- Nous n'avons pas eu égard, dans ces calculs, au poids du chevalet, qui peut être néglige sans inconvénient; d'ailleurs, son action est favorable à celle que l'on veut produire.

exercés sur les points fixes et les cordes de l'appareil. Ces calculs sont longs et laborieux; afin de les simplifier, nous observerons qu'on peut supprimer, dans les équations précédentes, les termes rf R et r'f R. Le premier exprime le moment du frottement du tourillon de l'obélisque; le deuxième, celui du frottement de la base du chevalet. Les distances r et r, comparées aux bras de levier des forces du système, étant très-petites, il s'ensuit que les quantités rf Ry et rf R' sont négligeables; on pourrait même démontrer à priori que la tension à transmettre à la résultante des apparaux pour triompher de ces résistances, ne correspond pas à un dixième de kil. d'effort exercé par chaque homme sur les bouts des barres. Au reste, il est facile de s'en rendre compte par les considérations suivantes: le système étant en équilibre dans une position quelconque, soit (4) le centre de gravité de la masse; à l'origine du mouvement, ce point est situé en (1), l'axe du chevalet est dirigé suivant la ligne o'B, la résultante des haubans coïncide avec la droite CB, dont la longueur est invariable; celle des apparaux avec BA, qui aboutit au point fixe A, où sont frappées les poulies fixes des moufles. Ce point est situé au milieu de la distance comprise entre les deux estropes extrêmes.

Pendant la rotation, les deux droites oC et o(1) tournent autour du point o, comme le feraient les barres d'un treuil dont om serait l'arbre, elles forment toujours entre elles un angle égal à Co(1), pendant que leurs extrémités (1) et G décrivent des circonférences qui ont pour centre commun le point o. Lorsque la première coïncide avec o(4), la seconde est déterminée de position par la condition que l'arc u'(4)=u(1). Si du point (4') comme centre avec un rayon égal à BC, on décrit un arc de cercle, cet arc coupera la circonférence décrite par le point B autour de o'en B'; joignant B›o›, B'(4') et B'A, on aura la position correspondante de l'axe du chevalet, de la résultante des haubans et de celle des apparaux. Cela posé, l'obélisque est sollicité en (4) par son poids qui agit suivant la verticale (4)l, et en (4›) par la tension des haubans dirigée suivant (4') B'; la résultante de ces deux forces passe donc par l'intersection k de ces deux droites, et par le point de contact m du tourillon avec son support. Par ce dernier point, menons une tangente DE à sa circonférence, que nous avons représentée à part sur une plus grande, échelle, fig. 7, il est évident que le grave se trouve sur cette tangente comme le vaisseau sur sa cale de lancement. En sorte que, si nous Recomposons la force Fm en deux autres Fl et ml, l'une parallèle et l'autre perpendiculaire à la tangente DE, la première sera égale au frottement et à l'adhérence déterminés par la pression exercée par la seconde sur le plan incliné DE. Nous avons vu que ces résistances sont égales à un douzième de la pression, donc Fl=ml/12. Par le point o, menons une perpendiculaire o1 sur la droite Fm, dans les deux triangles rectangles mo1 et mFl, nous aurons:

$$\overline{om}^2 \ ou \ r^2 = \overline{o1}^2 + \overline{1m}^2,$$

$$o1 : 1m :: Fl : lm :: 1 : 12,$$

d'où, en substituant et observant que r= om20, il vient:

$$(0,2)^2 = \overline{o1}^2 (1+12^2), \quad et \quad \overline{o1} = 0^m,016.$$

Ainsi la résultante km (fig. 2) est tangente à une circonférence décrite du point o, comme centre avec un rayon égal à om,016. La surface de ce cercle mesurée sur l'échelle du plan ne peut être représentée que par une pointe de compas; en d'autres termes, la résultante km se confond matériellement avec la ligne ko. Or la tangente de l'angle que forment ces deux droites est proportionnelle au moment du frottement, d'où il suit que cette résistance est négligeable. Cela posé, convenons de représenter par l'unité de longueur une force qui tire comme 20,000 kil., et prenons, à partir du point k, une distance ke = 250,000 kil., ou le poids de l'obélisque; la résultante des deux forces ke et kB' étant dirigée suivant ko, construisons le parallélogramme des forces, en menant par le point e une parallèle à (4')B', eG représentera la tension des haubans, et kG la grandeur de la résultante, ou la pression supportée par le tourillon. Portons cette longueur de o en k', la distance de ce point à l'axe vertical oy' sera la composante horizontale de cette force ou de l'effort horizontal qui tend à déplacer l'assise supérieure du piédestal, et k'k'' la pression verticale exercée sur le tourillon.

Le chevalet est en tout semblable à l'obélisque, pour ce qui a rapport à l'équilibre. Il est sollicité à son sommet B', d'un côté parla force B'a=eG = la tension des haubans, et à l'opposite par celle des apparaux; on démontrerait, comme précédemment, que la résultante de ces deux puissances se confond matériellement avec B'o'. Composant le parallélogramme des forces, ab parallèle à B'A représentera la tension des apparaux, et B'b la pression exercée sur la base du chevalet; portons cette longueur de o' en U, les distances de ce point aux deux axes rectangulaires o'y et o'x mesureront, l'une la pression horizontale, l'autre la pression verticale, supportées par la charnière; pareillement, si nous prenons sur la direction AB' et à partir du point A une longueur kr égale à ab, et si par ce point nous menons les perpendiculaires rA» et AA», la première donnera la mesure de l'effort de traction vertical, et la deuxième, celle de l'effort de traction horizontal, exercé sur le point fixe des moufles. Enfin la distance $or = ba$ portée sur la ligne qui joint le centre d'action au point d'attache des haubans, représentera en grandeur seulement la résultante de la tension de ces câbles.

L'inspection de la figure fait voir qu'ils sont au nombre de vingt, ils se coupent deux à deux sur la droite B'(4'), suivant des angles que cette ligne divise en deux parties égales. Soit xAy (fig. 8) la moyenne de ces angles, Ap la ligne qui le partage en deux parties égales, prenons, à partir du point A, une distance Ap égale à or, et composons le parallélogramme des forces, Ax/10 sera la tension commune de chaque hauban.

Si l'on opère de la même manière, lorsque le centre de gravité de la masse se trouve en (1), (2), (3), (4), (5), (6), (7), on obtiendra quatre groupes de points ou lieux géométriques au moyen desquels on pourra déterminer l'intensité de toutes les forces, pour une position quelconque d'équilibre.

Il est évident que tout ce que nous venons de dire s'applique également à l'appareil d'abattage. Ainsi nous nous bornerons à indiquer les constructions, qui font connaître la mesure de la tension du câble d'abattage.

Le chevalet est sollicité à son centre de gravité o'' par son poids, ou 22,400 kil., qui agit suivant la verticale o''e, il est retenu en équilibre sur son tourillon par les haubans qui tirent suivant BA; la résultante de ces deux forces coïncide donc avec k'o'. Si nous construisons le parallélogramme des forces, en portant, à partir du point A, une distance Ac=22,400 kil., cd parallèle à A'R sera la tension des haubans; prenons A'G'=2 50,000 kil., ou le poids de la masse de granit, et composons en une seule force les trois puissances qui agissent en A', et dont la résultante est dirigée suivant A'o, puisque l'obélisque est en équilibre. A cet effet, construisons d'abord le parallélogramme k'c'a'G', dans lequel A'c' est égal à cd' puis par le point a' menons une parallèle à A'B', la distance ad mesurera la tension du câble d'abattage.

Les résultats déduits de ces constructions graphiques et exécutées avec précision, ne différeront de ceux qu'on obtiendrait au moyen des formules précédentes que de quantités négligeables. C'est ainsi que nous sommes parvenus à composer les tableaux suivants:

POSITION DU CENTRE DE GRAVITE DE L'OBELISQUE.

Appareil des retenues.

POSITION DU CENTRE DE GRAVITÉ DE L'OBÉLISQUE.	1	2	3	4
Résultante des haubans.	33,709k.	61,238k.	82,840k.	100,916k.
Tension de chacun d'eux.	2,142	3,192	5,270	6,416
Résultante des apparaux, ou traction exercée sur le point fixe des moufles.	32,000	56,620	76,000	95,040
Traction verticale sur ce même point.	30,300	51,800	64,500	72,000
Chaque poulie mobile est tirée de bas en haut, comme le feraient. . .	4,000	7,080	9,500	11,880
Tension transmise au dormant qui, dans ce cas, supporte la plus forte charge exprimée par T,=0,245. M.	980	1,735	2,327	2,910
Tension transmise à l'extrémité du chef calculée d'après la formule n=0,001084. M, ou force à développer par chaque homme pour équilibrer le système.	4k,34	7k,67	10k,30	12k,88
Pression sur le tourillon de l'obélisque.	263,000k.	260,800k.	241 600k.	211,000k.
Composante horizontale de cette pression.	51,000	61,500	79,600	82,000
Pression sur le tourillon du chevalet.	29,600	62,000	94,000	129,000
Pression horizontale qui tend à le déplacer.	21,800	37,600	38,200	20,000

Apollinaire Lebas

Appareil d'érection.

POSITION DU CENTRE DE GRAVITÉ DE L'OBÉLISQUE.	1	2	3	4	5	6	7
	kil.	kil.	kil.	kil.	kil.	kil.	kil.
Résultante des haubans.	124,000	121,800	120,000	114,000	100,000	76,000	42,400
Tension de chacun d'eux.	6,302	6,190	6,098	5,793	5,082	3,862	2,155
Résultante des apparaux, ou traction exercée sur le point fixe A.	104,000	89,600	88,000	86,200	80,000	64,700	38,000
Traction verticale sur ce même point.	56,300	55,700	62,900	66,300	62,500	53,700	31,500
Pression sur le tourillon de l'obélisque.	126,000	140,000	183,800	231,200	262,700	276,600	274,400
Composante horizontale de cette pression, ou effort qui tend à déplacer l'acrotère du piédestal.	0,000	36,800	83,600	105,900	99,900	72,400	35,900
Pression sur le tourillon du chevalet.	200,900	175,900	152,600	123,000	90,000	51,000	19,200
Pression horizontale qui tend à le déplacer.	85,900	31,780	23,800	50,600	53,300	38,200	16,000

Aux explications que nous avons déjà données sur chacun de ces tableaux, nous devons ajouter le calcul relatif à la force à développer par les hommes sur les barres des dix cabestans, pour vaincre la résistance transmise par le poids du monolithe aux haubans, et par eux aux cordons des moufles.

Les cabestans ont 0m80 de diamètre, les barres auxquelles s'appliquent les hommes sont au nombre de 16, chacune d'elles est poussée par 3 hommes, ce qui fait 48 par cabestan, et 480 pour l'ensemble. Calculons d'après ce chiffre. Le rayon moyen à l'aide duquel chaque homme agit est de 2,45. En évaluant la force d'un homme à 12 kil., l'effort transmis à la corde qui s'enroule sur le cabestan sera donné par la formule $2RF = 0,927T$, dans laquelle $F = 12k \times 48 = 576k$, et $R = 2m45$, d'où $T_n = 3,044k$. La poulie de retour, qui change la direction de ce cordon à angle droit, en absorbe les 15 centièmes (formule(6) $(0,85)T = X$), reste donc 2,587 kil.;[□] les caliornes étant à sept brins, on a (voir puissance des moteurs):

$$T = 0,225.M = 2,587 \text{ kil., d'où } M = 11,500 \text{ kil.}$$

Les dix cabestans tireront donc la moise supérieure du chevalet comme le feraient 115,000 kil., tandis que l'effort transmis par la masse aux haubans, et par eux aux cordons des moufles, est de 104,000 kil. à l'origine du mouvement, et diminue graduellement (appareil d'érection, résultante des apparaux). Comme un homme vigoureux peut produire une action de 20 kil., au lieu de 12 que j'ai supposés, il s'ensuit qu'à la rigueur 300 hommes auraient pu suffire à l'opération.

Il ne reste plus, pour compléter ce travail, que d'examiner si les cordes du système sont en état de résister aux tractions qu'elles auront à supporter, de calculer enfin leur force absolue. C'est un objet dont Duhamel s'est beaucoup occupé, mais les résultats auxquels il est parvenu ne sont plus applicables aux cordes actuelles; les procédés de comme liage ont été considérablement perfectionnés par M. Hubert, directeur des constructions navales. Il résulte du nouveau mode de fabrication que la force d'un cordage est proportionnelle au nombre de fils dont il est formé, ou, ce qui revient au même, au carré de son diamètre ou de sa circonférence. Cet énoncé traduit algébriquement donne la formule:

$$F = m.c^2$$

F est la force du cordage en kilogrammes.
c la circonférence exprimée en centimètres.
m constante à déterminer par expérience.

Cela posé, les épreuves que l'on fait subir aux chanvres avant de les admettre en recette dans les arsenaux, consistent à fabriquer un quarantenier de 47 millimètres, qui doit supporter, sans se rompre, un effort de 1,600 kil. Substituant ces deux nombres dans la formule précédente, on trouve m=72,7; mais le quarantenier qui résiste à cette traction pendant quelques secondes, céderait sous l'action continue d'une charge moindre; il serait donc imprudent d'approcher de trop près de cette limite. Toutefois on peut admettre qu'il résisterait pendant plusieurs heures à une tension moitié de celle qui cause sa rupture. Pour plus de sécurité, et afin d'être en mesure de parer aux circonstances imprévues, nous avons réduit le poids dont on pouvait charger, sans danger de rupture, une corde pendant longtemps, au tiers environ de la charge sous laquelle le quarantenier d'épreuve rompt à la romaine. Ce poids se déduit de la formule:

$$F = 25c^2$$

La circonférence d'un hauban est égale à 28°,27 d'où $c^2 = 799,19$

Apollinaire Lebas

Celle des garants à 15,7 d'où $c^2=246,49$
Force absolue du premier cordage   19,980kil.
Force absolue du second 6,162

Il suit des calculs précédents, que la force absolue de ces cordages était double de la traction qu'ils avaient à supporter dans toutes les opérations dont le monolithe a été l'objet. Ainsi il aurait suffi d'un hauban de 20 c. et d'un garant de 12 c. de circonférence; ces câbles auraient supporté, sans se rompre, les efforts indiqués dans les deux tableaux. Mais observons ici encore que les résultats déduits de la théorie ne doivent être considérés que comme des limites inférieures. En effet, on suppose que les cordes du système sont également tendues, que les palans se déroulent d'une manière uniforme, qu'il n'y a ni tassement ni compression, que les surfaces en contact sont rabotées et polies par un long usé, etc.

Or toutes ces circonstances ne se rencontrent pas dans la pratique. Il en résulte des pertes de force plus ou moins considérables, des chocs qui rompraient les appareils s'ils n'étaient pas composés d'excellents matériaux, exécutés avec précision, et de dimensions assez amples pour résister à une action presque double de celle qui a été calculée, sans avoir égard à toutes ces difficultés.

Planche I:

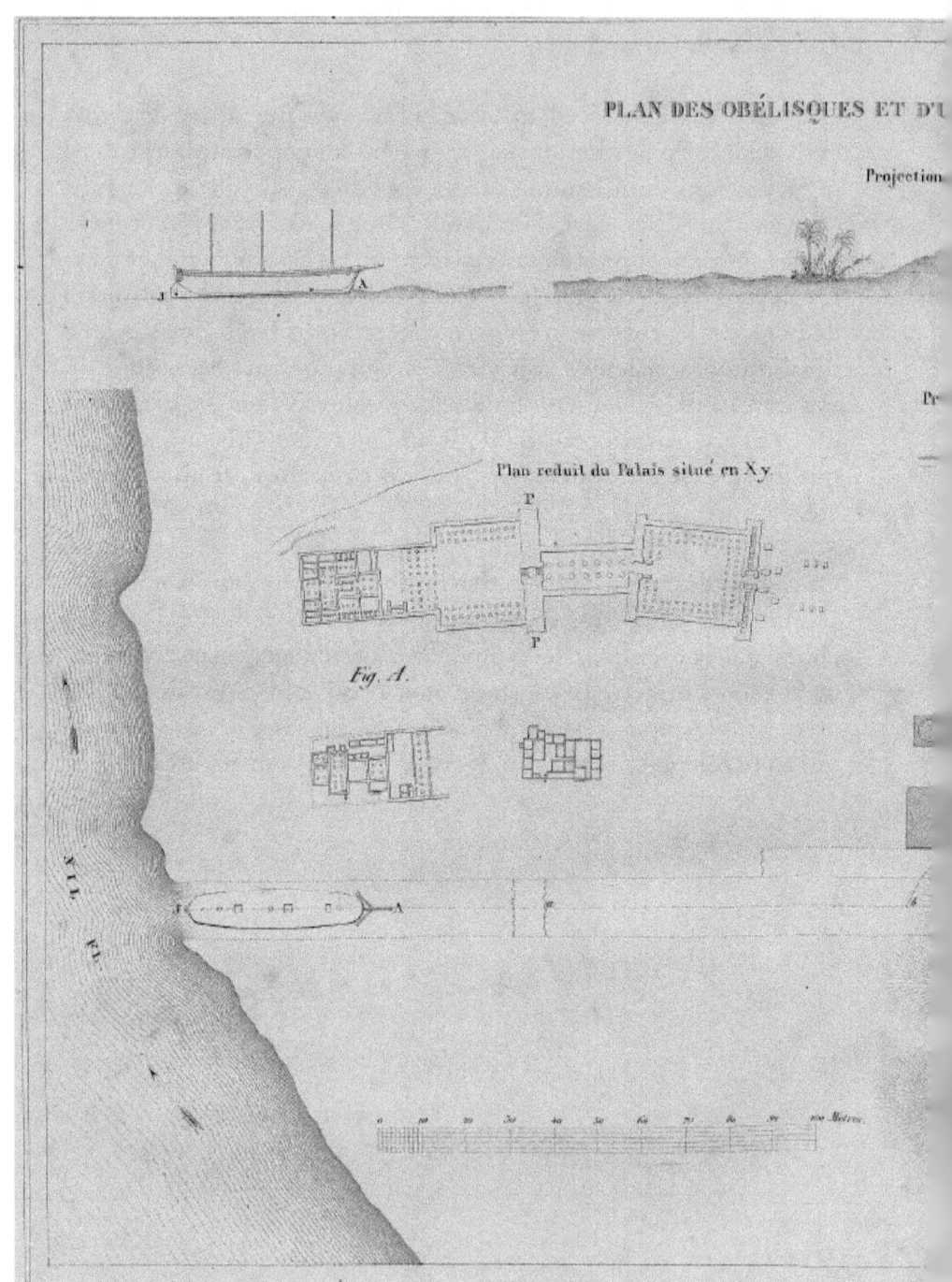

PLAN DES OBÉLISQUES ET D'U

Projection

Plan reduit du Palais situé en X.y.

Fig. A.

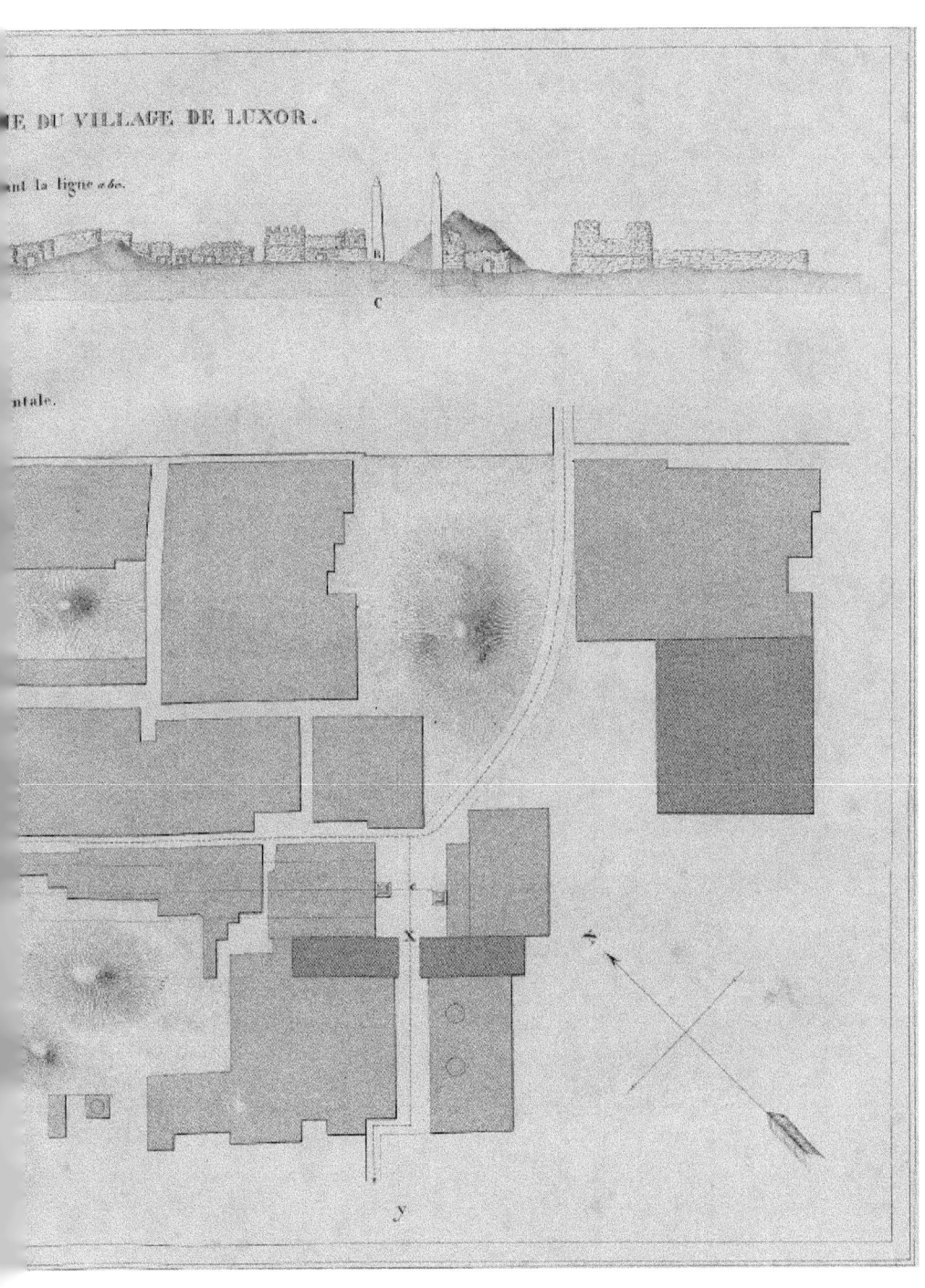

E DU VILLAGE DE LUXOR.

ant la ligne *abc*.

ntale.

282

Planche II:

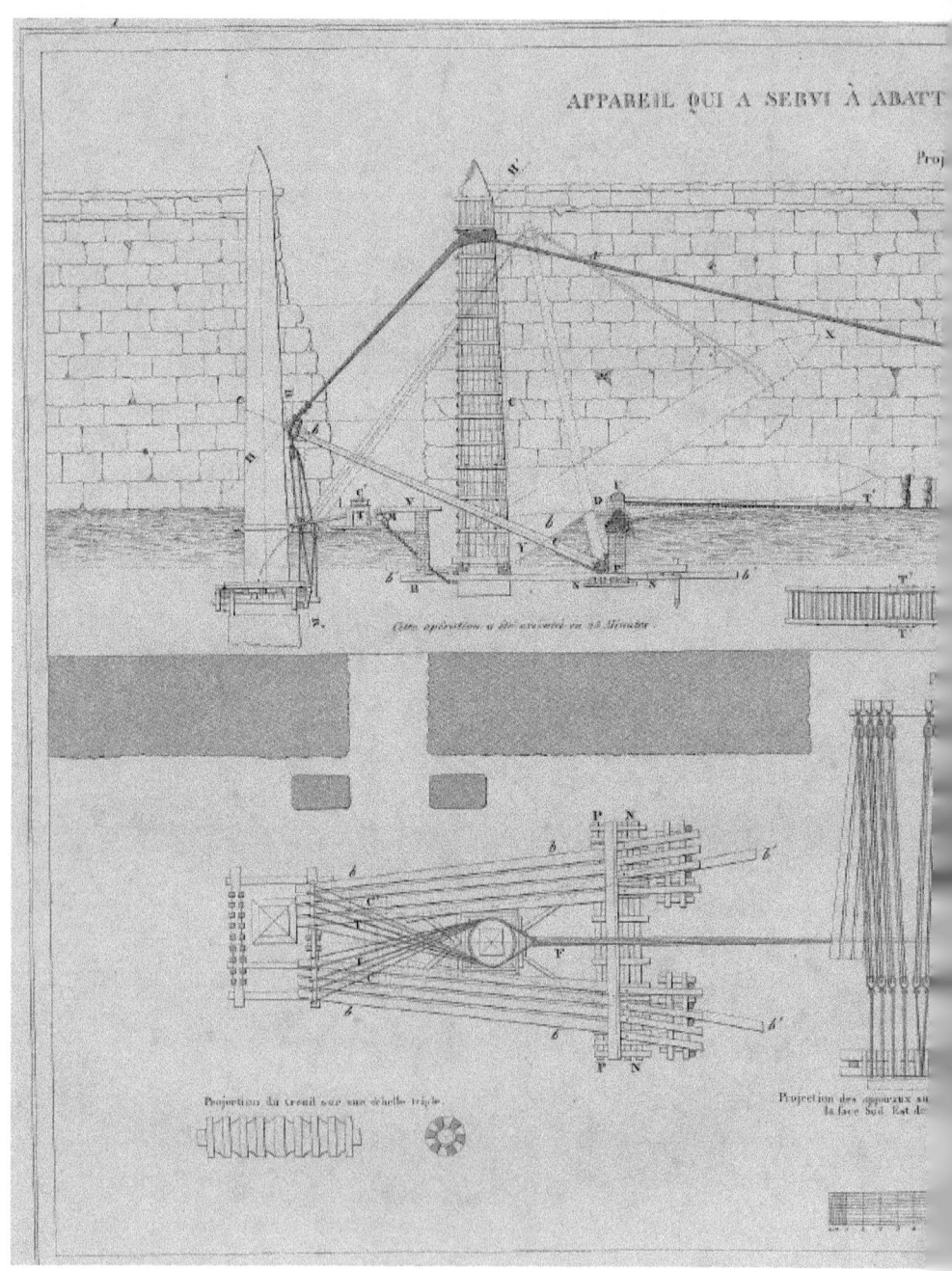

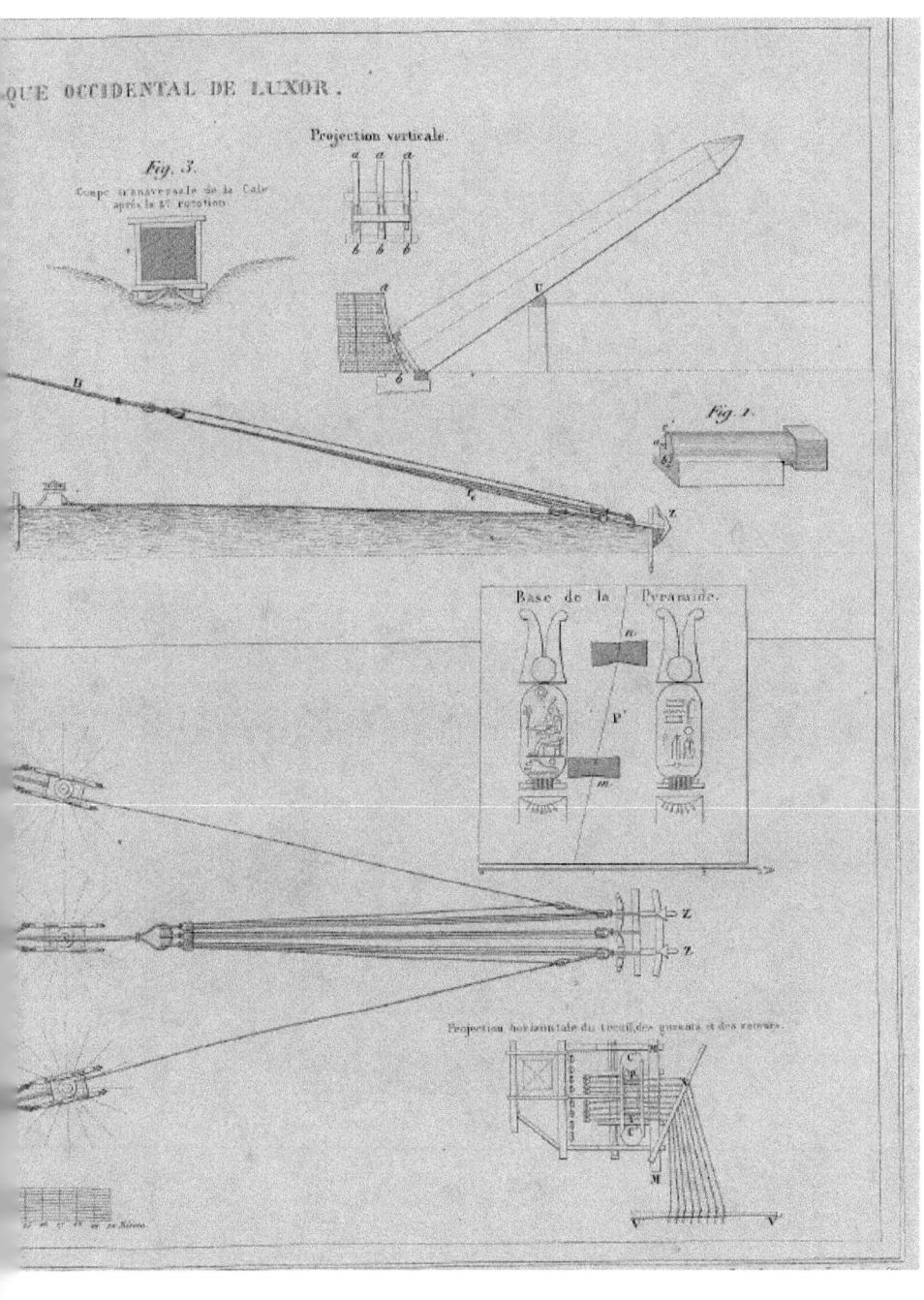

Planche III :

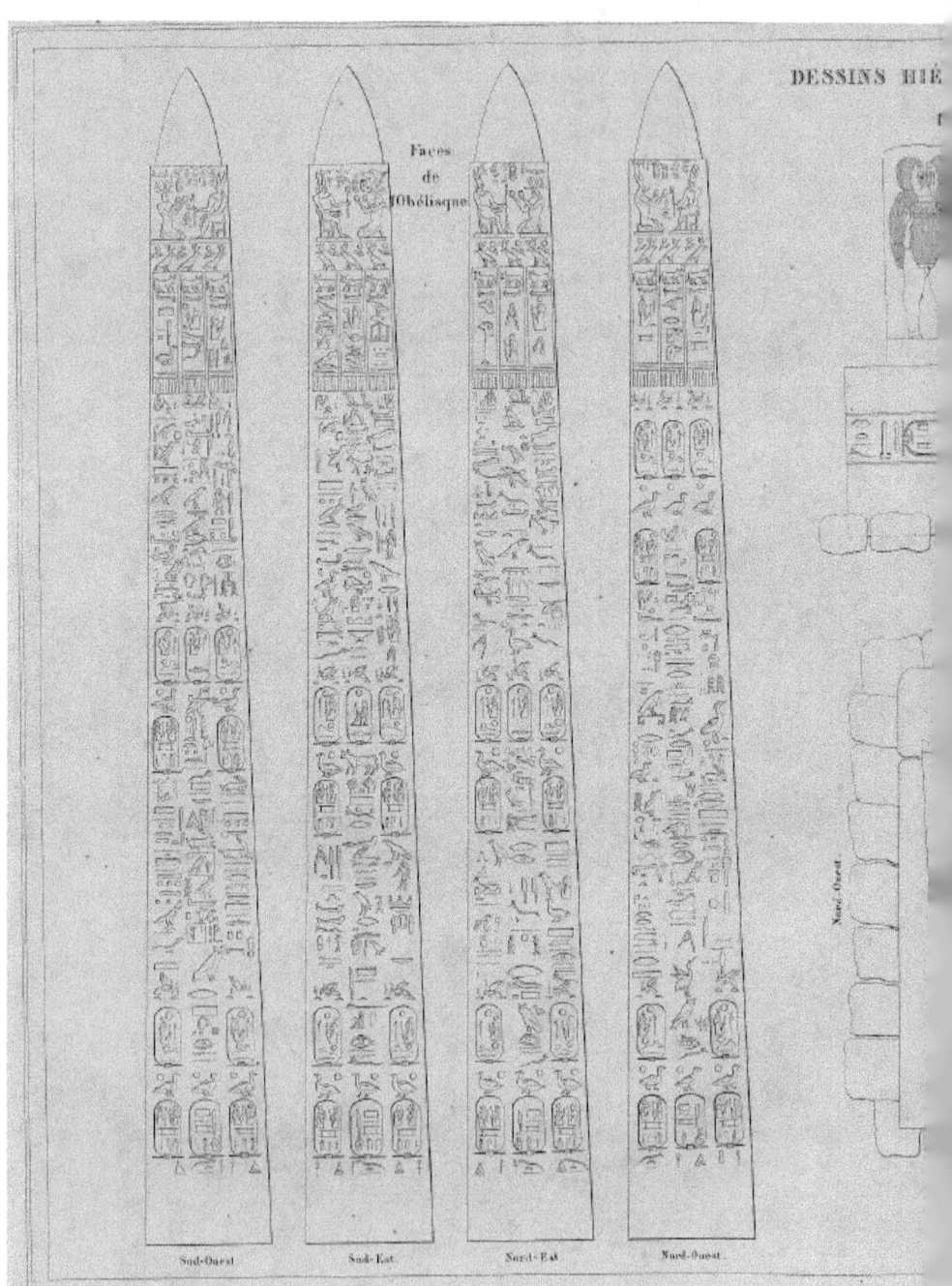

Apollinaire Lebas

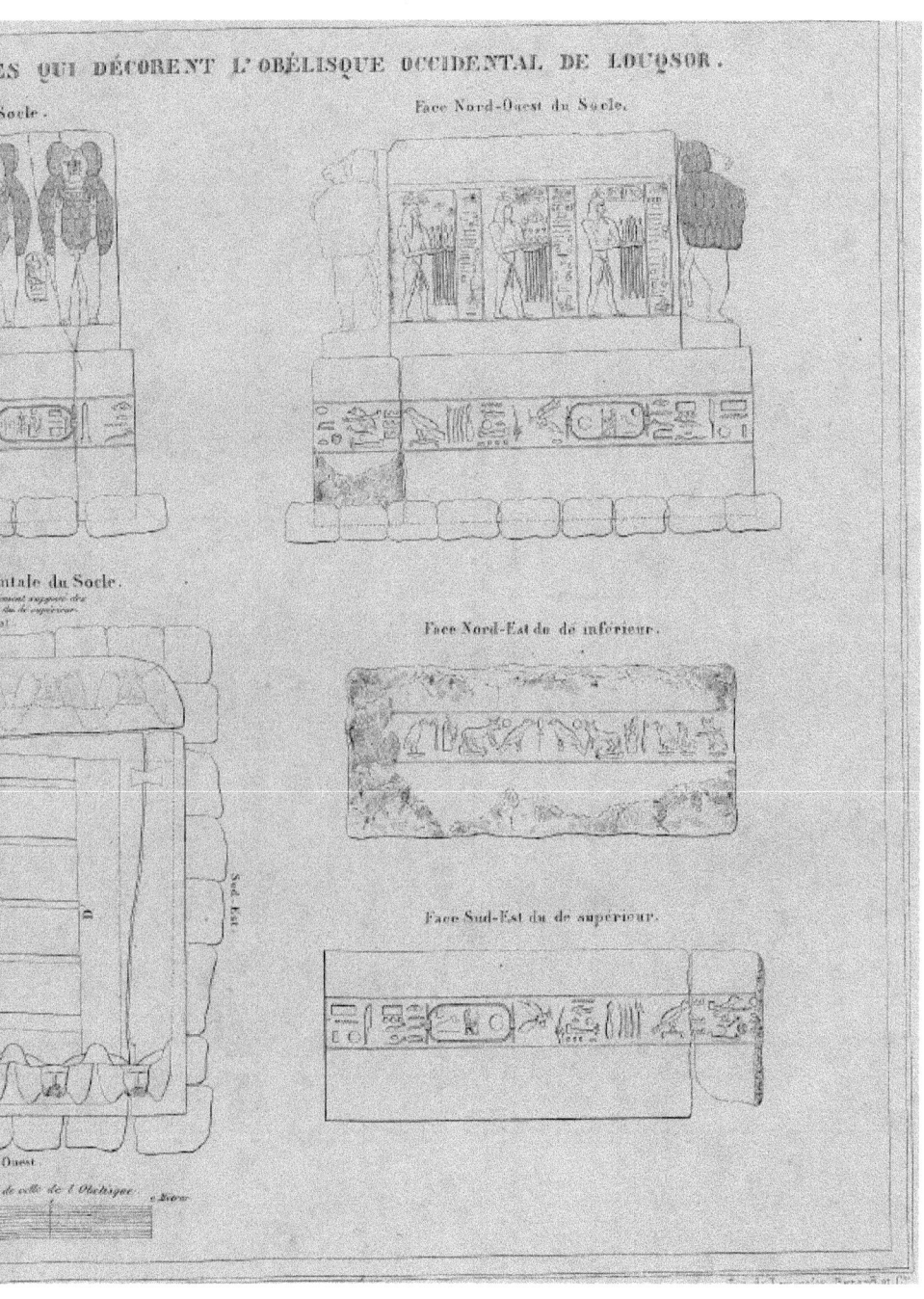

286

Planche IV:

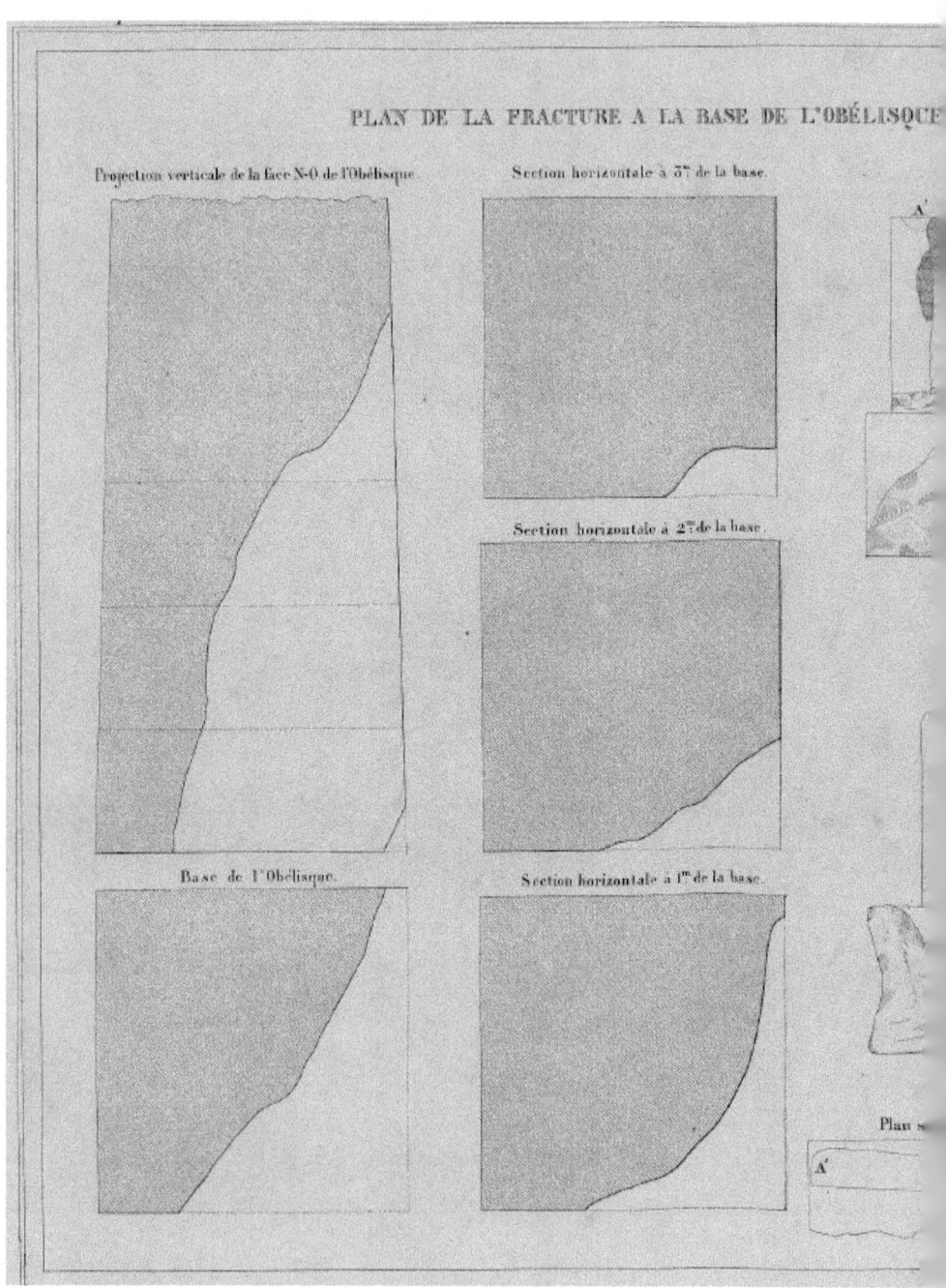

DE LUXOR. DESSINS HIÉROGLYPHIQUES DU SOCLE.

-O. du Socle.

Face S-E. du Socle.

E. du Socle.

Face N-O. du Socle.

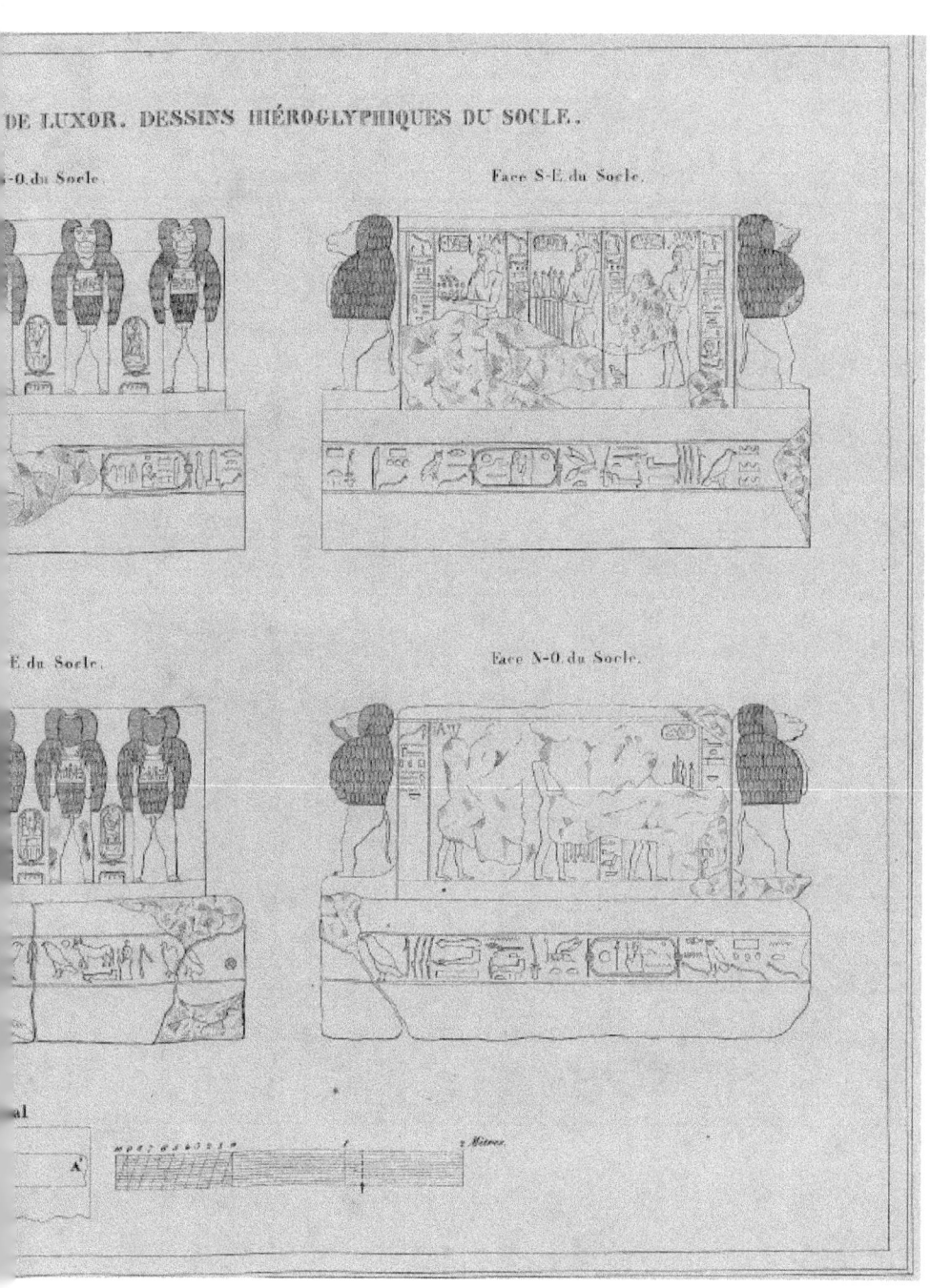

Planche V:

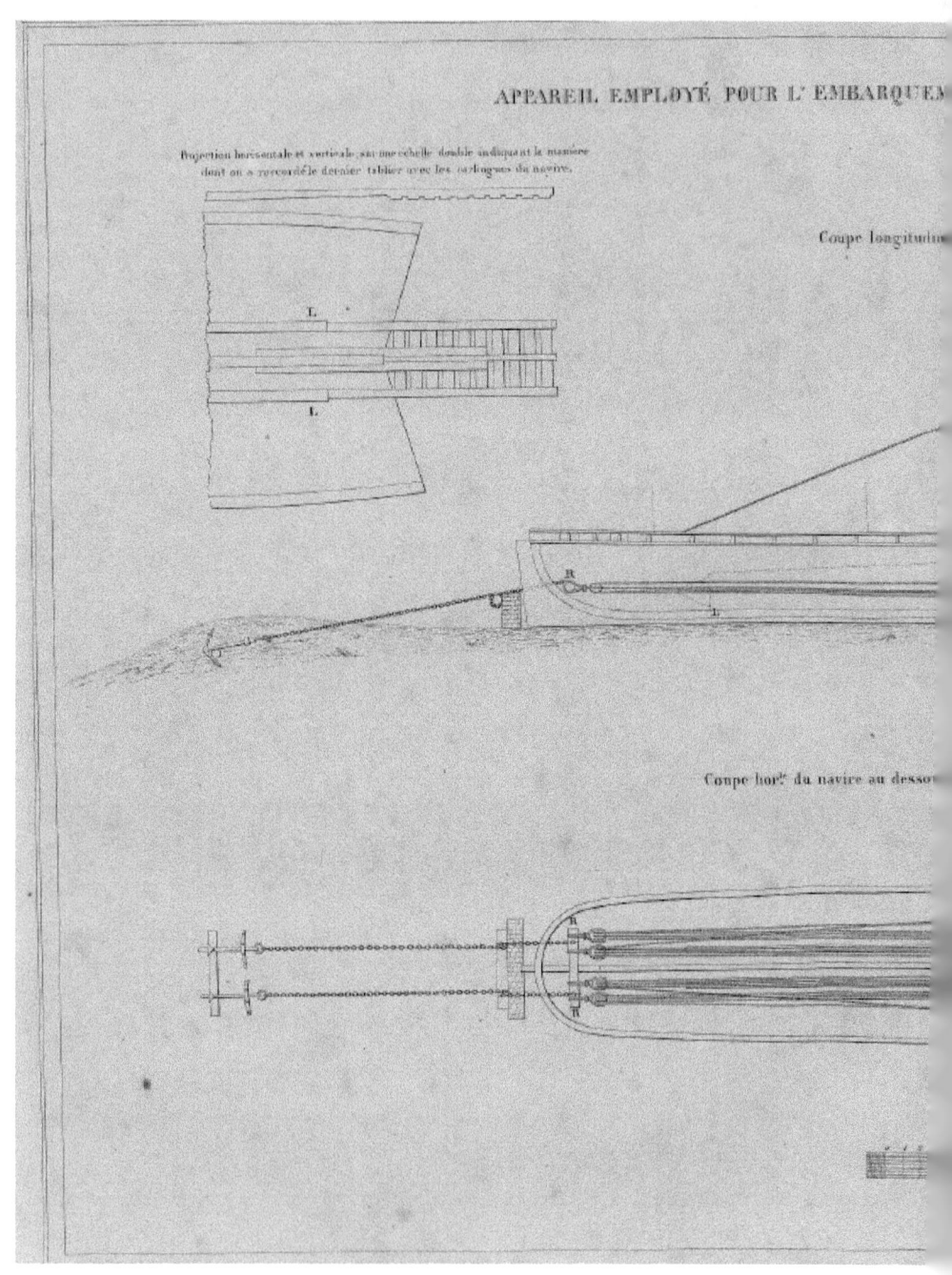

Apollinaire Lebas

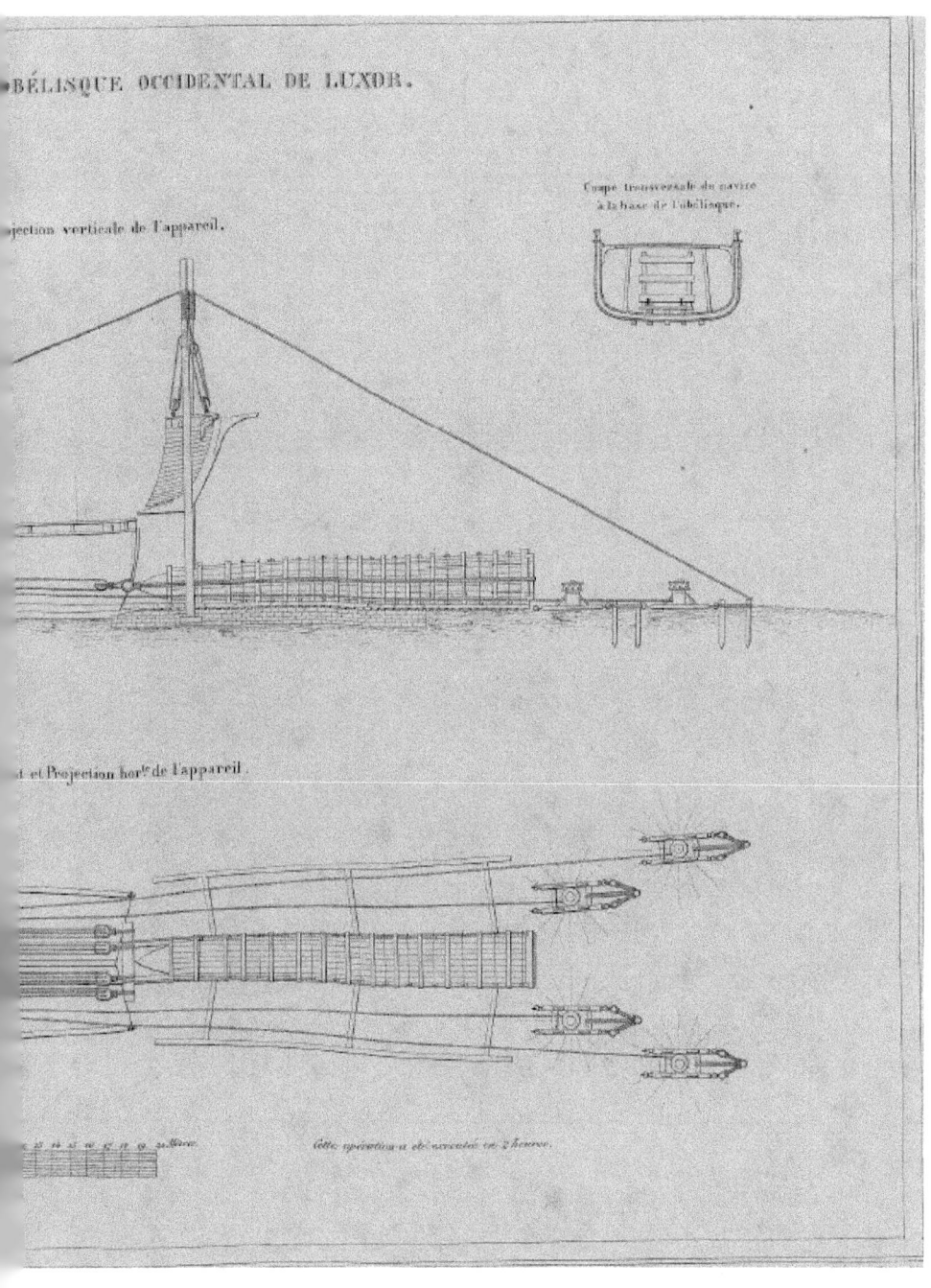

OBÉLISQUE OCCIDENTAL DE LUXOR.

Planche VI:

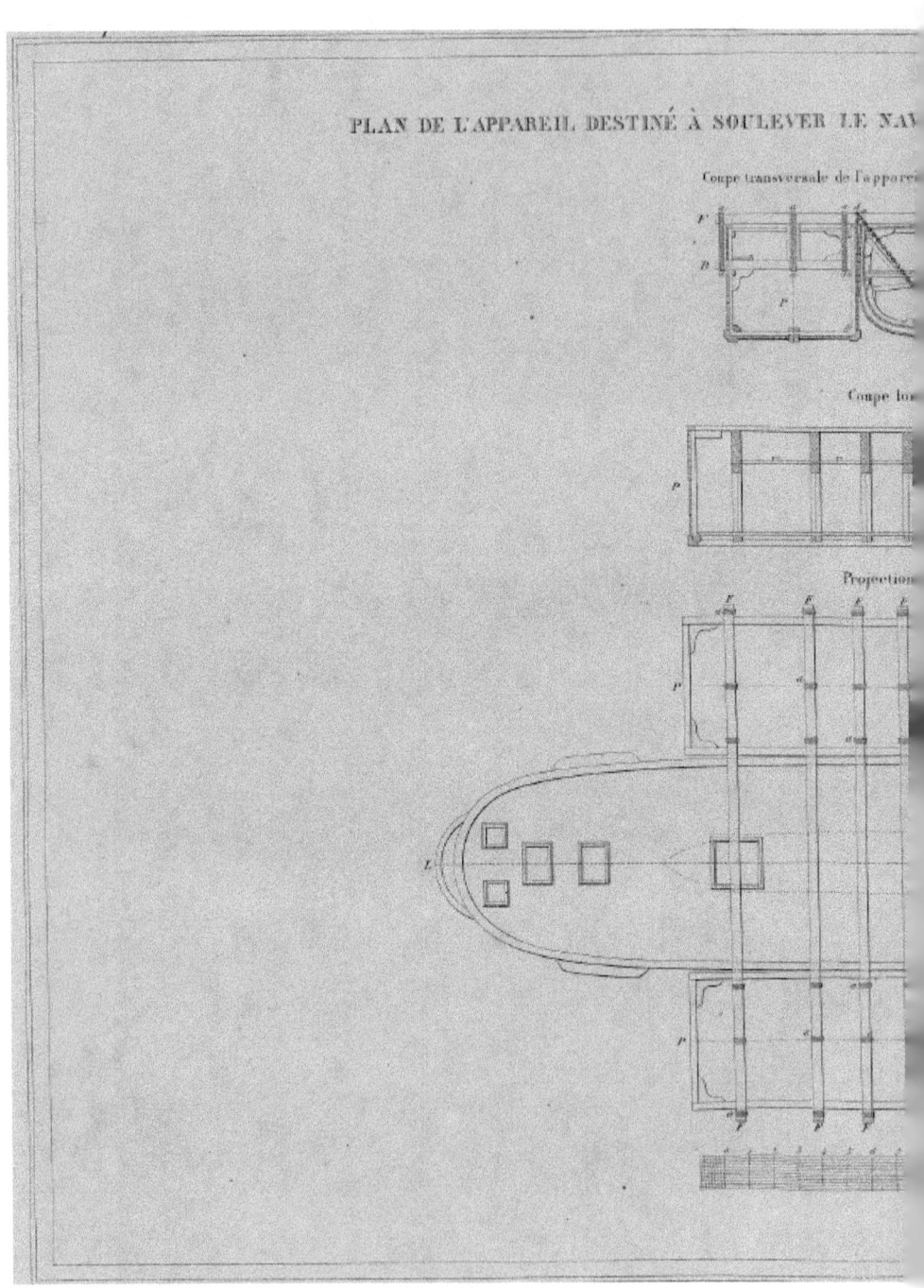

PLAN DE L'APPAREIL DESTINÉ À SOULEVER LE NAV

Coupe transversale de l'apparei

Coupe lo

Projection

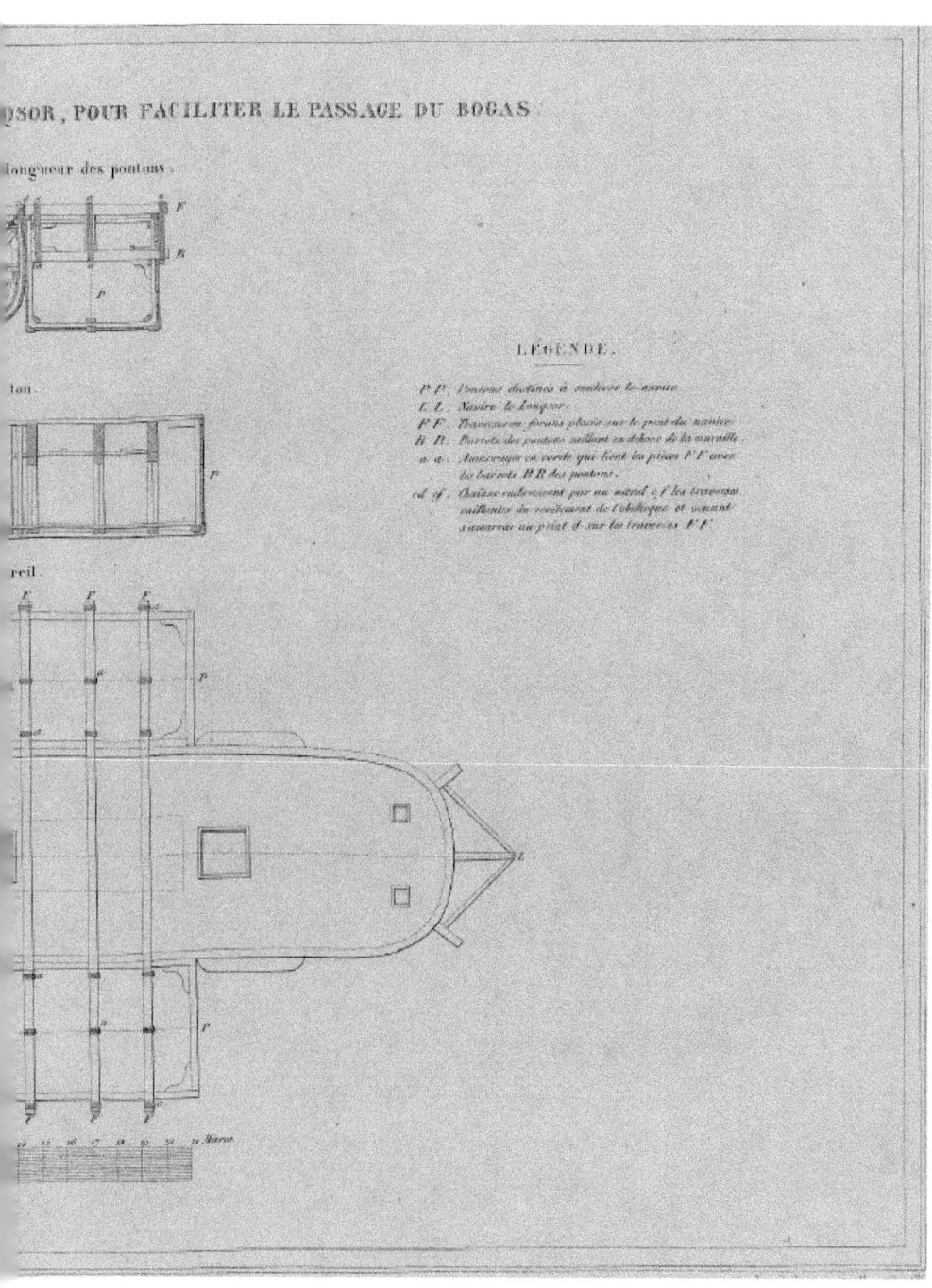

292

Planche VII:

Apollinaire Lebas

294

Planche VIII:

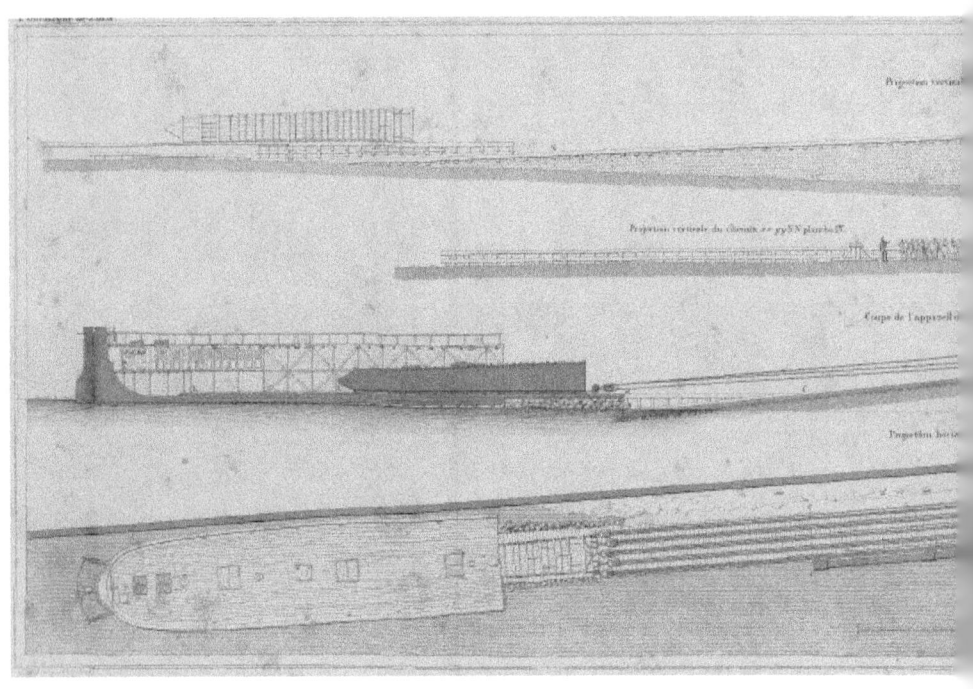

Apollinaire Lebas

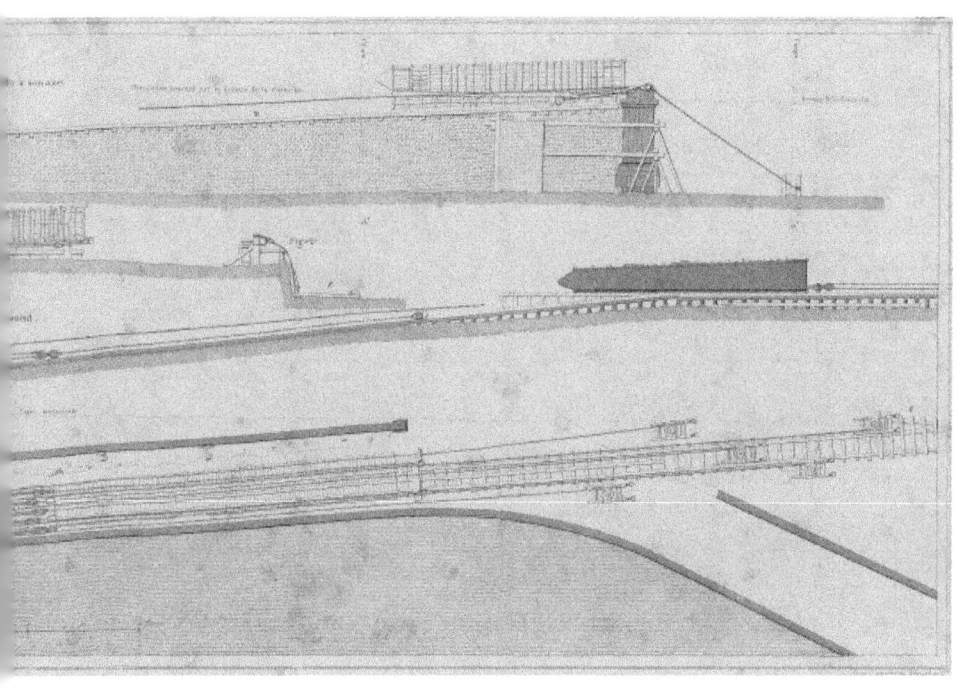

Planche IX:

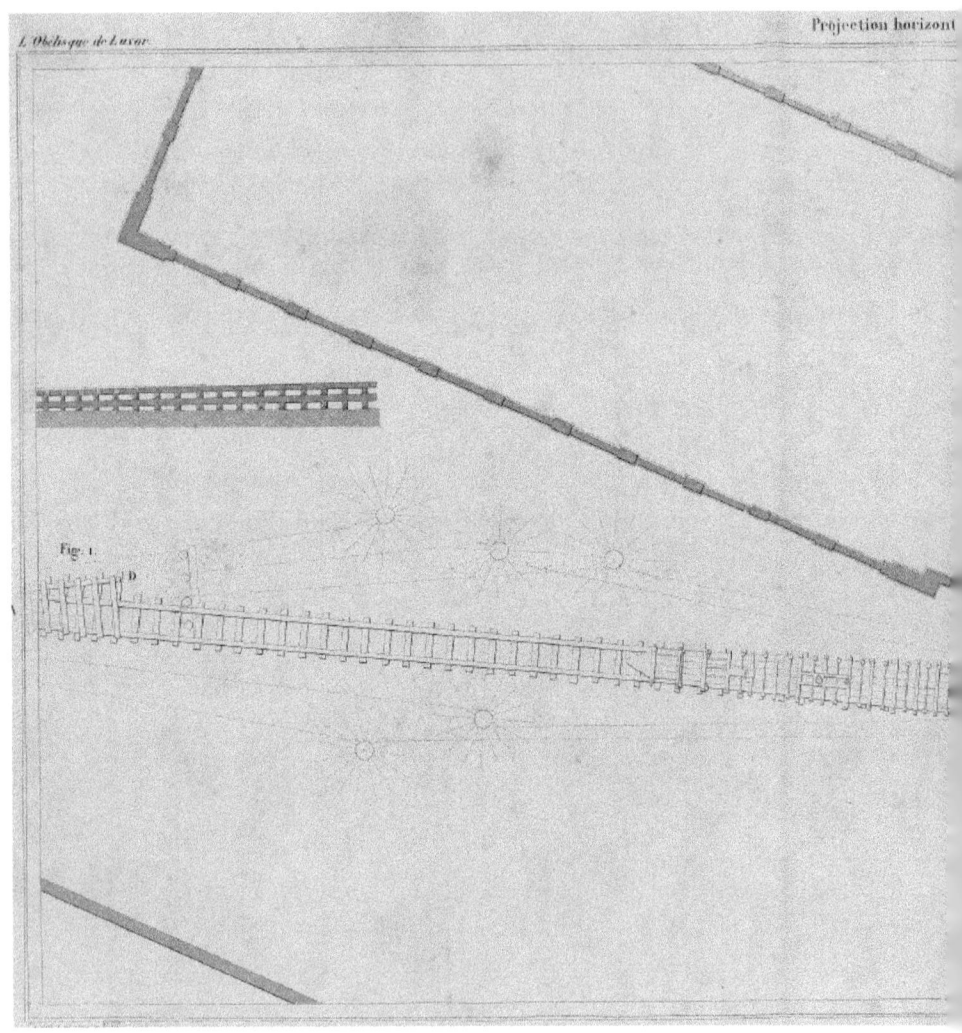

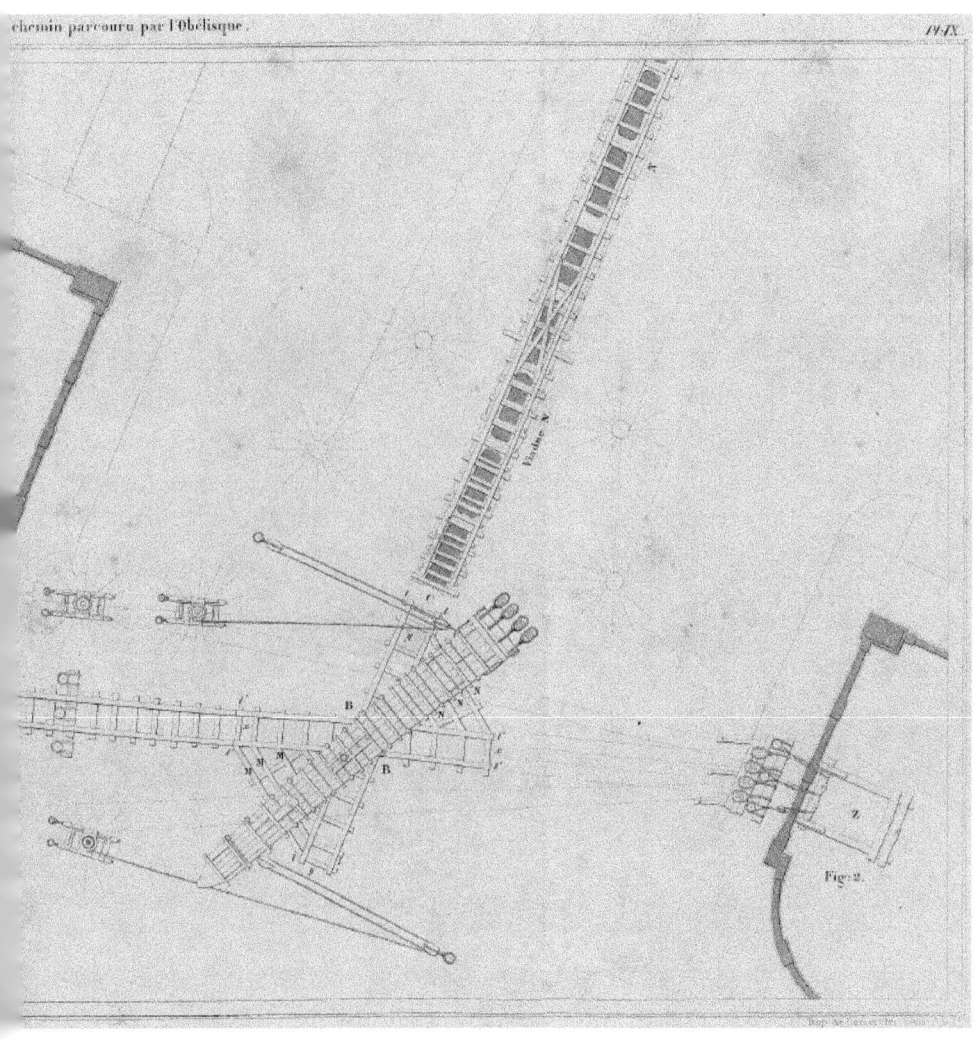

Fig. 2.

Planche X:

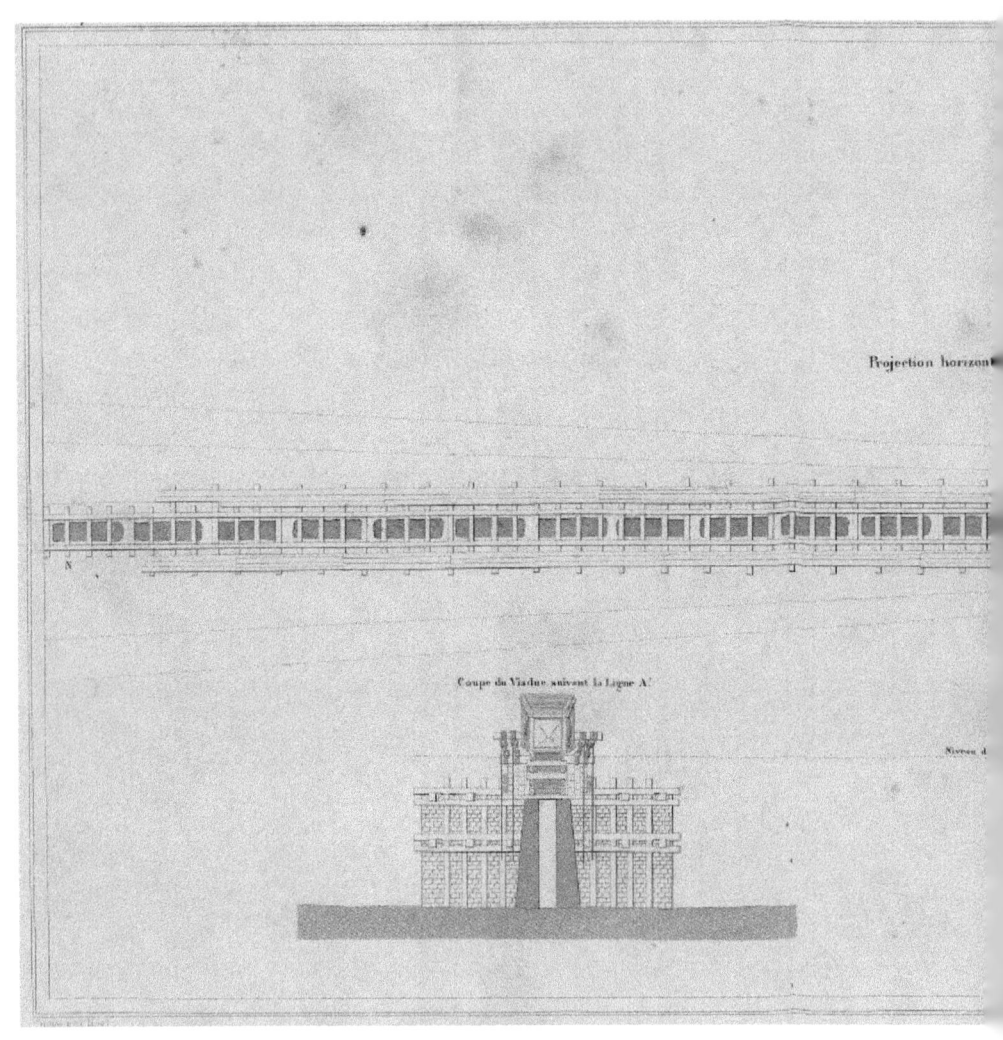

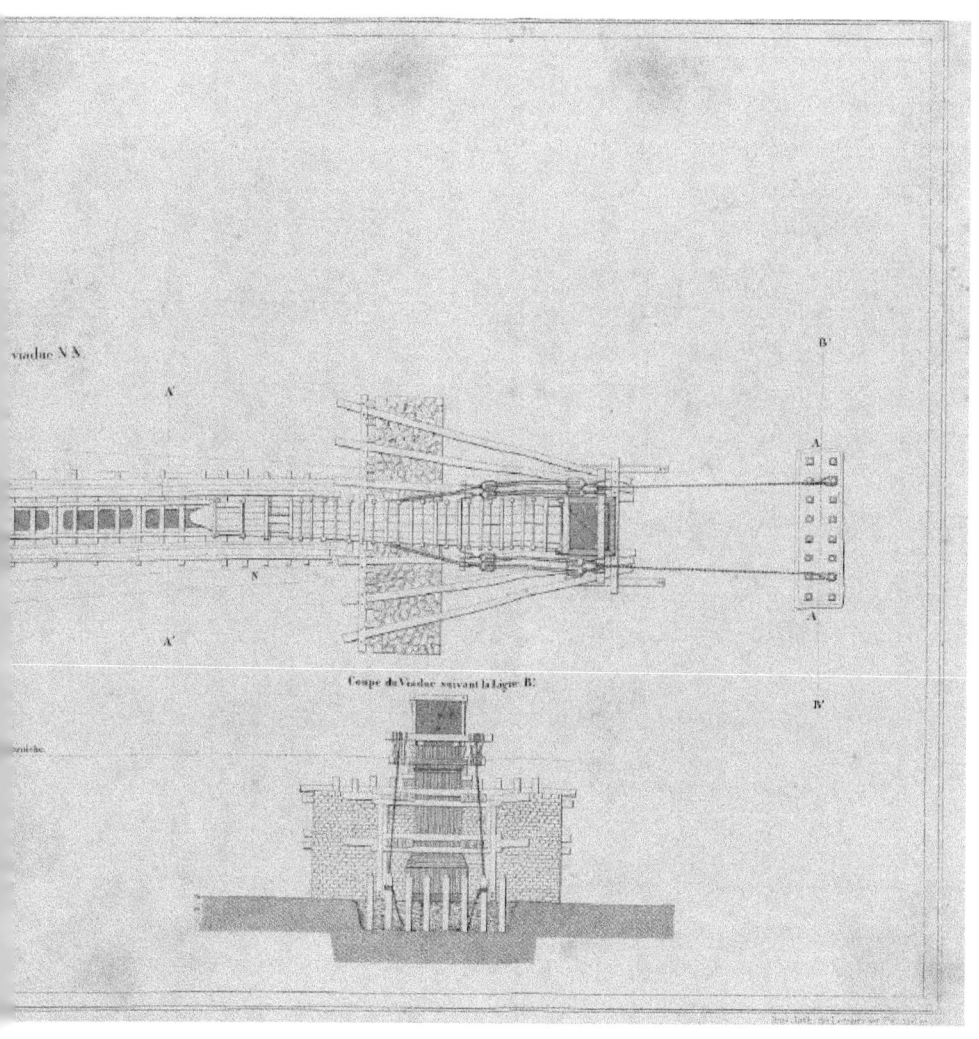

Planche XI:

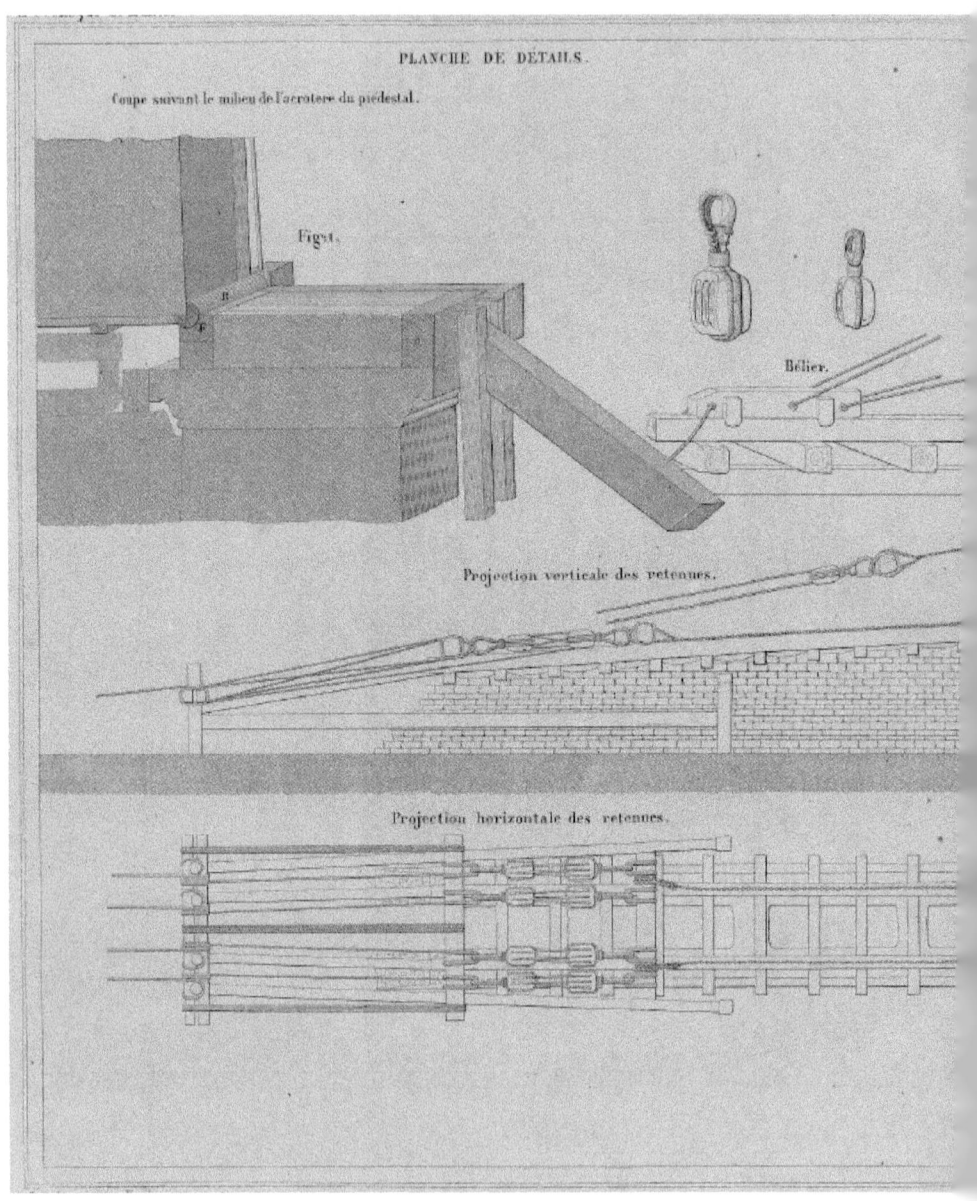

Apollinaire Lebas

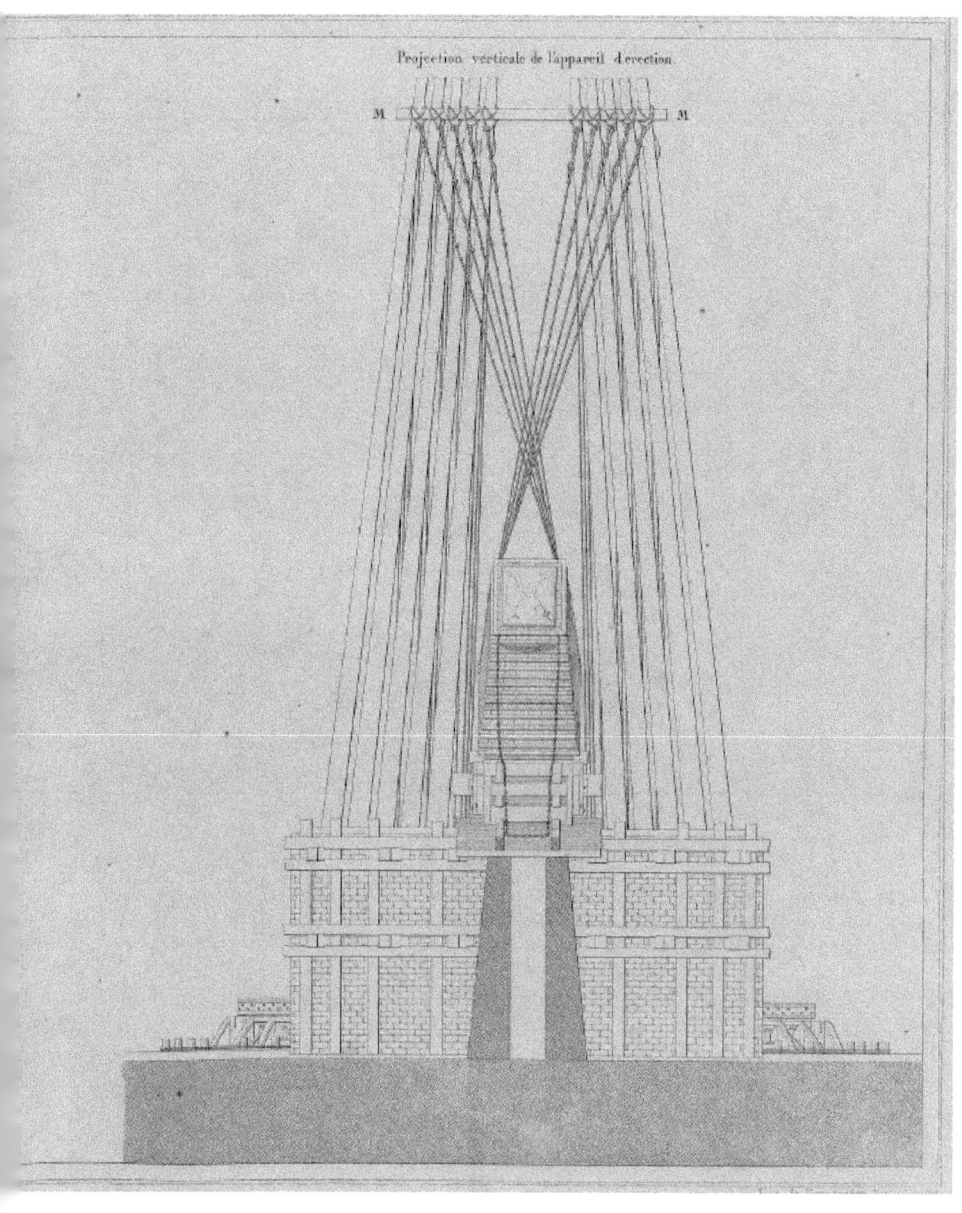

Projection verticale de l'appareil d'erection.

302

Planche XII:

L'Obélisque de Luxor

PROJECTION VERTICALE

Apollinaire Lebas

Planche XIII:

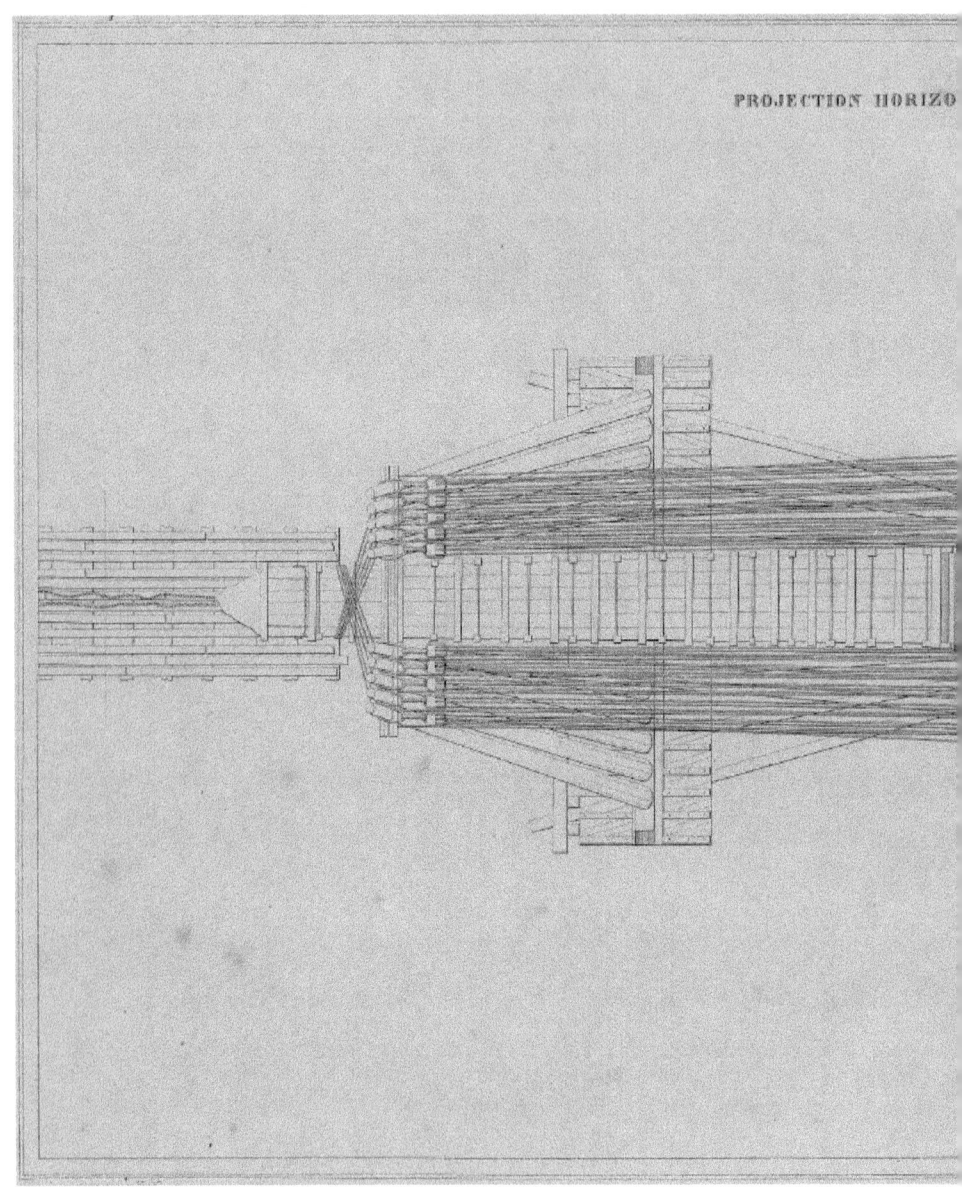

PROJECTION HORIZO

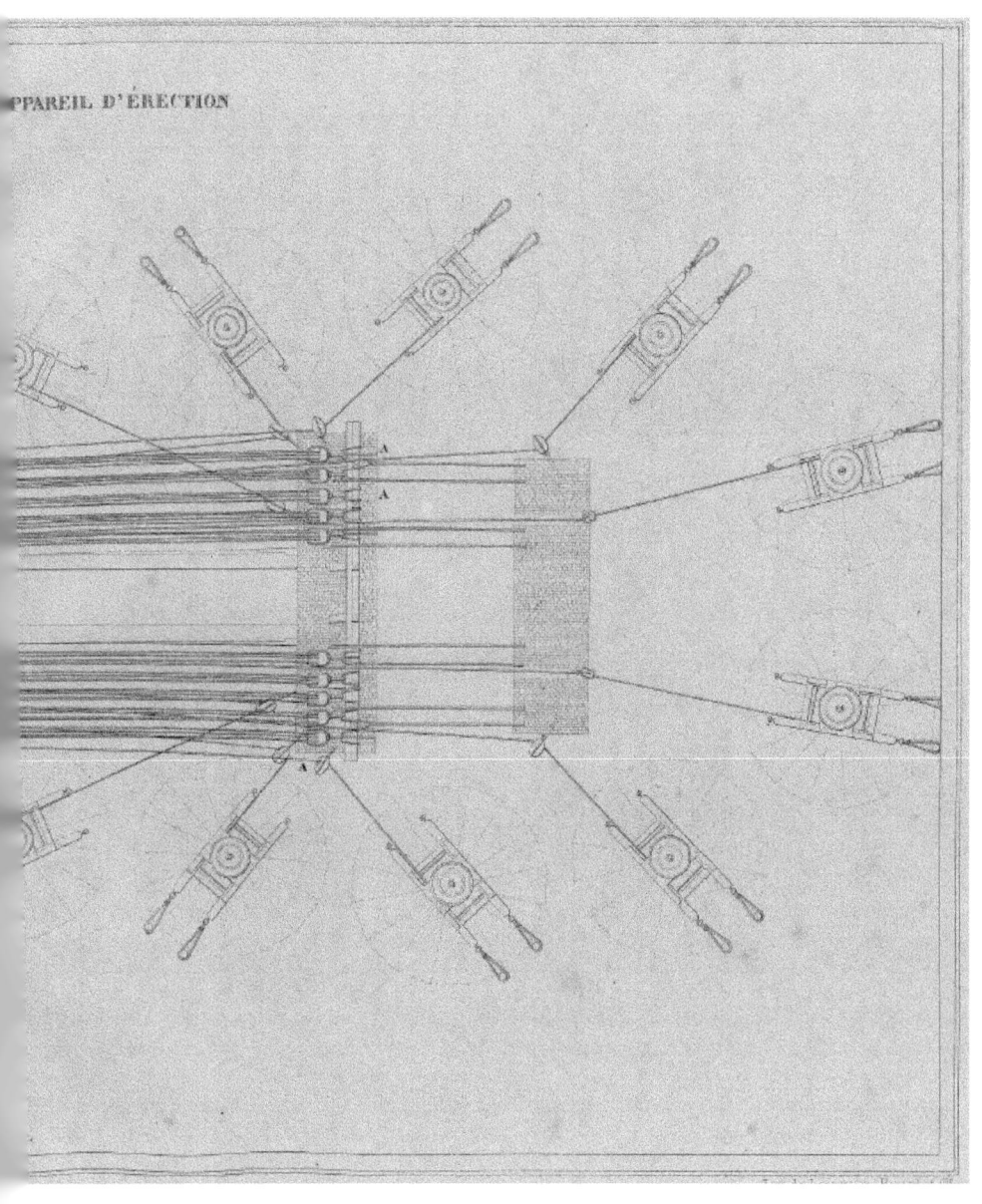

PPAREIL D'ÉRECTION

306

Planche XIV:

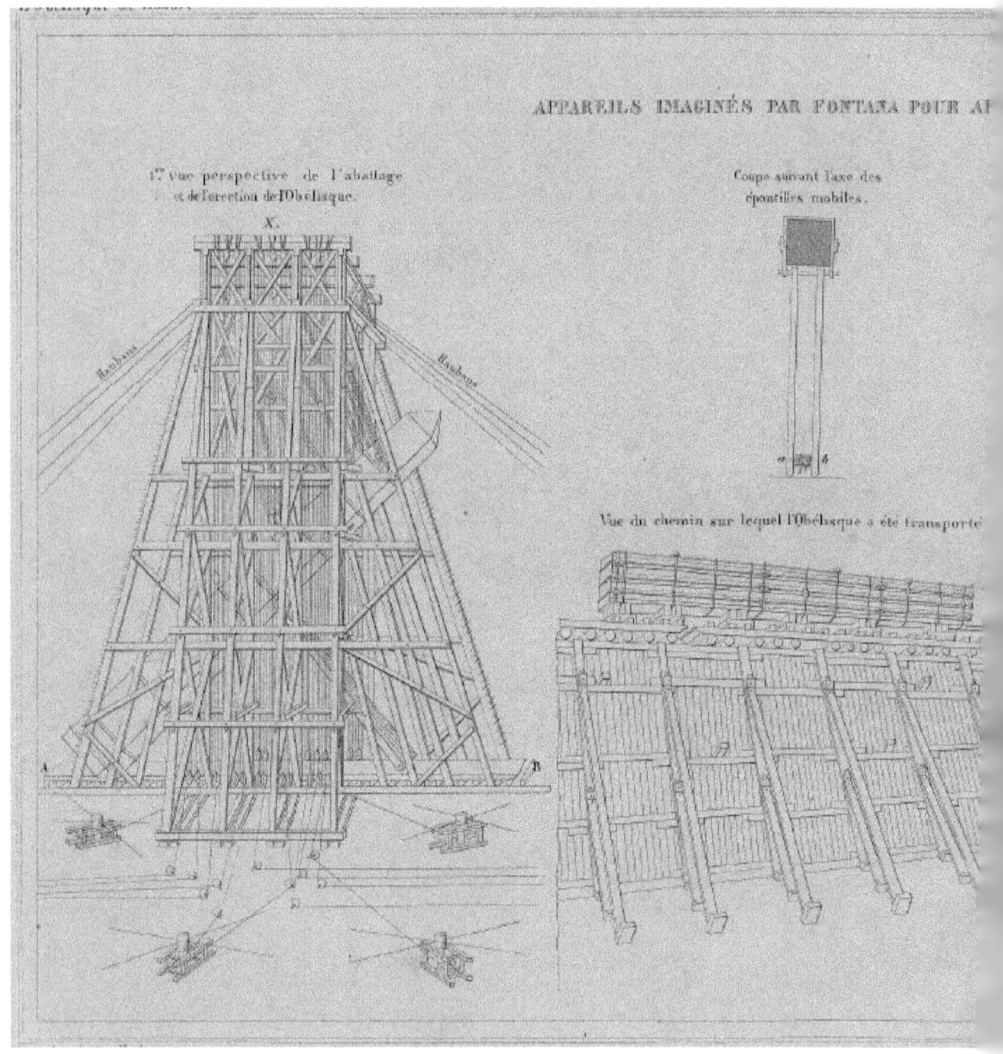

Apollinaire Lebas

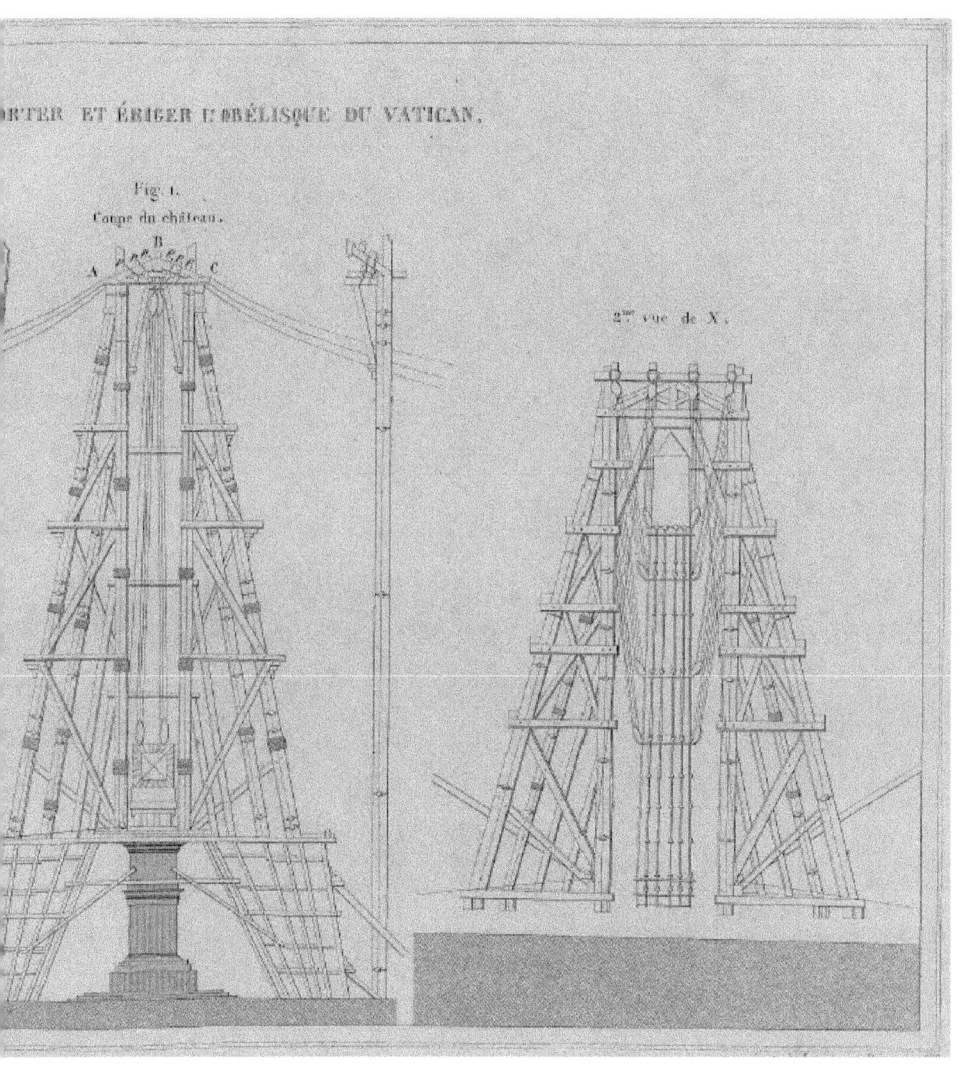

RTER ET ÉRIGER L'OBÉLISQUE DU VATICAN.

Fig. 1.

Coupe du château.

B

A   C

2ᵉ vue de X.

308

Planche XV:

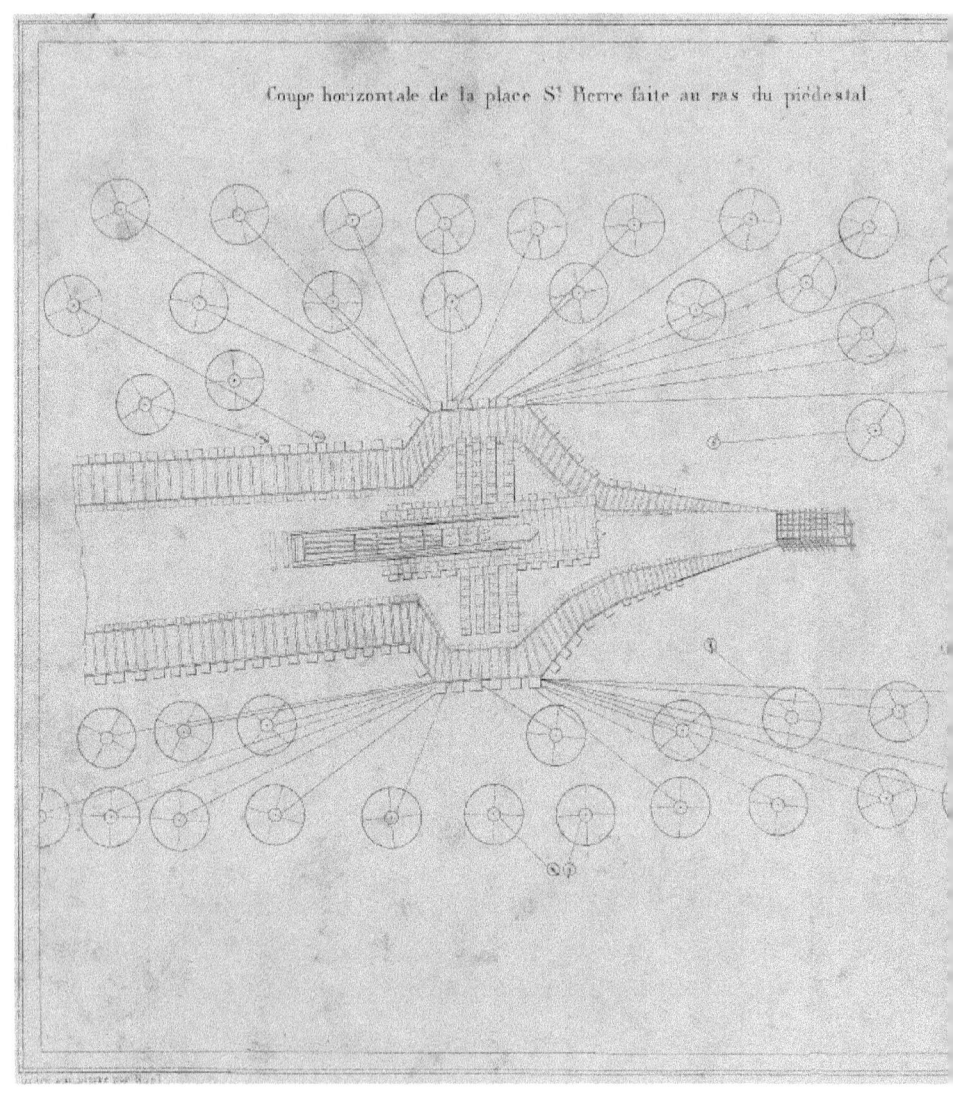

Coupe horizontale de la place S.t Pierre faite au ras du piédestal.

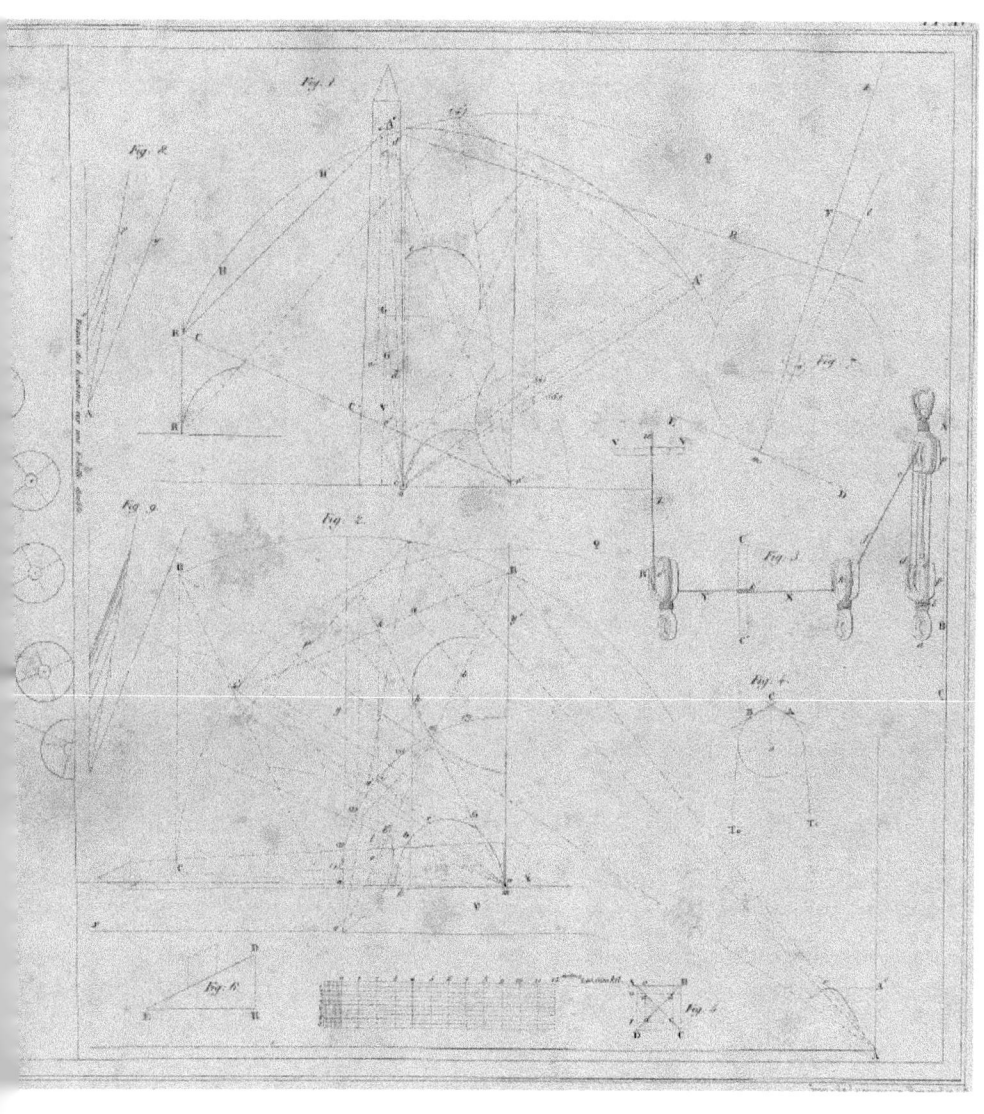